Christiane zu Salm (Hrsg.)

Zaubermaschine interaktives Fernsehen?

Christiane zu Salm (Hrsg.)

Zaubermaschine interaktives Fernsehen?

TV-Zukunft zwischen Blütenträumen und Businessmodellen

GABLER

Bibliografische Information Der Deutschen Bibliothek
Die Deutsche Bibliothek verzeichnet diese Publikation in der Deutschen Nationalbibliografie; detaillierte bibliografische Daten sind im Internet über <http://dnb.ddb.de> abrufbar.

1. Auflage Oktober 2004

Redaktion: Stefan Langefeld / Burkhard Rüdiger
Lektorat: Claudia Nöllke / Maria Akhavan

Der Gabler Verlag ist ein Unternehmen von Springer Science+Business Media.
www.gabler.de

Umschlaggestaltung: Nina Faber de.sign, Wiesbaden
Foto: 9Live - Stephan Görlich
Satz: Fromm MediaDesign, Selters
Druck und buchbinderische Verarbeitung: Wilhelm & Adam, Heusenstamm
Gedruckt auf säurefreiem und chlorfrei gebleichtem Papier
Printed in Germany

ISBN 3-409-12637-6

Den Mitarbeitern von 9Live,
den Pionieren des interaktiven Fernsehens.

Die Herausgeber- und Autorenerlöse werden von Christiane zu Salm und den Autoren als Spende dem Weizmann Institute of Science in Rehovot, Israel, zur Verfügung gestellt. Mit der Spende wird die Forschungstätigkeit im Bereich Gehirnforschung unterstützt.

Vorwort der Herausgeberin

Von technischen Möglichkeiten und menschlichen Bequemlichkeiten

Interaktives Fernsehen – dieser Begriff scheint ein Zauberwort zu sein. Nicht nur in der Medienfachwelt setzt er viel Zukunftsfantasie frei. Es wird nichts unversucht gelassen, den Begriff mit immer neuen Erwartungen und Definitionen aufzuladen.

Projektionen über die interaktive Zukunft gibt es schon lange, Verheißungen über alles ermöglichende Techniken füllen seit geraumer Zeit die Trendspalten. Konkrete Projekte dagegen sind Mangelware. Vor allem in Deutschland. Bisher.

Wie also stehen die Chancen, dass diese beste aller Medienwelten nun Wirklichkeit wird? Oder ist sie es schon? Müssen wir unsere Vorstellung von interaktivem Fernsehen überdenken?

Je länger wir uns mit diesem Thema beschäftigen, desto größer wird die gedankliche Schere zwischen den Sichtweisen der Wissenschaft und der praktischen Erfahrung mit dem interaktiven Fernsehen. Das vorliegende Buch stellt erstmals beide Perspektiven gegenüber. Zu einer Zeit, in der mit der zunehmenden Digitalisierung der Übertragungswege neue Entwicklungen interaktiven Fernsehens in greifbare Nähe rücken.

Wir haben renommierte Wissenschaftler und Praktiker gebeten, ihren Standpunkt darzustellen. Das Buch will Begegnungsstätte zwischen Denkern und Machern sein. Das Spannungsfeld zwischen beiden Welten soll sichtbar werden. Technische Möglichkeiten? Menschliche Bequemlichkeiten? Auf der einen Seite gibt es die faszinierende Vielfalt technischer Angebote, auf der anderen Seite den Fernsehzuschauer, der traditionell zur Passivität neigt. Die Frage, die in allen Beiträgen mitschwingt, lautet daher: Wie kommen die Dynamik von Medienmärkten und die Trägheit der Menschen zusammen?

Wann und unter welchen Voraussetzungen ist Fernsehen interaktiv? Und wann nicht? Setzt Interaktion mit dem Fernsehen neue Technik voraus? Kann Fernsehen überhaupt interaktiv sein? Ist dieser Begriff nicht schon in sich ein Widerspruch? Ist nicht eher, wenn überhaupt, der Zuschauer interaktiv – möglicherweise sogar, ohne sich darüber bewusst zu sein? Wie viele Menschen wissen, was das ist, interaktives Fernsehen?

Von köstlichen Kopfgeburten und der Unwahrscheinlichkeit der Kommunikation

Natürlich ist interaktives Fernsehen längst Realität. Lange vor der digitalen Welt und der rückkanalfähigen Fernbedienung. Nur: Die Herren Luhmann, Bourdieu, Enzensberger & Co. haben sich das sicher anders vorgestellt. Weder bedeutet es das Ende der von Bourdieu kritisierten redaktionellen Zensur, wenn ein Zuschauer sich per Telefonanruf oder SMS in eine Fernsehsendung einbringt, noch wird selbst die ausgereifteste Technik aus jedem Empfänger im Zuge eines emanzipatorischen Mediengebrauchs einen Sender machen (Enzensberger), der seinen Teil von gesellschaftlicher Kontrolle anhand der Fernbedienung mit Rückkanal wahrnimmt. Kommunikation sei codiert als positiv oder negativ gefasster Sinnvorschlag, sagt Luhmann. Ob er hier die Televotings gemeint hat, das Ja oder Nein per Telefon und SMS, wie bei „Wetten, dass?" und „Big Brother"?

Vielleicht sollten wir auf Popper hören und den Begriff „interaktives Fernsehen" nicht mit der Aufgabe belasten, präzise zu sein – ihn also bewusst nicht definieren. Denn, ehrlich gesagt, es geht es doch weniger um die Ausdifferenzierung des Begriffs als vielmehr um die Machbarkeit.

Auch sprach Luhmann von der Unwahrscheinlichkeit der Kommunikation. Man kann sagen, dass dies auf die Kopfgeburten des interaktiven Fernsehens ebenso zutrifft. Es mangelt bislang darüber hinaus an einer Kommunikation, die dem Konsumenten die (vermeintlichen?) Köstlichkeiten des Neuen klar zu machen versteht.

Von der „Lazy Revolution" und dem Glück vor der Glotze

Ist jede Aktion des gemeinhin passiven TV-Zuschauers schon gleich Interaktion? Vor einer solch falsch verstanden Interaktions-Euphorie warnt Professor Schönbach in seinem Beitrag zu diesem Buch: „Vorsicht also vor der allzu schnellen Bereitschaft, alles Interaktivität zu nennen, was nicht Apathie ist."

Was ist dann Interaktivität? Müssen wir den Begriff nicht doch eingrenzen, um ihn anfassen, begreifen und in bunte Schaubilder packen zu können? Rückkanal, Modem, GPRS, UMTS, DSL, ADSL, Kabel, Satellit ... Schon die Beschreibung dessen, wie die Konsumenten über ihre Set-Top-Box auf dem Fernseher mit den Sendern in Verbindung treten sollen, bedarf detaillierter Erläuterungen. Konsument? Detaillierte Erläuterungen? Ewig lange Bedienungsanleitungen? Hier klingt vieles wie eine Anleitung zum Unglücklichsein.

Der Konsument, das unbekannte Wesen. Oder das bequeme? Viele Vorstellungen über interaktives Fernsehen – wenn sie überhaupt die Machbarkeit in ihre Überlegungen miteinbeziehen – setzen bislang beim Mediennutzer eine Verhaltensänderung voraus, eine Veränderung seiner Gewohnheiten. Für seinen Lebenspartner will man sich schon nicht verändern. Wieso dann fürs Fernsehen? Hier liegt aus meiner Sicht das größte Hindernis dafür, Masseninteraktivität für ein Massenmedium herzustellen.

Interaktivität für breite Massen? Sollte doch noch ein alter Traum linker Medienkritiker so ganz nebenbei in Erfüllung gehen? Wird Brechts Radio-Utopie am Ende vom Fernsehen eingelöst, indem endlich der Wechsel vom Distributions- zum Kommunikationsapparat erfolgt? Mehr als das von Enzensberger beklagte Minimum bei der Feedback-Kultur tun (er sprach davon, dass Fernsehen Kommunikation eher verhindere als ermögliche) – und damit auch noch gutes Geld verdienen. Interaktivität als Zaubermaschine.

Mitmachen als mobilisierende Kraft. Interaktivität als der Ausgang des Menschen aus seiner selbstgewissen Bequemlichkeit? So viel kommunikative Konsumtion zur gesellschaftlichen Revolution zu erklären, dürfte dann doch des Guten zu viel sein. Lediglich als „Lazy Interactivity“ hat das ganze Erfolg. Und mehr als „Lazy Interactivity“ ist vom Zuschauer auch in Zukunft nicht zu erwarten. Und damit bleibt es auch bei einer „Lazy Revolution“.

Es wird immer wieder vergessen, dass die Geschwindigkeit, mit der Innovationen von technischen Experten entwickelt, von journalistischen Experten als Zukunftstrend entdeckt, und von Marketing-Experten als neues Must-have dargestellt werden, ungleich höher ist, als die Geschwindigkeit, mit der die breite Mehrheit der Nutzer sie verstehen, aufnehmen und ihr zum Durchbruch verhelfen kann.

Von Innovationen ohne technische Revolution

Erkenntnisse aus der Hirnforschung stimmen skeptisch, wenn es um die rasche Durchsetzung komplexer Technologien geht. Es ist bekannt, dass jüngere und ältere Menschen unterschiedlich lernen. Während jüngere Menschen komplett neue Sachverhalte schneller auffassen, profitieren ältere Menschen vor allem davon, dass sie Verbindungen zu bisherigen Erfahrungen herstellen können.

Genau dies ist aber bei neuen Technologien schwierig. Will man die Nutzung dieser Technologien erlernen, kann man eben gerade nicht auf Erfahrungen mit den bisherigen Geräten zugreifen. Studien in Großbritannien haben ergeben, dass interaktives Fernsehen mit der Fernbedienung als Rückkanal dem Nutzer ähnlich kompliziert erscheint wie die Handhabung eines Computers.

Aus diesem Grund ist zu vermuten, dass auch das interaktive Fernsehen eine ähnliche Karriere erleben wird wie das World Wide Web: Zunächst werden es vor allem die jungen, technikaffinen Menschen sein, die man mit den neuen interaktiven Fernsehangeboten erreichen wird. Für den Massenmarkt darf es aber gerade nicht bedeuten, dass aus dem interaktiven Fernsehen nur eine neue Form des Computers wird. Denn das Betriebssystem des Menschen verlangt nach Einfachheit.

Zusätzliche interaktive Angebote bedeuten zunächst einmal, dass die Auswahlfreiheit des Konsumenten größer wird. Er hat mehr Inhalte, zwischen denen er sich entscheiden kann. Er hat aber immer auch die Freiheit, die neuen Angebote vollkommen ungenutzt zu lassen. Wenn er sie aber nutzt, bieten sich ihm neue Möglichkeiten, Fernsehinhalte selbst aktiv mit zu gestalten.

Widerlegt eine solche Freiheit Baudrillards These, wonach das Verhältnis zwischen Sender und Empfänger unwiderruflich festgeschrieben ist? Das könnte bedeuten, dass die neuen Möglichkeiten des interaktiven Konsums am Ende die von dem französischen Philosophen registrierten standardisierten Codes der Massenmedien aufbrechen.

Die Beziehung zwischen Sender und Empfänger wird durch neue Formen der Interaktivität sicherlich nicht grundsätzlich verändert, aber zumindest ergänzt. Nur weil wir nicht gleich eine Revolution lostreten, ist dies kein Grund, auf Innovationen zu verzichten. Und Innovation darf nicht immer nur auf Technik reduziert werden. Entscheidend ist, was machbar ist. Und vor allem: was der Konsument will – oder womit er sich allmählich anfreunden kann. Darauf kommt es an.

Von Low-Tech-Interaktivität und der Erzählmaschine Fernsehen

Teilen Vordenker aus der Theorie und Macher aus der Praxis diese Auffassung? Um diese Debatte zu führen, haben wir zahlreiche namhafte Autoren gewonnen. Viele von ihnen haben sich schon früh mit dem interaktiven Fernsehen auseinandergesetzt, wie Lutz Goertz vom MMB-Institut für Medien- und Kompetenzforschung. Er hat bereits vor zehn Jahren eine umfassende Kategorisierung der Interaktivität vorgenommen. In seinem Beitrag geht er der Frage nach, wie sich der Begriff seitdem entwickelt hat und inwiefern er möglicherweise neu definiert werden muss.

Mit der Frage, welche Anwendungen ökonomisch sinnvoll und langfristig durchsetzbar sind, befassen sich Arnold Picot, Thomas Hess und Martin Schmid von der Ludwig-Maximilians-Universität München. Sie klassifizieren in ihrem Beitrag die Geschäftsmodelle des interaktiven Fernsehens. Fabrice Sergent, CEO der Breitbandsparte des französischen Lagardère-Konzerns, ergänzt die ökonomische Perspektive durch Erfahrungen und Best-Practice-Beispiele aus Frankreich.

Interaktives Fernsehen benötigt immer Technik. Rainer Schäfer vom Forschungsinstitut IRT liefert einen umfassenden Überblick über die technischen Grundlagen von DVB (Digitial Video Broadcasting) und MHP (Multimedia Home Platform). Demgegenüber steht der Beitrag von Hans Mahr, der sich aus der praktischen Sicht eines Fernsehmachers damit befasst, welche interaktiven Anwendungen bei einem Sender wie RTL tatsächlich umsetzbar und vor allen Dingen Erfolg versprechend sind.

Der Kommunikationswissenschaftler Klaus Schönbach hat bereits 1997 in seinem Essay über das „hyperaktive Publikum" den Technik-Euphorikern eine nüchterne Sichtweise der Nutzung interaktiver Medien entgegengesetzt. Stimmen seine Prognosen über eine stark von Passivität geprägte Mediennutzung auch heute noch? Auch Horst Stipp, Vice President Research bei NBC Networks, plädiert für eine „Low-Tech-Interaktivität", wenn das Konzept des interaktiven Fernsehens für ein Massenpublikum attraktiv sein soll.

Wird sich mit der zunehmend interaktiven Nutzung von Medien auch die Gesellschaft ändern? Der Medienphilosoph Norbert Bolz analysiert, wie die voranschreitende Fragmentierung der Gesellschaft mit der Nutzung interaktiver Medien zusammenhängt. Lutz Hachmeister und Christian Zabel vom Forschungsinstitut HMR International beschreiben Nutzungsmuster des interaktiven Fernsehens aus soziologischer Sicht und schauen dafür unter anderem nach Großbritannien. Hier ist interaktives Fernsehen sicherlich bislang am weitesten vorangeschritten.

Mit neuen interaktiven Angeboten stehen auch die Rechtsetzung und Rechtsprechung vor neuen Herausforderungen. Diesem Thema widmet sich Wolf-Dieter Ring, Präsident der bayerischen Landeszentrale für neue Medien. Dem fügt der Anwalt und Medienrechtsexperte Johannes Kreile eine praktische Perspektive hinzu. Er setzt sich mit aktuellen Herausforderungen auseinander, denen sich Anbieter interaktiver Fernsehdienste stellen müssen.

Eng verbunden mit der rechtlichen Seite ist die Frage nach der medienpolitischen Gestaltung des sich verändernden Medienmarktes, wie der Direktor der Medienanstalt Berlin-Brandenburg, Hans Hege, schreibt. In Berlin wurde mit der Einführung von DVB-T ein wichtiger Impuls für die Digitalisierung der Fernsehübertragung in Deutschland gesetzt. Hubert Burda, Verleger und Präsident des Verbandes Deutscher Zeitschriftenverleger, erörtert die Bedeutung von medialen Communities für die neuen Formen von Interaktion. Und er stellt die Frage, was die Medienpolitik tun sollte, um die Interaktion zwischen Unternehmern und Kunden zu fördern.

Für das Nachwort konnte mit Peter Glotz ein Autor gewonnen werden, der die Entwicklung der Medienlandschaft lange Zeit aktiv gestaltet hat und nach wie vor kritisch begleitet. Er zeigt, dass die Attraktivität des Fernsehens als „Erzählmaschine" immer noch ungebrochen ist. Einige Blütenträume der digitalen Revolution seien (noch) nicht in Erfüllung gegangen, aber, so Glotz, interaktives Fernsehen könne die kommunikative Souveränität des Menschen sehr wohl erhöhen.

Danksagung

Ich freue mich, mit dem vorliegenden Buch eine umfassende Darstellung der unterschiedlichsten Aspekte des interaktiven Fernsehens vorlegen zu können. Hierfür sei zunächst herzlich den Autoren gedankt, die ihre Erfahrung und Expertise in dieses Projekt eingebracht haben.

Ein solch umfangreicher Herausgeberband kann nicht ohne zahlreiche Helfer verfasst werden. Hier möchte ich mich bedanken bei Stefan Langefeld, ohne den das Erscheinen dieses Buches nicht möglich gewesen wäre, sowie bei Burkhard Rüdiger und Ralf Bartoleit.

Seitens des Gabler Verlages gilt mein Dank insbesondere Jan Peter Kruse und Maria Akhavan-Hezavei sowie der Lektorin Claudia Nöllke.

München, im Oktober 2004 *Christiane zu Salm*

Inhaltsverzeichnis

1. Einleitung

Rahmenbedingungen für eine Definition des interaktiven Fernsehens

Dr. Lutz Goertz

Rahmenbedingungen für eine Definition des interaktiven Fernsehens

Lutz Goertz

Dr. Lutz Goertz ist Abteilungsleiter am MMB Institut für Medien- und Kompetenzforschung, Essen/Berlin.

1. Veränderungen im Mediensystem – Konsequenzen für den Begriff der Interaktivität?

Mitte der 90er Jahre begann die Kommunikationswissenschaft in Deutschland, sich mit dem Phänomen „Multimedia“ zu beschäftigen. In diese Zeit fiel auch die Veröffentlichung des Beitrags „Wie interaktiv sind Medien?“ (Goertz, 1995). Der Aufsatz hatte das Ziel, einen Begriff der „Interaktivität“ zu skizzieren, nach dem verschiedene „Medienanwendungen“[1] in ein Kontinuum eingeordnet werden. Außerdem sollten neben Medienanwendungen der Mensch-Computer-Interaktion auch Formen der Mensch-zu-Mensch-Kommunikation berücksichtigt werden.[2]

Inzwischen hat sich die deutsche Medienlandschaft grundlegend verändert. Die Nutzung des Internets ist für mehr als die Hälfte der Bevölkerung eine Selbstverständlichkeit. Die Sammlung verschiedener Internetdienste ist zu einem großen integrierten Kommunikations- und Informationsdienst „World Wide Web“ geworden.

Auch das Fernsehen hat sich in diesen neun Jahren gewandelt. Nicht nur bei der Konzeption der Programme, sondern auch in technischer Hinsicht lassen sich deutliche Konvergenzeffekte feststellen: In vielerlei Beziehung wird das Fernsehen den Angeboten im Internet ähnlicher. Umgekehrt unterstützen auch Angebote im Internet die ausgestrahlten Fernsehprogramme.

Welche Konsequenzen haben diese Entwicklungen für den Begriff der „Interaktivität“? Hat die Verbreitung von internetbasierten Anwendungen andere Medien beeinflusst? Werden Medienanwendungen in Zukunft interaktiver?

Mit diesen Fragen wird sich der vorliegende Beitrag beschäftigen.

2. Der Begriff der Interaktivität – revisited

Der Begriff der Interaktivität bei Goertz (1995, S. 485) geht von einer idealen Kommunikationssituation aus: Ein Medium besitzt eine (möglichst geringe) Zahl von Vorstrukturierungen – es lässt dem Nutzer einen fast grenzenlosen Spielraum bei der Auswahl von Medieninhalten und -funktionen. Außerdem kann der Nutzer die Medieninhalte maximal verändern.

Die Idealsituation einer interaktiven Kommunikation ist nicht eine perfekte Computersimulation, sondern ganz banal das persönliche Gespräch – ohne mediale Übertragung. An diesem Maßstab müssen sich alle anderen Medienanwendungen messen lassen.

Unterschieden werden nach wie vor zwei verschiedene Vermittlungsformen – das „Medium als Mittel der Kommunikation“ (z. B. Telefon, E-Mail) und das „Medium als Partner der Kommunikation“ (Fernsehen, Computer). Nimmt man das persönliche Gespräch als Maßstab, bietet das Medium als Mittel der Kommunikation per se größere kommunikative Möglichkeiten. Bei der Mensch-zu-Mensch-Kommunikation können die Kommunikationspartner wesentlich einfacher die Inhalte in ihrem Verlauf beeinflussen, als dies beispielsweise beim Fernsehen der Fall ist.

Um zu überprüfen, wie interaktiv eine Medienanwendung ist, nennt Goertz (1995, S. 486–488) folgende vier Kriterien:[3]

1. Grad der Selektion
2. Grad der Modifikation
3. Quantitative Größe des Selektions- und Modifikationsangebots
4. Grad der Linearität/Nicht-Linearität.

Diese sollen im Folgenden kurz vorgestellt werden.

2.1 Grad der Selektion

Dieses Kriterium zeigt, welche Auswahlmöglichkeiten aus einem Medienangebot ein Nutzer hat (= Selektionsmöglichkeiten). In einem Kinofilm beispielsweise hat ein Zuschauer lediglich die Möglichkeit, einen Film zu sehen oder nicht. Er kann nicht die Lautstärke verändern, geschweige denn auf einen anderen Film umschalten. Diese Möglichkeit bietet ihm hingegen das Fernsehen, wo er zurzeit zwischen 30 und mehr Sendern wählen kann.

Wirklich groß ist die Auswahl hingegen im Internet. Mittlerweile liegt die Zahl der Webadressen (URLs) allein in Deutschland bei über sieben Millionen[4]. Ein Internetnutzer hat demnach eine ungleich größere Möglichkeit, sich „sein“ eigenes Programm zusammenzustellen.

Sieht man den Grad der Selektion als Skala an, so lassen sich folgende Stufen unterscheiden:

0 Keinerlei Selektionsmöglichkeit mit Ausnahme der Entscheidung, wann die Rezeption beginnt und endet (z. B. bei Ansagediensten der Deutschen Telekom).

1 Nur basale Veränderung der Kanalqualität möglich, z. B. hell/dunkel, laut/leise; auch schnell/langsam.

2 Wie 1, außerdem Wahl zwischen verschiedenen Angeboten in einer Angebotsdimension; Angebote verlaufen zeitgleich (z. B. Fernseh- oder Hörfunkprogramme).

3 Wie 2, aber die Angebote einer Angebotsdimension sind zeitlich unabhängig voneinander verfügbar (z. B. bei der Zeitung oder Video-on-Demand).

4 Wie 3, aber es existieren zwei oder mehr Angebotsdimensionen, aus denen ein Nutzer auswählen kann (z. B. Videospiel, in dem verschiedene Spiellevel, Präsentationsformen, Aktionsformen und Handlungsverläufe zur Auswahl stehen).

2.2 Grad der Modifikation

Noch stärker kann sich die Medienrezeption unterscheiden, wenn der Nutzer nicht nur auswählen, sondern den Inhalt nach eigenem Geschmack verändern kann (= Modifikationsmöglichkeiten). Ein gutes Beispiel hierfür sind Texte, die man in Form eines „Weblogs" ins Internet stellen kann, aber auch Fernsehsendungen wie „Deutschland sucht den Superstar", in denen man per Televotum mitbestimmen kann, wer in der nächsten Runde nicht mehr dabei sein soll.

Eine dauerhafte Modifikation ist dann möglich, wenn sich die Veränderung auch abspeichern lässt. Diese Dimension passt zum Verständnis vieler Medienpädagogen, nach der Medienkompetenz bedeutet, auch selbst Medieninhalte produzieren zu können (z. B. als Videofilm).

Hier bedeuten auf einer vierstufigen Skala:

0 Keinerlei Modifikationsmöglichkeit, mit Ausnahme des Speicherns oder Löschens von Aussagen.

1 Möglichkeit der Verfremdung von Aussagen (z. B. durch Hall, Farbwahl).

2 Modifikation durch beliebige Hinzufügung, Änderung oder Löschung von Inhalten im geringen Umfang (z. B. bei „Highscore"-Liste bei Computerspielen).

3 Modifikation durch beliebige Hinzufügung, Änderung oder Löschung von Inhalten jeglicher Art (z. B. bei Textverarbeitung und Grafikprogrammen sowie den meisten Medien als Mittel der Kommunikation).

2.3 Quantitative Größe des Selektions- und Modifikationsangebots

Bei dieser Dimension geht es nicht um die Tatsache, dass ein Nutzer aus einem Medienangebot auswählen kann, sondern wie groß die Auswahlmöglichkeiten sind, die ihm der Kommunikator zur Verfügung stellt. In den 60er Jahren konnte ein Fernsehzuschauer zwischen zwei bzw. drei Programmen wählen. Mittlerweile haben viele Zuschauer 30 und mehr Kanäle zur Auswahl, und in absehbarer Zeit werden es mit Hilfe von Pay-TV und Digitalempfang mehrere 100 Kanäle sein. Noch größer ist das Interaktionspotenzial, wenn sich auch die Möglichkeiten zur Modifikation erhöhen. Die folgende Skala berücksichtigt neben der Größe des Angebots innerhalb einer Dimension auch die Zahl der Selektions- und Modifikationsdimensionen, in denen eine größere Auswahl möglich ist:

0 Keine Selektion möglich.

1 Geringes Auswahlangebot (zwischen zwei und zehn Wahlmöglichkeiten) in mindestens einer Selektions- oder Modifikationsdimension (z. B. Fernsehempfang über terrestrische Frequenzen).

2 Wie 1, außerdem mehr als zehn Wahlmöglichkeiten in einer Selektions- oder Modifikationsdimension (bei einer Tageszeitung kann der Leser beispielsweise zwischen mehreren hundert Artikeln und Anzeigen auswählen, auch der Fernsehtext stellt weit über 100 Tafeln bereit – andere Auswahlmöglichkeiten gibt es hingegen nicht).

3 Mehr als zehn Wahlmöglichkeiten in mehr als zwei Selektions- und/oder Modifikationsdimensionen (Beispiel DVD mit mehreren Auswahlmenüs z. B. für Sprache, Untertitel, Filmsequenzen).
Oder: unendlich bzw. stufenlos viele Wahlmöglichkeiten in einer Selektions- oder Modifikationsdimension (z. B. bei Computerspielen, in die man zu Beginn eines Spiels jeden beliebigen Namen eingeben kann).

4 Unendlich bzw. stufenlos viele Wahlmöglichkeiten in einigen bzw. allen Selektions- und/oder Modifikationsdimensionen (trifft für solche Medienanwendungen zu, die beliebige Aussagen des Nutzers zulassen, z. B. Textverarbeitungsprogramme, erst recht aber alle Medien als Mittel der Kommunikation).

2.4 Grad der Linearität/Nicht-Linearität

Bis hierhin geht das Modell der Interaktivität davon aus, dass die Medienkommunikation synchron verläuft, d. h., die Rezeption oder Nutzung beginnt dann, wenn der Kommunikator es bestimmt. Dies ist der Fall z. B. bei Fernsehsendungen oder erst recht beim Kinofilm.

Ein Einstieg in die Interaktivität ist hingegen dann gegeben, wenn der Nutzer selbst bestimmen kann, wann, wie schnell und in welcher Reihenfolge die Mediennutzung stattfindet.

Dies kann ein Fernsehzuschauer beispielsweise, wenn er einen Film mit dem Videorecorder aufzeichnet. Er kann sich Szenen in einer veränderten Reihenfolge ansehen, kann Teile des Films schnell vorspulen und die Rezeption nach Belieben unterbrechen.

Auch hier lässt sich der „Grad der Linearität“ unterscheiden:

0 Zeitlicher Ablauf und Reihenfolge des Materials werden vom Kommunikator vollkommen bestimmt (z. B. Fernsehen, Hörfunk, Kino).

1 Abfolge des Materials wird vom Kommunikator bestimmt, Nutzer initialisiert Kommunikationsvorgang, kann unterbrechen, gegebenenfalls wiederholen (Video, CD, andere Tonträger).

2 Wie 1, aber Beteiligter bestimmt das Rezeptionstempo (z. B. Buch).

3 Wie 2, Beteiligter kann einzelne Aussageelemente auswählen, die nicht oder gering relational miteinander verknüpft sind (Beispiel Tageszeitung, siehe oben).

4 Wie 3, nur kann der Nutzer auf Aussageelemente zurückgreifen, die eine hohe relationale Verknüpfung aufweisen (z. B. durch Verweise im Lexikon oder durch die Hypertext-Funktion auf World-Wide-Web-Seiten).

Eine weitere Rahmenbedingung ist zu beachten: Es ist ein Unterschied, ob man mit einer Medienanwendung selbst Aussagen produziert oder lediglich rezipiert. Bei einer Anwendung wie dem Fernsehen sind die Rollen von Kommunikator und Rezipient klar getrennt. Bei der E-Mail als Mittel der Kommunikation können Nutzer E-Mails verfassen, sie können sich aber auch auf die Rezeption beschränken (z. B. auf Mails von Newsgroups oder Werbemails). Der Interaktionsindex (siehe unten) berücksichtigt jeweils die aktive Variante, wenn sie einer großen Zahl von Nutzern zur Verfügung steht (also z. B. „E-Mail schreiben“).

3. Die Veränderung der Medienlandschaft

Zu den Medien, die im Aufsatz von 1995 betrachtet wurden, gehörten damals Anwendungen, die heute in der Medienlandschaft keine große Rolle mehr spielen – ein Zeichen dafür, dass sich die Medienlandschaft in diesen neun Jahren stark verändert hat.

Ein Beispiel: Im Jahr 1995 sah es noch so aus, als würde die „Virtuelle Realität“ (VR) die umfassende Medienanwendung der Zukunft werden. Die technische Konfiguration sorgte damals dafür, dass ein Nutzer mit Hilfe einer stereoskopischen Brille und eines Stereo-Kopfhörers einen im Computer erzeugten dreidimensionalen Raum betreten und dort bestimmte Dinge nach Belieben verändern konnte. Er war in der Lage, im virtuellen Raum seine Position zu verändern und konnte in bestimmten VR-Varianten sogar Gegenstände „fühlen“.

Trotz massiver Verbesserung der Rechnerleistung hat sich dieses System weder im Berufsleben noch im privaten Bereich durchsetzen können. Dabei war es seinerzeit die Medienanwendung, die nach den oben beschriebenen Kriterien am interaktivsten war.

Ein anderes Beispiel für Medienanwendungen, die heute nicht mehr relevant sind, ist der Telekom-Dienst „SCALL“, eine Weiterentwicklung von Paging-Diensten für den Home-Consumer-Markt. Mit ihm konnten Nutzer seinerzeit eine Zahlenkombination an einen Empfänger schicken, in weiterentwickelten Modellen sogar einige alphanumerische Zeichen zusenden. Inzwischen nutzen drei Viertel der Bevölkerung zwischen 14 und 64 Jahren Mobilfunkgeräte (vgl. ACTA, 2003, S. 10). Vier von fünf Handy-Besitzern nutzen den SCALL-Nachfolger „SMS“ (Short Message Service) mit einem wesentlich größeren Spielraum beim Verfassen der Texte. Immerhin fast 4 % nutzen sogar Multimedia Message Service (MMS), der das Senden von Bild- und Tondateien ermöglicht.

Besonders gravierend sind aber die Veränderungen für das „alte“ Medium Fernsehen sowie für das „neue“ Medium Internet. Es lohnt sich deshalb, diese beiden Medien näher zu betrachten.

3.1 Veränderungen im Internet

Im Jahr 1995 zählte der Dienst der deutschen Telekom „Datex-J“ gerade eine Million Nutzer. Es war der erste Online-Dienst in Deutschland, der allerdings erst in jenem Jahr eine Verbindung zum Internet erhielt, das noch kurz zuvor ein Medium für Freaks, EDV-Spezialisten und Studenten war. Mittlerweile sind 54 % der Deutschen zu Internetnutzern geworden (ACTA, 2003, S. 6). Die Kompetenz, mit diesem Medium umzugehen, ist enorm gewachsen.

Inzwischen ist das Internet auch kein unüberschaubares Sammelsurium verschiedener Online-Dienste mehr. Wurden damals Textseiten, Newsgroups, Chats, E-Mails oder Downloads über völlig verschiedene Programme und Oberflächen gehandhabt, so sind diese Funktionen mittlerweile alle unter einer gemeinsamen Oberfläche – den HTML-Seiten im World Wide Web – zu finden. Diese spezielle „Hyper Text Markup Language“ macht es möglich, alle Funktionen in das WWW zu integrieren. Für Internetuser ist damit der Umgang mit diesen Anwendungen wesentlich einfacher.

Für einen Nutzer bedeutet dies aber auch: Innerhalb einer Rezeptionssituation – der Internetsitzung – ist die Zahl der Selektionsmöglichkeiten größer geworden. Man kann unter den vielen verschiedenen Funktionen wählen. Ebenso kann man auch unter vielen verschiedenen Websites wählen. In Deutschland sind mittlerweile über sieben Millionen Domains zugelassen – 1995 waren es weniger als 10.000 (DENIC, 2004).

Auch die Modifikationsmöglichkeiten des Internets sind wesentlich verbessert worden. Viele Websites bieten ihren Nutzern die Gelegenheit, eigene Beiträge einzustellen.[5] Weiterentwicklungen bei den Eingabemöglichkeiten für Nutzer, durch Redaktionssysteme und dynamische Websites, ermöglichen drei Funktionen, die die Internetinhalte noch stärker an die persönlichen Bedürfnisse des Nutzers annähern:

- Eingabe von längeren Texten, die er an den Kommunikator adressiert (integrierte E-Mail-Funktion);
- Veränderung von Webinhalten, etwa durch Eingabe von Kurzrezensionen wie bei „amazon.de“, Mitbieten im Versteigerungsportal „eBay“ – durch diese beiden Funktionen wird das WWW sogar ein „Mittel der Kommunikation“;
- Personalisierung von Inhalten nach den individuellen Wünschen des Nutzers, beispielsweise beim Falk-Routenplaner oder der Fahrplanauskunft der Deutschen Bahn AG: Jeder Nutzer sieht entsprechend seinen Eingaben andere Inhalte.

3.2 Veränderungen beim (interaktiven) Fernsehen

Auch beim Medium Fernsehen hat es in den letzten neun Jahren viele technische Neuerungen gegeben, die die Interaktionsmöglichkeiten zumindest im geringen Maße erweitert haben.

Sendungen mit Zuschauerbeteiligung („Call-In-Sendungen“) sind nicht grundsätzlich neu. Schon beim „Goldenen Schuß“ in den 60er Jahren hatten Zuschauer zu Hause die Möglichkeit, per Telefon die Zieleinrichtung einer Armbrust zu steuern. Das Medium Fernsehen wurde hierbei durch die Integration des Telefondienstes erweitert.

Mittlerweile ist diese Kombination weiterentwickelt worden. Auf der einen Seite bietet das „Televotum“ einer großen Zahl von Zuschauern die Gelegenheit, durch Abstimmung auf die Inhalte Einfluss zu nehmen. Bestes Beispiel hierfür sind Casting-Shows wie „Deutschland sucht den Superstar“. Die Möglichkeiten für die Anrufer sind beschränkt – es ist ein Votum für einen von zehn oder weniger Kandidaten, die durch Endnummern auf der Telefontastatur bestimmt werden. Auf diese Weise können sich an der Modifikation der Sendung (Ausschluss eines Kandidaten) nahezu beliebig viele Zuschauer beteiligen.

Auf der anderen Seite gibt es inzwischen Call-In-Sendungen, an denen sich deutlich mehr Zuschauer beteiligen können, als dies zu Zeiten des „Goldenen Schuß“ der Fall war. 9Live bietet beispielsweise Quizsendungen, in denen pro Minute durchschnittlich drei Kandidaten anrufen können. Pro Stunde wären dies nach eigenen Hochrechnungen des Autors rund 180 Kandidaten. Berücksichtigt man, dass in den späten Abendstunden ein zahlenmäßig kleines Publikum vor dem Fernsehschirm sitzt, ist die Relation zwischen Zuschauern und Telefonkandidaten deutlich geringer als in den 60er Jahren.

Noch größer ist die Chance für einen anrufenden Zuschauer beim Sender VIVA plus, den gesendeten Inhalt zu verändern. In einem geteilten Bildschirm werden zeitgleich mehrere SMS-Botschaften als Schriftbänder übertragen. Der Vorteil: Der Nutzer kann (fast) jeden beliebigen Inhalt senden und damit auch spezielle Zuschauer adressieren. Das Medium Fernsehen wird auf diese Weise zum „Mittel der Kommunikation“.

Allerdings ist der Fernsehtext hier dem Fernsehprogramm in punkto Interaktivität noch überlegen. Schon vor neun Jahren bot er die Vorteile einer größeren Selektionsmöglichkeit und einer größeren Nicht-Linearität. Inzwischen bietet er auch einem Teilpublikum die Möglichkeit zur Mitwirkung. Ähnlich wie VIVA plus im Fernsehprogramm sendet RTL im Fernsehtext mehrere SMS-Chat-Seiten, in denen Zuschauer miteinander kommunizieren können.[6]

3.3 Konsequenzen für Interaktivitätsindex

Vor allem die oben genannten Veränderungen beim Fernsehen machen deutlich, dass die vier Dimensionen zur Charakterisierung der Interaktivitäts-„Landschaft" noch nicht ausreichen. Gerade die Entwicklungen bei VIVA plus und 9Live zeigen, welche Rolle der Anteil des Publikums spielt, der die Inhalte von Sendungen verändern kann. Als bei der Spielshow der „Goldene Schuß" insgesamt nur vier oder fünf Kandidaten per Telefon eine Zieleinrichtung dirigieren konnten, war die Modifikationsmöglichkeit nur für wenige Personen im Millionenpublikum gegeben. Mittlerweile ist der Anteil derer, die in eine Sendung eingreifen können, wesentlich größer geworden. Natürlich ist die Zahl der Teilnehmer bei einer Call-In-Sendung von 9Live dadurch begrenzt, dass zeitgleich nur ein Kandidat interviewt werden kann und die Sendung nur von einer bestimmten Dauer ist.

Eine fünfte Dimension des Interaktivitätsindex sollte daher lauten: „Anteil der Nutzer mit Modifikationsmöglichkeiten", mit folgenden Ausprägungen:

0 Ein Eingreifen der Nutzer in die Medienaussagen/Inhalte ist nicht vorgesehen (Beispiel: ARD-Tagesschau).

1 Geringer Anteil von Nutzern, die Medienaussagen/Inhalte modifizieren können (ein bis maximal zehn Nutzer; Beispiel: Call-In-Sendung „Domian" auf West 3).

2 Mehr als zehn Nutzer können die Medienaussagen/Inhalte verändern (Beispiel Call-In-Sendungen auf 9Live und SMS-Sendungen auf VIVA plus).

3 *Alle* Nutzer können die Medienaussagen/Inhalte verändern (z. B. personalisierte Angebote im Internet wie der „Routenplaner", aber auch Sendungen mit Televotum).

Um einen Anhaltspunkt für den Grad der Interaktivität einer Medienanwendung zu erhalten, lassen sich die Werte der fünf Dimensionen in einem Summenindex zusammenziehen[7] (siehe Tabelle 1). Medienanwendungen in der Nähe des Wertes „0" haben danach eine sehr niedrige Interaktivität (z. B. das Kino in seiner jetzigen Präsentationsform), Anwendungen mit einer Punktzahl in der Nähe des Maximalwertes 18 verfügen über ein hohes Interaktivitätspotenzial (z. B. eine „Virtual-Classroom"-Lösung beim E-Learning oder das persönliche Gespräch).

Um gleichzeitig zu zeigen, inwieweit der Nutzer von einer Medienanwendung „vereinnahmt" wird, d. h. inwieweit verschiedene Sinne angesprochen werden, weist die horizontale Achse die Zahl der Sinneskanäle (z. B. visuell, auditiv, haptisch) aus.

Dieser Index wurde 1995 für die seinerzeit verfügbaren Medienanwendungen erstellt. Um die Veränderungen und Fortschritte einzelner Anwendungen zu verdeutlichen, wurde der alte Wert mit Jahreszahl hinzugefügt.

Index/Grad der Interaktivität	Anzahl Sinnes-Kanäle		
	1	2	3
0 = keine Interaktivität		Kino	
1			
2	Buch: Roman		
3		TV, analog terrestrisch	
4	Hörfunk	TV per Kabel, Satellit Pay-per-Channel	
5	Webradio	Pay-per-View	
6			
7	SCALL (1995)	TV, Call-In-Sendungen (1995)	
8		TV, Call-In-Sendungen (2004)	
9	Zeitung Sachbuch		
10	Fernsehtext (1995)		
11			
12	Fernsehtext mit SMS-Chat (2004)		VR-Walktrough: statische Räume, z. B. Museum
13			
14			
15	Internet: Homebanking		
16	SMS	Computerspiel	
17		MMS	
18 = hohe Interaktivität	PC-Textverarbeitung Telefon	Videokonferenz Virtual Classroom beim E-Learning	Gespräch

Tabelle 1: Index/Grad der Interaktivität

Es zeigt sich, dass im Falle des Fernsehtexts und beim Wechsel von SCALL zur SMS Steigerungen beim Grad der Interaktivität erreicht wurden. Das Fernsehen gewann an Interaktivität durch das weiterentwickelte Genre der Call-In-Sendungen.

Eines muss man bei der Interpretation dieses Indexes beachten: Der Grad der Interaktivität ist eine mediale, technische Größe. Sie darf nicht ohne die konkrete Nutzung durch Rezipienten betrachtet werden. Eine zentrale Frage bei allen interaktiven Angeboten ist, inwieweit sie vom Publikum auch genutzt werden.

Tatsächlich lässt sich fast jedes Medium so nutzen, dass das Interaktivitätspotenzial nicht ausgeschöpft wird. Ein Beispiel: Man kann über ein Angebot von 20 Hörfunksendern verfügen und trotzdem immer nur den gleichen Sender hören. Auch wer auf seinem DVD-Player Spielfilme immer nur von der ersten bis zur letzten Szene ohne Unterbrechung sieht, nutzt das interaktive Potenzial des Mediums nicht aus.

Die weitere Forschung zur Interaktivität sollte demnach auch immer die Differenz zwischen der technisch machbaren und der tatsächlich genutzten Interaktivität messen.

Betrachtet man die Nutzer von morgen, so ist nicht unbedingt damit zu rechen, dass sie interaktive Funktionen stärker ausnutzen werden, als dies heute der Fall ist. Die Nutzungsstatistiken einzelner Internetfunktionen zeigen, dass die Nutzung von eher „aktiven" Anwendungen wie die zielgerichtete Suche oder die Download-Funktion eher zurückgeht (vgl. Van Eimeren, Gerhard & Frees, 2003, S. 344).[8] Es ist damit zu rechnen, dass sich dieser Trend fortsetzen wird – das Internet macht Nutzer nicht aktiver, eher degradieren die Nutzer das Internet.

4. Ausblick auf interaktive Medien der Zukunft

Der Beitrag hat gezeigt, dass sich Medienanwendungen wie Fernsehen oder Internet in den letzten neun Jahren verändert haben. Für den Begriff der Interaktivität sind die Konsequenzen allerdings noch nicht so groß. Zwar ist es wichtig, eine neue fünfte Dimension „Anzahl der Personen mit Modifikationsmöglichkeiten" einzuführen, doch die Medienanwendung Fernsehen hat dadurch ihre Position im „Interaktivitätsindex" nur deshalb verändert, weil hierfür spezielle Call-In-Sendungen berücksichtigt werden.

Was müsste passieren, damit die vorhandenen Medien ihr Interaktivitätspotenzial erhöhen? Und welche Entwicklungen deuten schon jetzt darauf hin, dass es eine solche Veränderung geben wird?

Das Fernsehen wird noch eine lange Entwicklung durchmachen müssen, um wirklich zum „interaktiven Fernsehen" zu werden. Eine Erweiterung auf andere Sinneskanäle (die beispielsweise den Tast- oder Geruchssinn ansprechen) ist schon auf Grund technischer Voraussetzungen nicht zu erwarten. Hierdurch wird das „Involvement" der Rezipienten nicht erhöht. Immerhin verändert sich aber zur Zeit die Rezeptionsqualität beim auditiven und optischen Kanal. Aus den einfachen Stereo-Lautsprechern werden Dolby-Surround-Anlagen und der frühere 63-cm-Bildschirm wird zum wandfüllenden Plasmabildschirm. Auf diese Weise erreicht das Fernsehen, dass die Welt „außerhalb des Fernsehens" verschwindet – ähnlich wie bei der Virtuellen Realität vor neun Jahren.

Eine Steigerung des Selektivitätspotenzials durch mehr Programme ist durch die Umstellung auf digital-terrestrische Übertragung oder digitale Breitbandkabel möglich. Es ist denkbar, dass Fernsehsender und Kabelgesellschaften als Pay-TV größere Bouquets von Spartenkanälen anbieten – wenn die Zuschauer dies tatsächlich wollen. An das Selektivitätspotenzial des World Wide Web reicht die Auswahl allerdings nicht heran.

Eine größere Anpassung an die individuellen Bedürfnisse des Publikums ist dadurch denkbar und auch in der Erprobung (PVRs), dass ein „intelligenter Fernseher" bzw. „intelligenter Videorecorder" (von Fast Server, JVC) auf Grund der Vorlieben des Rezipienten Hinweise auf geeignete Sendungen gibt – vergleichbar der Personalisierungsfunktion bei der Internetbuchhandlung „Amazon".

Auch die Modifikationsmöglichkeiten des Fernsehens werden begrenzt bleiben – eine Steigerung von Mitwirkungsmöglichkeiten der Zuschauer oder eine weiterreichende Beeinflussung der Inhalte durch Televotum ist eigentlich kaum noch denkbar. Das Ziel einer größeren Veränderung von Fernsehinhalten kann eigentlich nur sein, dass alle Nutzer nach kurzer Zeit unterschiedliche Inhalte auf ihren Bildschirmen vorfinden. Doch hierzu ist es notwendig, für jeden Nutzer eine individuelle Verbindung herzustellen, was einen entsprechenden „Rückkanal" erfordert.

Es ist eher zu erwarten, dass sich das interaktive Fernsehen erst unter der Oberfläche des World Wide Web realisieren lässt. Dort – wie auch beim Mobilfunk – ist eine individuelle Verbindung zum Nutzer bereits vorhanden.

Erste Ansätze zur Integration ins Internet existieren schon jetzt: Durch die breitbandige DSL-Übertragungstechnik werden „Webradios" selbstverständlich, in denen eine wesentlich größere Programmvielfalt erreicht werden kann.[9] In den USA stehen schon jetzt Folgen beliebter Fernsehserien (z. B. „Enterprise") zum Download bereit. Bei einer weiteren Verbesserung der PC-Hardware und der Internet-Verbindungen dürfte demnach das „Fernsehen-on-Demand" als bis dato interaktivste Form des Fernsehens machbar sein.

---

1 Dieser Begriff wurde vom Verfasser geprägt, um den Dienste-Charakter eines „Mediums" zu kennzeichnen (vgl. Goertz, 1995, S. 484).

2 Dieses Konzept der Interaktivität wurde in der Kommunikationswissenschaft häufig rezipiert und anerkannt, unter anderem bei Pürer (2001, S. 25–28), und Navarra (2000, S. 1–4).

3 Orientierungsrahmen der Definition ist eine Rezeptionssituation, also z. B. eine Internetsitzung eines Users oder der Zeitraum zwischen Ein- und Ausschalten des Fernsehgeräts.

4 Vgl. Denic (2004).

5 Die meisten Websites vor allem mit werblichen Inhalten lassen sich allerdings nicht verändern. Von daher sind die Modifikationsmöglichkeiten für weite Teile des World Wide Webs nicht gegeben.

6 Im Gegensatz zum Internet liegt bei dieser Kommunikationsform nach wie vor ein Medienbruch vor. Der Zuschauer kann die Eingabe nicht am Fernsehgerät selbst vornehmen, sondern benötigt dafür ein Mobilfunkgerät.

7 Eine theoretische Fundierung, mit welchem Gewicht die einzelnen Dimensionen in diesen Index eingehen, fehlt bislang. In diesen Index geht jede Dimension mit dem einfachen Gewicht ein.

8 Diese Idee geht auf Überlegungen meiner Kollegin Anja Johanning zurück.

9 Aktuelles Beispiel sind die Spartenprogramme von AOL mit einer Musikrotation.

Literatur

ACTA (2003): *Digitale Integration – die Schwerpunkte der Computer- und Internetnutzung verändern sich.* Verfügbar unter URL http://www.systems-world.de/frontend/ media/systems-world/Markt/acta2003_1.pdf [01.03.2004].

DENIC (2004): *Domainentwicklung.* Verfügbar unter URL http://www.denic.de/de/domains/statistiken/domainentwicklung/index.html [01.03.2004]; [DENIC = zentrale Registrierungsstelle für alle Domains unterhalb der Top Level Domain.de].

van Eimeren, B., Gerhard, H. & Frees, B. (2003): ARD/ZDF-Online-Studie 2003. Internetverbreitung in Deutschland: Unerwartet hoher Zuwachs. In: *Media Perspektiven*, o. Jg., 338–358.

Goertz, L. (1995): Wie interaktiv sind Medien? Auf dem Weg zu einer Definition von Interaktivität. In: *Rundfunk und Fernsehen*, 43 (4), 477–493.

Navarra, C. (2000): *Wie interaktiv ist das Internet? Nutzungsmöglichkeiten und erforderliche Medienkompetenz.* Stuttgart: ibidem.

Pürer, H. (2001): *Grundbegriffe der Kommunikationswissenschaft.* Verfügbar unter http:// www.uvk.de/puerer/Kommunikation.pdf [01.03.2004].

2. Ökonomie

Intermediation durch interaktives Fernsehen aus ökonomischer Sicht: eine Zwischenbilanz

Prof. Dr. Thomas Hess, Prof. Dr. Arnold Picot und Martin S. Schmid

Interaktives Fernsehen als unternehmerische Herausforderung

Fabrice Sergent

Intermediation durch interaktives Fernsehen aus ökonomischer Sicht: eine Zwischenbilanz

Thomas Hess, Arnold Picot und Martin S. Schmid

Prof. Dr. Thomas Hess, Direktor des Instituts für Wirtschaftsinformatik und neue Medien der Ludwig-Maximilians-Universität München.

Prof. Dr. Dres. h. c. Arnold Picot, Direktor des Instituts für Information, Organisation und Management der Ludwig-Maximilians-Universität München.

Dipl.-Kfm. Martin S. Schmid, wissenschaftlicher Mitarbeiter und Doktorand am Institut für Information, Organisation und Management der Ludwig-Maximilians-Universität München.

Die Autoren sind Mitglieder des vom Bundesministerium für Bildung und Forschung geförderten Projekts Intermedia der Ludwig-Maximilians-Universität München.

1. Einleitung und Problemstellung

Wie alle Medien wird auch das Fernsehen durch neue Informations- und Kommunikationstechnologien substanziell tangiert. Aktuell werden neben der Digitalisierung des Fernsehsignals sehr stark breitbandige und mobile Netze inklusive Tauschbörsen und Rechtsschutzsystemen sowie die Verknüpfung unterschiedlicher Kommunikationssysteme im Umfeld der klassischen Fernsehverbreitung diskutiert. Viel Tradition hat die Diskussion um die mögliche Interaktivität des Fernsehens. Ende der 80er Jahre wurden in Unterhaltungssendungen integrierte Abstimmungen per Teledialog-(TED)-System beliebter (Beckert, 2001, S. 49). In den 90er Jahren stieg das Interesse am interaktiven Fernsehen im Zuge der Digitalisierung und der Durchsetzung des Internets wieder sprunghaft an. Im Rückblick ist diese Phase aber vor allem durch kostspielige, gescheiterte Pilotprojekte von Konzernen wie Microsoft, Intel oder AOL/TimeWarner gekennzeichnet. Die Gründe für das Scheitern dieser Projekte waren vor allem die damalige schwache Infrastruktur, das Fehlen einheitlicher Standards, die unklare Gesetzeslage sowie nicht zuletzt die Vernachlässigung der Rolle des Konsumenten und seines Verhaltens (Stipp, 2001, S. 370 f.). Mittlerweile gibt es jedoch Anzeichen, dass die Akteure aus diesen Fehlern gelernt haben und das interaktive Fernsehen doch noch zu einem der ökonomisch wichtigsten Trends in der Medienindustrie werden könnte. Ziel dieses Beitrags ist es, die bisherige Entwicklung aufzuarbeiten sowie einen Ausblick auf die Zukunft der Branche des interaktiven Fernsehens aus ökonomischer Sicht und die Rolle der entsprechenden Intermediäre zu wagen.

2. Medien und Interaktivität

Um die ökonomischen Auswirkungen des interaktiven Fernsehens und die Gestalt zukünftiger Geschäftsmodelle in diesem Bereich darstellen zu können, sind zunächst die medienökonomischen Grundlagen und die Rolle der Intermediäre im Mediensegment Fernsehen zu betrachten. Ein Medium ist generell ein Kanal zwischen Sender und Empfänger, über den Information transportiert wird. Hass (2002) beschreibt die generellen Charakteristika und Typen von Medien (S. 67–82). So können Medien in Träger- und Übertragungsmedien unterschieden werden. Trägermedien sind materielle Medien wie etwa CDs oder Videokassetten, die eine physische Speicherung und den Transport von Informationen ermöglichen. Im Mittelpunkt dieses Beitrags stehen jedoch nicht-physische Übertragungsmedien wie das Fernsehen, bei denen Reproduktion und Transport der Information immateriell erfolgen. Bei Übertragungsmedien, insbesondere wenn sie im klassischen Broadcast-Modus eingesetzt werden, besteht im Allgemeinen eine Nicht-Rivalität im Konsum, was bedeutet, dass eine beliebig hohe Anzahl von Nutzern die übertragene Information konsumieren kann, ohne dass deren Qualität sinkt.

Übertragungsmedien lassen sich anhand weiterer wichtiger Charakteristika unterscheiden, die für die Analyse von Interaktivität von Bedeutung sind. Zunächst können sie nach ihrer *Bandbreite,* d. h. nach dem Umfang an Informationen, die sie zu übertragen vermögen, klassifiziert werden. Ein weiteres Unterscheidungsmerkmal ist der *Transfermodus,* welcher den konkreten Zugriff des Konsumenten auf die Information, die über das Medium transportiert wird, definiert und mehrere Dimensionen umfasst:

- Analoge oder digitale Übermittlung der Daten; in den letzten Jahren ist eine zunehmende Digitalisierung der Medien zu beobachten, was unter anderem positive Auswirkungen auf die Steigerung der Übertragungskapazität verschiedener Infrastrukturen bzw. der Unabhängigkeit der Information von bestimmten Infrastrukturen hat und somit das Entstehen neuer Medien ermöglicht.
- Synchrone und asynchrone Übertragungsmedien, also die zeitliche Unabhängigkeit von Distribution und Konsum der Information; das Internet stellt in dieser Hinsicht ein Hybridmedium dar, da sowohl Datenpakete asynchron zunächst auf dem Computer gespeichert und erst anschließend dargestellt werden können, aber mit Hilfe von Streaming-Programmen auch synchron auf den Rechner geladen und gleichzeitig betrachtet werden können.
- Schließlich die Möglichkeit der Verschlüsselung der übertragenen Informationen, die dem Ausschluss zahlungsunwilliger oder unbefugter Nutzer vom Konsum der Information dient.

Übertragungsmedien sind ferner nach der *Anzahl der Empfänger* zu unterscheiden (Hermann, 2002, S. 7). Individualmedien sind dadurch gekennzeichnet, dass die Information von einem Sender an einen einzelnen Empfänger übermittelt wird. Im Gegensatz dazu verbreiten Massenmedien die Information an eine unbestimmte Anzahl von Personen, die räumlich voneinander getrennt sein können.

Als weiteres Kriterium zur Unterscheidung von Übertragungsmedien spielt die *Rückkanalfähigkeit* eines Mediums eine große Rolle. Rückkanalfähige Medien erlauben im Gegensatz zu einseitigen Übertragungsmedien einen beidseitigen Austausch von Information zwischen Sender und Empfänger (Hermann, 2002, S. 7 f.). Die Qualität der übertragenen Informationen und damit der Rückkanalfähigkeit eines Übertragungsmediums hängt entscheidend von seiner technischen Systemarchitektur ab. Wie aus Tabelle 1 ersichtlich ist, kann zwischen hybriden und integrierten rückkanalfähigen Systemen unterschieden werden. Hybride Systeme zeichnen sich dadurch aus, dass für die Übermittlung und Decodierung des Eingangssignals beim Endkunden andere Infrastrukturen und Endgeräte genutzt werden als bei der Codierung und Rückübertragung des Ausgangssignals. Als Beispiel kann das 9Live-Geschäftsmodell genannt werden, bei dem der Zuschauer das Programm über ein analoges TV-Gerät empfängt, jedoch sein Telefon benutzen muss, um Informationen wie etwa die Antwort auf eine Quizfrage an den Sender zurückzuschicken. Im Gegensatz dazu nutzen integrierte Systeme wie das Internet die gleichen Infrastrukturen und Endgeräte für die Hin- und Rückübermittlung von Informationen.

System	**Beispiel**	**Infrastruktur**		**Endgeräte**	
		Eingangssignal	***Ausgangssignal***	***Eingangssignal***	***Ausgangssignal***
Hybride Systeme	Interaktives, analoges Fernsehen	Terrestrik, Kabel, Satellit	Festnetz, Mobilfunknetz, Datennetz	analoges Fernsehgerät	Telefon, Mobiltelefon, Computer
	Interaktives, digitales Fernsehen über MHP[1]	Terrestrik, Kabel, Satellit	Datennetz, Mobilfunknetz	analoges/digitales Fernsehgerät + MHP-Set-Top-Box; DVB-H[2]-fähiges Handy	Fernbedienung + MHP-Set-Top-Box mit integriertem Modem; DVB-H-fähiges Handy
Integrierte Systeme	Internet	Datennetz	Datennetz	Computer	Computer

1 MHP: Multimedia Home Platform. MHP ist eine plattformunabhängige, offene Middleware für digitale Anwendungen und Dienste verschiedenster Anbieter. Siehe Kapitel 4.2.

2 DVB-H: Digital Video Broadcasting – Handheld. DVB-H ist ein offener Standard für digitale, terrestrische Fernsehverteildienste über mobile Endgeräte. Siehe Kapitel 4.2.

Tabelle 1: Beispielhafte Systemarchitekturen rückkanalfähiger Systeme

Die Rückkanalfähigkeit eines Systems hat entscheidenden Einfluss auf die Zukunft des traditionellen Broadcast-Modells des Fernsehens, das bislang dadurch gekennzeichnet war, dass eine Information an eine unbestimmte, große Anzahl von Personen, die räumlich voneinander getrennt sein können, ausgestrahlt wurde. Insofern sind die Vollprogramme von ARD, ZDF oder RTL zu den Massenmedien zu zählen und können in die unterste Ebene der Personalisierungspyramide von Noam (1996) in Abbildung 1 eingeordnet werden (Hermann, 2002, S. 7 und S. 21). Im Zuge der Privatisierung des Fernsehens in Deutschland entstanden so genannte Narrowcast-Medien in Form von Spartenkanälen wie Eurosport oder abrufbare Filme über Premiere, die nicht mehr den Massenmarkt, sondern eine spezifische Zielgruppe mit speziellen Präferenzen ansprechen und dadurch den Konsumenten eine gewisse Individualisierung des Angebotes bieten. Noams (1996) Zukunftsvision des Fernsehens besteht in der Entstehung eines individuellen „Me-Channel", welcher dem einzelnen Rezipienten die seinen Präferenzen entsprechenden Inhalte liefert und somit die Spitze der Personalisierungspyramide darstellt. Im Unterschied zu den ersten beiden Stufen ist beim Personalcast, der dritten Stufe, die Existenz eines Rückkanals entscheidend, welcher den individuellen Abgleich zwischen Empfänger und Sender ermöglicht. Vorstufen des „Me Channel" sind bereits anhand von Angeboten wie Video-on-demand oder dem Personal Video Recorder erkennbar. Die Realisierung des wahren „Me Channels" setzt jedoch integrierte Interaktivität voraus.

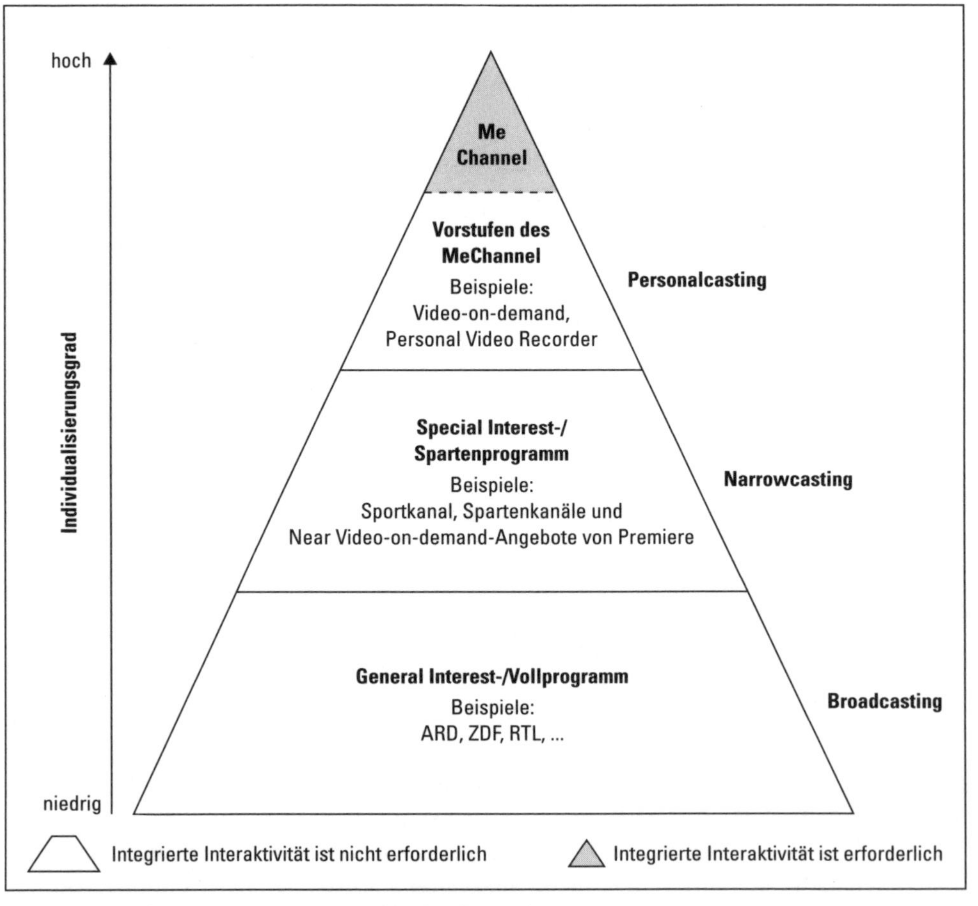

Abbildung 1: Personalisierungspyramide des Fernsehens
Quelle: In Anlehnung an Noam, 1996, S. 11, und Hermann, 2002, S. 22

Die Rückkanalfähigkeit des Übertragungsmediums bestimmt nicht nur den möglichen Individualisierungsgrad des Mediums, sondern wird in der Literatur oft auch als Voraussetzung für Interaktivität genannt (Hermann, 2002, S. 8; Rafaeli, 1988, S. 111).[1] So liegt Interaktivität bei einem Medium erst vor, „wenn die Kommunikation rückbezüglich und damit pfadabhängig verläuft, spätere ausgetauschte Nachrichten also von allen früher ausgetauschten Informationen abhängen" (Hass, 2002, S. 75). Jedoch hätte die Anwendung dieser Hürde als Konsequenz, dass viele Teile des Medienangebotes nicht als interaktiv gelten würden. Für die Betrachtung ökonomischer Auswirkungen der Interaktivität sinnvoller ist der Vorschlag von Schrape (1995), zwischen verschiedenen Leveln von Interaktivität zu unterscheiden (siehe Abbildung 2). Die Einteilung der Interaktivitätsstufen orientiert sich dabei am Grad der Einflussnahme auf das Medium und die Information bzw. deren Nutzung durch den Konsumenten selbst (Schrape, 1995, S. 28). Dies hat den Vorteil, dass man den Leveln konkrete Angebote zuordnen und somit Voraussetzungen, Möglichkeiten und Implikationen der Nutzung dieser Angebote analysieren kann (Beckert, 2001, S. 62). Darüber hinaus ist analog zur Architektur des rückkanalfähigen Systems zwischen hybrider und integrierter Interaktivität zu unterscheiden.

Level	**Beschreibung**	**Rückkanal erforderlich**	**Cluster interaktiver Medienprodukte**
Level 0	Ein-/Ausschalten, Programmwechsel	Nein	
Level 1	Zeit- und Medienwahl durch den Nutzer	Nein	
Level 2	Zusatzinformationen (tiefenscharfe Inhalte)	Ja	Flexibler Abruf vorhandener Inhalte
Level 3	Individueller Abruf gespeicherter Inhalte, passive Benutzerführung	Ja	Einbezug des Nutzers in den Fortgang der Handlung
Level 4	Kommunikative, pfadabhängige Interaktion	Ja	Austausch von nutzererstelltem Inhalt
Level 5	Nutzergenerierte Inhalte	Ja	

Abbildung 2: Interaktivitätslevel und Cluster interaktiver Medienprodukte
Quelle: In Anlehnung an Schrape, 1995, S. 28 f., und Hass, 2002, S. 76; eigene Ergänzungen

Betrachtet man sowohl die historische Entwicklung solcher interaktiver Medienprodukte, die mindestens in Level 1 angesiedelt werden können, als auch deren momentane Ausprägungsvarianten, so lassen sich drei Cluster interaktiver Medienprodukte mit einer relativ großen Schnittmenge an gemeinsamen Charakteristika identifizieren und den verschiedenen Interaktivitätsniveaus zuordnen. Eine trennscharfe Einteilung ist in den meisten Fällen nicht möglich bzw. wurde im Hinblick auf die Analyse der Zukunftspotenziale der einzelnen Dienste auch nicht angestrebt.

3. Grundlagen der Geschäftsmodelle von Fernsehunternehmen

Vor einer detaillierten Analyse der Geschäftsmodelle von Fernsehunternehmen anhand der oben identifizierten Cluster sind die Grundlagen solcher Geschäftsmodelle darzulegen. Folgt man der Darstellung von Hass (2002), so haben Geschäftsmodelle von Medienunternehmen drei Dimensionen: die Wertschöpfungsstruktur, die Produktarchitektur und das Erlösmodell (Hass, 2002, S. 89–156).

Abbildung 3 stellt die Wertschöpfungskette des Fernsehens inklusive der relevanten Funktionen und Akteure dar. Betrachtet man die Wertschöpfungskette des Fernsehens vertikal, also entlang des Güterstroms von der Beschaffung bis hin zum Rezipienten, so weisen die Unternehmen im deutschen Fernsehmarkt eine sehr unterschiedliche Leistungstiefe auf. Diese beschreibt, ob sich die Unternehmen auf einen engen Ausschnitt der Wertschöpfungskette konzentrieren oder ob sie mehrere Aktivitäten bzw. die gesamte Wertschöpfungskette integrieren. Fernsehsender wie die ARD oder RTL integrieren weite Teile von der Beschaffung bis hin zur Programmgestaltung. Kaufen sie jedoch Fremdproduktionen bzw. die Rechte daran hinzu, so werden nicht selten die Wertschöpfungsaktivitäten der Beschaffung, Programmproduktion und des Programmhandels von spezialisierten Unternehmen wie Spiegel TV, Brainpool bzw. ISPR übernommen. Die Distribution der Programme und die Bereitstellung der Fernsehgeräte obliegen Spezialisten wie Kabel Deutschland bzw. Unterhaltungselektronikkonzernen. Im Folgenden stehen die traditionellen Fernsehsender im Fokus der Betrachtung.

Bei audiovisuellen Medienprodukten handelt es sich vorwiegend um Erfahrungsgüter, d. h., der Nutzer eines Informationsprodukts kann dessen Eigenschaften erst dann vollständig beurteilen, nachdem er die darin enthaltene Information kennt (Shapiro & Varian, 1999, S. 5). Dann hat er es jedoch bereits konsumiert und muss es nicht mehr erwerben. Dieses Dilemma wird als „Arrowsches Informationsparadoxon" bezeichnet (Picot, Reichwald & Wigand, 2003, S. 68). Die beschriebene Informationsasymmetrie zwischen dem Produzenten eines Informationsgutes und dem Konsumenten ist der Grund für die Existenz der Unternehmen, welche die dazwischen liegenden Wertschöpfungsaktivitäten ausführen. Diese so genannten Intermediäre senken die Transaktionskosten, indem sie folgende typische Funktionen erfüllen (Bailey & Bakos, 1997, S. 9–11).

- Sie *bündeln das Angebot und die Nachfrage,* wodurch Skalen- bzw. Verbundvorteile erzielt werden können.
- Sie bauen ein *Vertrauensverhältnis* zu den Marktteilnehmern auf, so dass sie diese vor opportunistischem Verhalten anderer Marktteilnehmer schützen können.
- Sie organisieren *Zusammenstellung und Distribution* von Gütern und stellen die entsprechende Infrastruktur zur Verfügung, so dass Marktteilnehmer diese Kosten reduzieren können.
- Sie nehmen zusätzliche Leistungen wie *Finanzierung* oder *Versicherung* wahr (Picot, Reichwald & Wigand, 2003, S. 378).

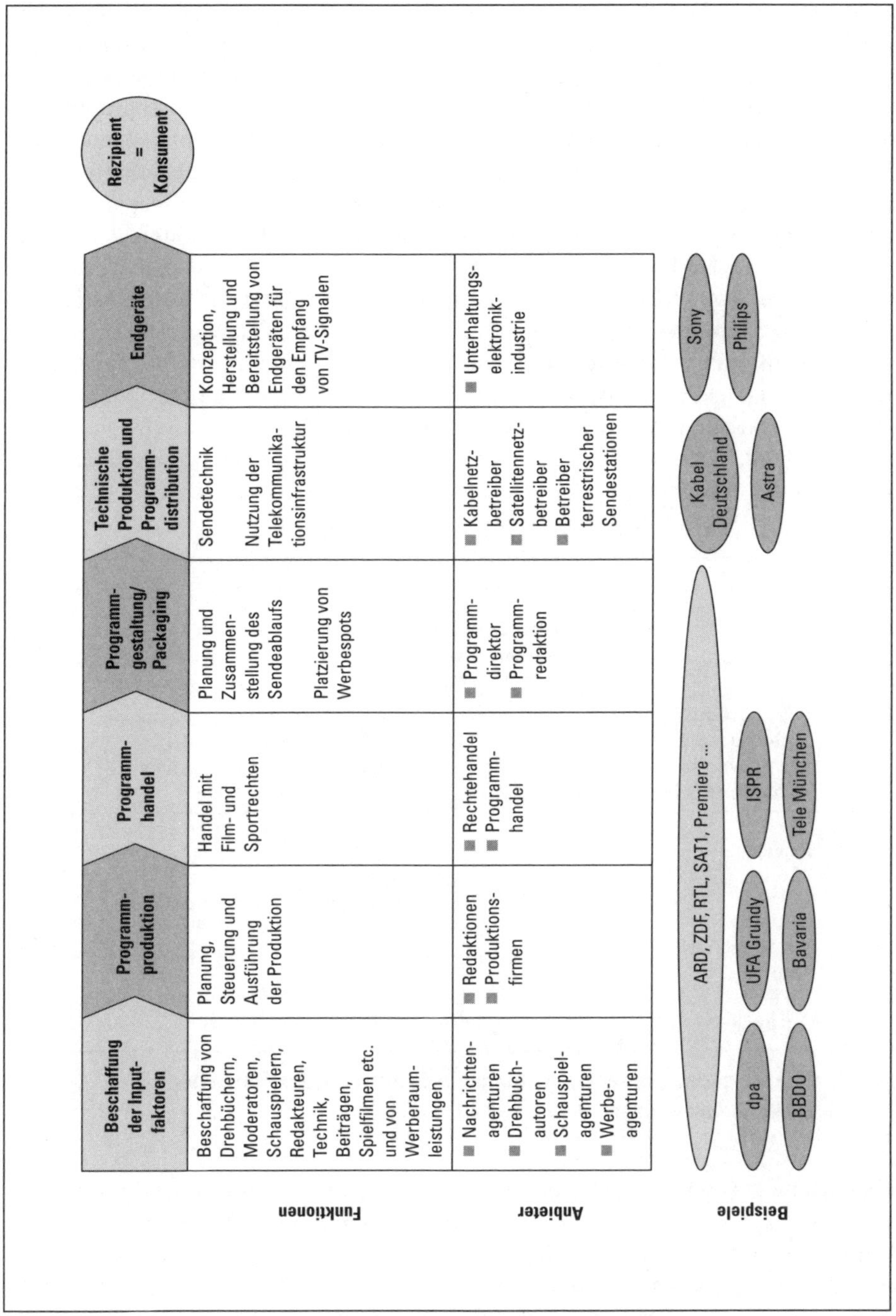

Abbildung 3: Wertschöpfungskette der Fernsehens
Quelle: In Anlehnung an Wirtz, 2003, S. 343, und Zerdick et al., 2001, S. 68

Die medienökonomische Forschung zu Intermediären steht erst am Anfang. Trotzdem lässt sich heute schon sagen, dass Fernsehsender primär die ersten drei Funktionen übernehmen. Insbesondere können die besser informierten Anbieter durch Signalling versuchen, ihre besseren Informationen über die von ihnen angebotenen Medienprodukte an die Konsumenten zu übermitteln, ohne dass es bereits zu einem Kauf kommen muss. Die entsprechenden in Abbildung 4 dargestellten Instrumente zielen auf die Schaffung von Vertrauen, welche die Voraussetzung für die Entstehung einer positiven Reputation des Anbieters beim Konsumenten in dem Sinne ist, als dass die Medienprodukte des Anbieters möglichst genau den Präferenzen der Nachfrager entsprechen. Beispielsweise kann der Fernsehsender vom so genannten Lead-in-Effekt profitieren. Dieser entsteht dadurch, dass er eine Sendung von hoher Qualität zeigt, welche in der Weise auf seine eigene Reputation ausstrahlt, dass die Zuschauer nach dieser Sendung aus Vertrauen auch weitere Programmangebote konsumieren und nicht umschalten. Ähnliche Qualitätssignale gehen von bekannten Akteuren aus, die an Medienprodukten beteiligt sind, die der Anbieter ausstrahlt, oder von erfolgreichen innovativen Angeboten. Schließlich kann Qualität auch durch Programmtrailer, Previews etc. suggeriert werden.

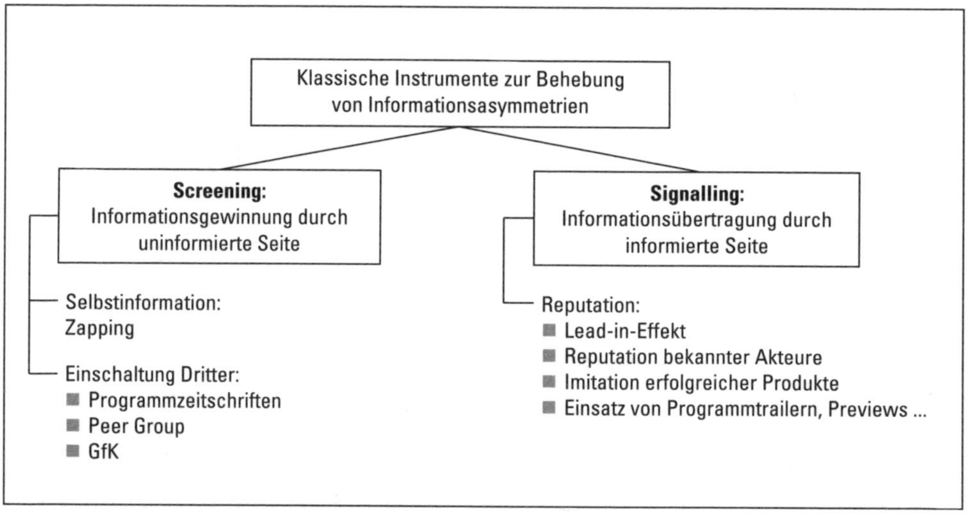

Abbildung 4: Signalling- und Screening-Instrumente im traditionellen Fernsehen
Quelle: In Anlehnung an Hermann, 2002, S. 107

Rezipienten bzw. Dritte können sich durch Screening einen Überblick über die angebotenen Medienprodukte verschaffen und Informationsasymmetrien reduzieren. Auf Nutzerseite kann dies durch Zapping, d. h. das schnelle Durchschalten zwischen den Kanälen, erfolgen. Die Bereitschaft auf Nutzerseite, Kosten für die Suche nach passenden Informationen aufzubringen, ist generell eher gering. Kostengünstige Screening-Alternativen zur eigenen Suche stellen Programmzeitschriften, die Einschaltung einer Peer Group von Freunden mit ähnlichen Präferenzen oder eventuell auch die Analyse der Daten der Gesellschaft für Konsumforschung (GfK) dar.

Die zweite Dimension des Geschäftsmodells, die Produktarchitektur, beinhaltet die Gestaltung der Leistung, die ein Medienunternehmen gegenüber dem Endkunden erbringt (Hass, 2002, S. 95). Wirtz (2003) stellt Produktarchitekturen im deutschen TV-Markt ausführlich dar (Wirtz, 2003, S. 336–342). Sie werden entscheidend durch die Aufteilung des deutschen Fernsehmarktes in öffentlich-rechtliche Sendeanstalten und private TV-Unternehmen geprägt (siehe Abbildung 5). Öffentlich-rechtliche Sender wie die ARD strahlen Vollprogramme wie „Das Erste", Spartenprogramme mit einem inhaltlichen Schwerpunkt wie „Phoenix" oder Programme mit einem lokalen Fokus in Form der so genannten „Dritten" aus. Private Sender im Free-TV-Bereich weisen ebenfalls solche Produktarchitekturen auf. Darüber hinaus gibt es auch Free-TV-Programme, die als Fensterprogramm ausgestrahlt werden. Dabei handelt es sich um zeitlich begrenzte Fenster im Programm eines überregionalen Senders wie RTL, die für die Ausstrahlung von Programmen mit lokalem oder kulturellem Schwerpunkt genutzt werden (Wirtz, 2003, S. 338).

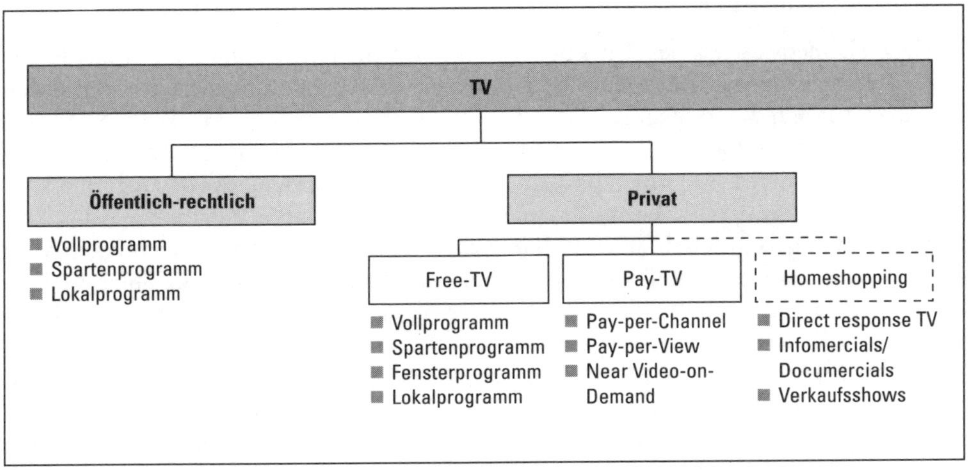

Abbildung 5: Produktarchitekturen im deutschen Fernsehmarkt
Quelle: In Anlehnung an Wirtz, 2003, S. 336

Eine besondere Form von Produktarchitektur ist das Pay-TV-Modell, das in Deutschland bisher nur von Premiere umgesetzt wurde.[2] Premiere bietet seinen Kunden den Kauf verschiedener Kanäle mit inhaltlichen Schwerpunkten wie z. B. Spielfilme oder Sport bzw. den Kauf von aus diesen Kanälen zusammengesetzten Bündeln an, wobei der Kunde für eine monatliche Abonnementgebühr alle dort gebotenen Inhalte konsumieren kann. Premiere strahlt diese Inhalte als Near Video-on-Demand (Near VoD) aus, d. h. in kurzen Abständen zeitversetzt, so dass der Kunde den Anfangszeitpunkt der Rezeption annähernd frei wählen kann. Mittlerweile bietet Premiere auch Pay-per-View an, wobei der Kunde die Sendung, die er konsumieren will, frei bestimmen kann und nur für diese bezahlt.

Schließlich ist Homeshopping eine weitere Produktstrategie, die von Sendern wie Home Shopping Europe, QVC und anderen teilweise erfolgreich umgesetzt wird. Die existierenden Ausprägungen von Homeshopping unterscheiden sich vor allem hinsichtlich Art und Dauer der Produktpräsentation (Wirtz, 2003, S. 340 f.). Direct Television Spots haben eine Dauer von weniger als einer Minute und bieten dem Zuschauer die Möglichkeit, die präsentierten Waren per Telefon zu bestellen. Infomercials und Documercials sind vom Prinzip her ähnlich, haben jedoch mit einer Sendezeit von bis zu einer Stunde und einem Moderator, der die Produkte bzw. Hintergrundinformationen dazu präsentiert, andere Möglichkeiten, auf den Zuschauer einzugehen. Verkaufsshows betten die Produktpräsentation darüber hinausgehend in einen unterhaltenden Rahmen ein. Homeshopping-Sender sollen nur am Rande Gegenstand des Beitrags sein, da sie sich von öffentlich-rechtlichen und anderen privaten Sendern dahingehend unterscheiden, dass sie eine Hybridform von Handels- und Medienunternehmen darstellen. Das Bestreben von Homeshopping-Sendern ist nicht auf die Unterhaltung der Zuschauer ausgerichtet. So wird die „Attraktivität des Programms [...] nicht durch die Attraktivität des Content, sondern durch die Attraktivität des Sortiments definiert" (Wirtz, 2003, S. 350).

Die letzte Dimension des Geschäftsmodells, das Erlösmodell, bestimmt die optimale Mischung verschiedener Erlösarten. Die möglichen Erlösquellen werden generell durch den dualen Produktmarktcharakter des TV-Marktes bestimmt (Picard, 1989, S. 17–19; Schumann & Hess, 2002, S. 22). Zum einen können mit dem Medienprodukt an sich Erlöse generiert werden, was einer direkten Vermarktung entspricht. Bei den privaten Sendern sind dazu Pay-TV-Erlöse aus Pay-per-Channel und Pay-per-View sowie Erlöse aus Rechtehandel, Lizenzgebühren und Merchandising zu zählen. Zum anderen kann auch die Aufmerksamkeit und Reichweite, die durch das Informationsprodukt generiert wurde, an Dritte wie etwa werbetreibende Unternehmen weiterverkauft werden. Diese Dreiecksbeziehung werbefinanzierter Unternehmen ist in Abbildung 6 dargestellt. Zu den entsprechenden Erlösen gehören Umsätze aus Werbespots, Sponsoring, Vermietung von Werbeflächen im Videotext, Kommissionen, Bartering und Product Placement. Die Rundfunkgebühren der öffentlich-rechtlichen Sender werden hingegen nicht vom dualen Produktmarktcharakter bestimmt und stellen insofern eine Ausnahme dar. Sie sind ein Ergebnis der Regulierung, welche eine Sicherstellung der Versorgung mit meritorischen Gütern in Form der von den öffentlich-rechtlichen Sendern gebotenen Inhalte bezweckt.

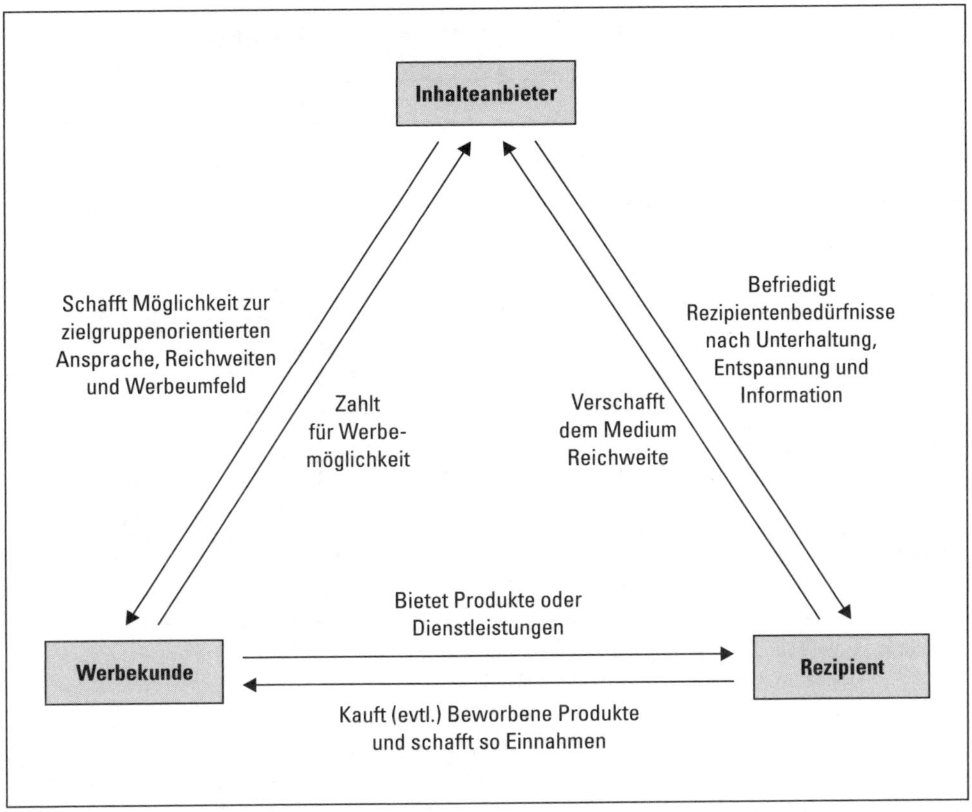

Abbildung 6: Dreiecksbeziehung werbefinanzierter Medien
Quelle: Zerdick et al., 2001, S. 50

Schließlich ist vor allem vor dem Hintergrund der Veränderungen durch zunehmende Digitalisierung eine vierte Dimension von Geschäftsmodellen zu erwähnen, die oft vernachlässigt wird: die Definition von Nutzergruppen. Diese Definition findet im Rahmen der Marktabgrenzung bei der Einführung eines neuen Produkts statt und versucht, möglichst homogene Kundengruppen anhand von geografischen, demografischen, soziografischen und verhaltensbezogenen Kriterien zusammenzufassen (Schumann & Hess, 2002, S. 34). Vor dem Hintergrund des technologischen Fortschritts und der sich dadurch dynamisch verändernden Nutzung von Medien, sowohl was die Intermediennutzung als auch ihre Parallelnutzung betrifft, macht eine auf diesen Kriterien basierende Nutzertypologie nur noch begrenzt Sinn (Groebel, 2003, S. 80 f.). Eine Einteilung der Nutzer anhand der klassischen Lean-Back-Nutzungssituation[3] beim Fernsehen und der Bend-Forward-Situation am Computer wird auf Grund der Annäherung der Fähigkeiten der beiden Endgeräte ebenso zunehmend fraglich. Groebel (2003) schlägt stattdessen eine in Tabelle 2 dargestellte, funktions- und situationsbezogene Nutzertypologie vor, die auch die zunehmende Interaktivität von Medienprodukten berücksichtigt.

Nutzung	Funktion	Ort	Involvement des Nutzers	Soziale Situation	Hardware (Größe)
Kommunikation	privat	mobil	hoch	intim	klein
	professionell	stationär	hoch	intim	mittel
		mobil		offen	klein
Interaktion	privat	stationär	hoch	intim	mittel
		mobil			klein
	professionell	stationär	hoch	intim	mittel
		mobil		offen	klein
Informations-aufnahme passiv	privat	stationär	mittel	intim	mittel
		mobil			klein
	professionell	stationär	hoch	intim	mittel
		mobil			klein
Unterhaltung passiv	privat	stationär	–	intim	groß
				offen	

Tabelle 2: Typologie der Mediennutzung
Quelle: In Anlehnung an Groebel, 2003, S. 83

4. Geschäftsmodelle für das interaktive Fernsehen

Auf der Basis der zuvor dargestellten Grundlagen der Geschäftsmodelle von TV-Unternehmen und der in Kapitel 2 identifizierten Cluster interaktiver Medienprodukte lässt sich nun eine Auswahl möglicher Geschäftsmodelle für das interaktive Fernsehen untersuchen. Für jeden Cluster wird ein Geschäftsmodell und dessen in Abbildung 7 dargestellte hypothetische Entwicklung in den folgenden Kapiteln analysiert. Die Entwicklung der Geschäftsmodelle wird in drei Stufen dargestellt, die sich an der Massenmarktfähigkeit der Geschäftsmodelle orientieren.

4.1 Der flexible Abruf vorhandener Inhalte – vom Near Video-on-Demand zum Personal Video Recorder

Near Video-on-Demand ist „eine Technik, bei der Videoinhalte, deren gewünschter Abruf durch den Anwender wahrscheinlich erscheint, in relativ kurzen zeitlichen Intervallen auf verschiedenen Fernsehkanälen übermittelt werden“ (Riehm, 2001, S. 12). Near VoD ist also insofern ein Punkt-zu-Multipunktverfahren, als dass der gleiche Inhalt zeitversetzt auf mehreren Kanälen läuft und der Nutzer sich zur gewünschten Anfangszeit einfach einklinkt. Near VoD ist bereits heute massenmarktfähig, da diese Form interaktiven Fernsehens in Deutschland durch Unternehmen wie z. B. Premiere für Großteile des Fernsehpublikums angeboten wird. Es ist dem Cluster interaktiver Medienprodukte „Flexibler Abruf vorhandener Inhalte" zuzuordnen. Near VoD benötigt keinen Rückkanal und ermöglicht dem Nutzer nur eine relativ flexible Auswahl des Anfangszeitpunktes der Konsumption der bereits vorhandenen Inhalte, womit dieser Dienst zum Interaktivitätslevel 1 zu zählen ist (siehe Abbildung 2).

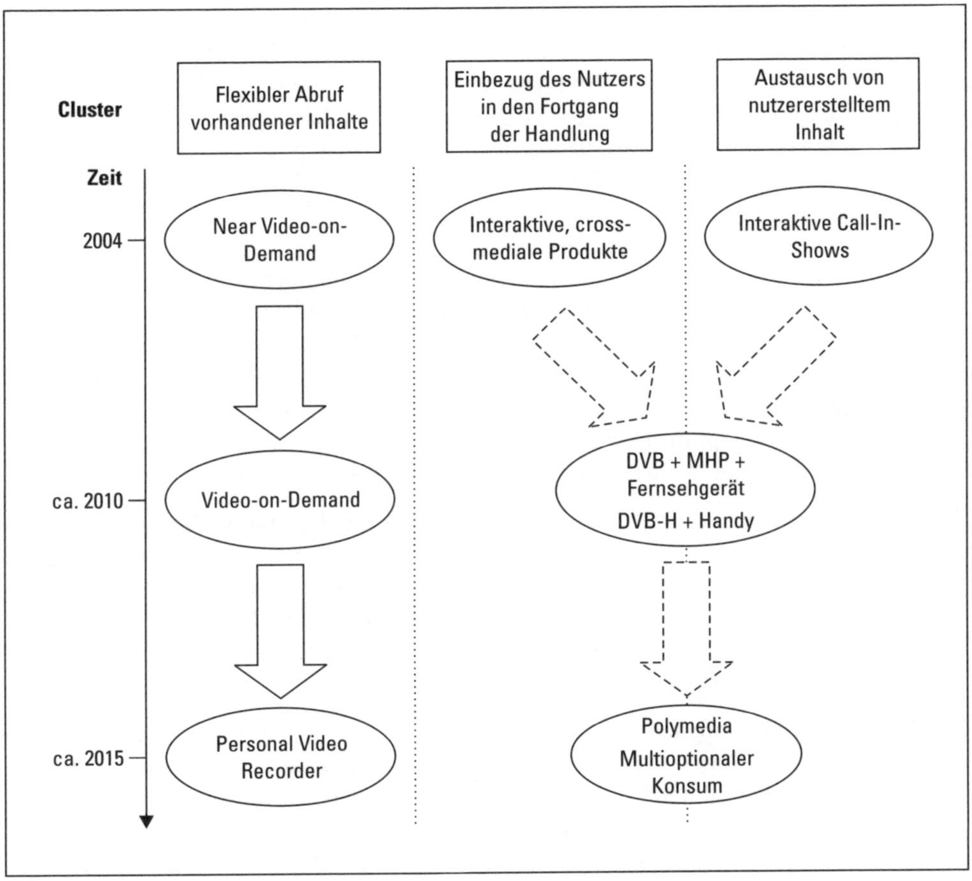

Abbildung 7: Existierende Geschäftsmodelle des interaktiven Fernsehens und ihre hypothetische Entwicklung in Bezug auf ihre Massenmarktfähigkeit

Was die Produktarchitektur anbelangt, so haben Anbieter von Near VoD üblicherweise die Strategie, den Konsumenten Premium Content z. B. in Form von aktuellen Spielfilmen, die noch nicht im Free-TV zu sehen sind, anzubieten, so dass bei einer relativ geringen Zahl von Zuschauern eine hohe Marge erzielt werden kann. Des Weiteren stellen die

Anbieter Bündel von Inhalten etwa in Form eines Hollywood- oder Erotikkanals zusammen, um mit Hilfe derartiger Produktdifferenzierung die Zahlungsbereitschaft der Konsumenten besser abschöpfen zu können. Das Erlösmodell solcher Anbieter setzt sich im Normalfall nur aus der direkt fixen Erlösform des Pay-per-Channel, d. h. aus Abonnementgebühren für einen festen Zeitraum, zusammen. Die Erlöse von Pay-TV-Anbietern können durch Erhebung weiterer Abonnementgebühren für zusätzliche Premiumkanäle noch gesteigert werden.

Der einzige Anbieter von Near VoD in Deutschland ist Premiere. Premiere hatte Ende 2003 bereits 2,908 Millionen Abonnenten (Premiere, 2004 a, S. 1). In den Jahren 2002 und 2003 wies das Unternehmen einen Verlust von 329,9 Millionen Euro bzw. 205,2 Millionen Euro aus, konnte aber den Umsatz von 825,7 Millionen auf 963,0 Millionen Euro steigern (Premiere, 2004 b, S. 1). Premiere hat mit Pay-per-View-Angeboten eine zusätzliche Erlösquelle erschlossen und konnte die entsprechenden Umsätze von 15,5 Millionen Euro auf 20,0 Millionen Euro steigern (Premiere, 2004 a, S. 2). Das Unternehmen will in den nächsten Jahren Profitabilität erreichen und erwartet für 2004 einen Umsatz von mehr als einer Milliarde Euro bei einem positiven EBITDA im zweistelligen Millionen-Bereich sowie einem Abonnentenzuwachs auf mehr als 3,2 Millionen (Premiere, 2004 a, S. 4). Ein Grund für die bisherigen Verluste von Premiere ist in der hohen Akzeptanz des großen Free-TV-Angebotes in Deutschland zu sehen (Struve, 2003, S. 23), welche das Verlangen der Zuschauer nach zusätzlichen Inhalten und ihre Zahlungsbereitschaft mindert. Eine weitere Ursache sind die für den Aufbau der Pay-TV-Plattform nötigen hohen Kosten von mehr als vier Milliarden Euro seit 1991 (Wirtz, 2003, S. 316). Dies ist auch eine der Hauptursachen, warum nur wenige Pay-TV-Sender in Europa wie BSkyB in Großbritannien oder Canal+ in Frankreich profitabel arbeiten.

Was die Wertschöpfungsstruktur betrifft, so ist die Wertschöpfungskette des Near VoD als spezielle Ausprägung des Pay-TV, wie in Abbildung 8 ersichtlich, Bestandteil der Wertschöpfungskette von Videoinhalten. Videoinhalte können unterhaltender, informativer oder bildender Natur sein und privat oder kommerziell verwendet werden (Schumann, Hess & Anding, 2001, S. 9). Übliche Ausprägungen sind z. B. Kinofilme, Trailer, TV-Sendungen, Werbefilme, Industriefilme usw.

Die Wertschöpfungskette der Videoinhalte beinhaltet auf der Distributionsstufe die Verwertungskette von Filmrechten. Die für die Verwertungsstrategie des Windowing, welche von Owen und Wildman (1992) ausführlich beschrieben wurde, charakteristischen zeitlich sukzessiven Verwertungsfenster von Kino bis Free-TV sind nach abnehmendem Erlöspotenzial angeordnet. Dabei ist die Wertschöpfungskette des Near VoD Bestandteil des Verwertungsfensters Pay-TV. Gegenüber der Wertschöpfungskette des Fernsehens spielen jedoch Eigenproduktionen von Inhalten eine geringe Rolle, da der Großteil der Videoinhalte zugekauft wird, so dass die Wertkettenaktivität der „Programmproduktion" beim Near VoD kaum ins Gewicht fällt. Was die Intermediäre im TV-Bereich betrifft, so ist noch keine signifikante Veränderung ihrer Rollen durch die Einführung eines Dienstes wie Near VoD mit rudimentärer Interaktivität zu beobachten.

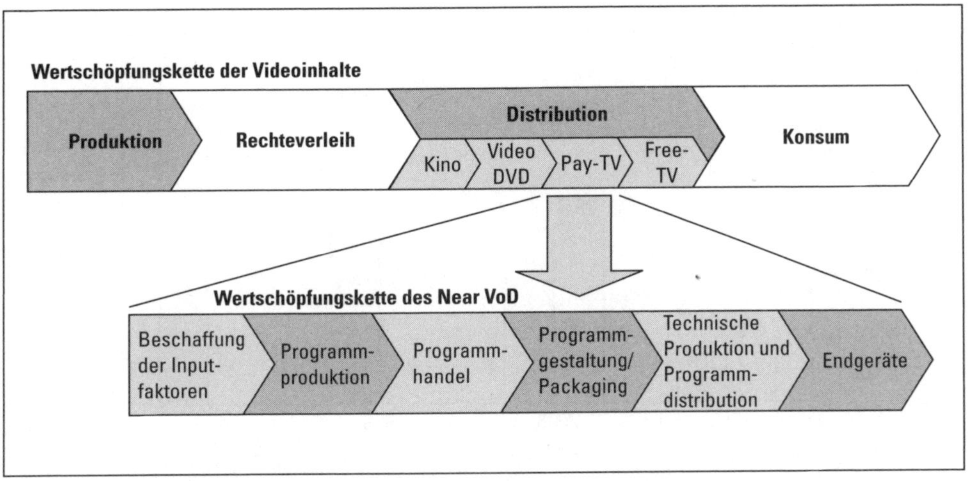

Abbildung 8: Die Wertschöpfungskette des Near VoD als Teil der Wertschöpfungskette von Videoinhalten
Quelle: In Anlehnung an Schumann et al., 2001, S. 15, Wirtz, 2003, S. 343, und Zerdick et al., 2001, S. 68

Die nächste Evolutionsstufe im Cluster „Flexibler Abruf vorhandener Inhalte" wird voraussichtlich das echte Video-on-Demand (VoD) darstellen. VoD funktioniert nicht mehr wie Near VoD nach dem Push-Prinzip, bei dem die vorhandenen Informationen vom Anbieter in das Netzwerk hineingedrückt werden und der Konsument nur durch Auswahl der Kanäle bestimmen kann, ob er die Information konsumieren will. Stattdessen werden beim echten VoD die digitalen Videoinhalte nach dem Pull-Prinzip, das einen Rückkanal voraussetzt, erst auf Wunsch des Empfängers von einem Video-Server abgerufen (Hermann, 2002, S. 32 f.). Des Weiteren bietet VoD dem Nutzer Zugriffsmöglichkeiten wie schnellen Vor- bzw. Rücklauf oder Pause. Somit befindet sich VoD auf dem Interaktivitätslevel 3, das die Fähigkeit zum individuellen Abruf gespeicherter Inhalte voraussetzt (siehe Abbildung 2). VoD wird als Punkt-zu-Punkt-Verfahren realisiert, wobei eine individuelle Kommunikationsbeziehung zwischen dem Sender und dem Empfänger aufgebaut wird, welche erst einen gegenseitigen Austausch von Information ermöglicht (Hermann, 2002, S. 34). Dieses Verfahren stellt hohe Anforderungen an die Übertragungsinfrastruktur und die Kompressionstechnik. Verwendet man die Nutzungssituation neuer Medien in den USA als Frühindikator für die Massenmarktfähigkeit neuer Medien in Deutschland unter Berücksichtigung eines Entwicklungsvorsprungs der USA gegenüber Deutschland von drei bis fünf Jahren (Schrape, 2001, S. 13), so könnte VoD in Deutschland in etwa im Jahr 2012 massenmarktfähig werden. Prognosen aus dem Jahr 2002 sagen vorher, dass VoD bis zum Jahr 2009 in der Hälfte der US-amerikanischen Haushalte verbreitet sein wird (siehe Abbildung 9).

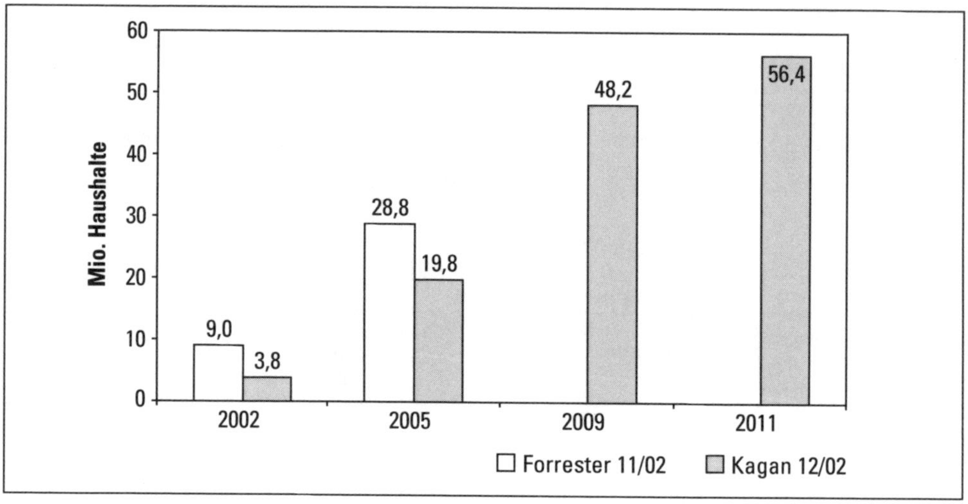

Abbildung 9: Prognosen für die Verbreitung von Video-on-Demand in den USA
Quelle: In Anlehnung an Stipp, 2003, S. 472

In Deutschland steht VoD noch am Anfang. Das Produktmodell der ersten VoD-Angebote ist nicht einheitlich. So gibt es einerseits Anbieter wie ARD, ZDF oder n-tv, die primär Commodity Content in Form von für Streaming-Medien aufbereiteten, archivierten Nachrichtensendungen oder zusätzlichen Beiträgen anbieten. Andererseits existieren bereits Anbieter wie T-Online, die Premium Content in Form von Hollywood-Spielfilmen im Internet anbieten. Eine Bündelung der Videoinhalte findet bei den bisherigen Anbietern nur in dem Sinne statt, als dass sie auf einer gemeinsamen Homepage angeboten werden. Die traditionellen Produktarchitekturen der Öffentlich-Rechtlichen und der Free-TV-Sender finden sich beim VoD nicht mehr wieder.

Das Erlösmodell von Anbietern von Videoinhalten wird voraussichtlich durch VoD grundlegenden Veränderungen unterworfen werden, welche durch zwei Charakteristika des VoD bedingt sind (Hermann, 2002, S. 197). Zum einen ist bei VoD eine eindeutige Identifikation und Adressierung des Nutzers möglich. Zum anderen ist eine Interaktion durch Rückübermittlung von Informationen möglich. Dies führt dazu, dass die Erlösform des Pay-per-View, bei der der Kunde nur für einen, von ihm ausgewählten Videoinhalt statt für ein ganzes Programm zahlt, erstmals möglich wird. Somit lassen sich entgeltpflichtige, direkte Erlösformen nun flexibler und kostengünstiger einsetzen, so dass VoD-Angebote weniger Zuschauer bräuchten, um rentabel zu sein, als etwa klassisches, werbefinanziertes Fernsehen. Allerdings ist gegenwärtig noch unklar, in welchem Umfang Medienkunden bereit sind, ihren Medienkonsum im Bereich des interaktiven Fernsehens über Einzelpreise oder eher über Pauschalabonnements einzukaufen. Es gibt Hinweise, dass so genannte Flatrates im Sinne einer Erlösmaximierung Vorteile aufweisen, weil sie dem Kunden Vertrauens- und Qualitätsrisiken sowie Transaktionskosten abnehmen. Ebenfalls noch nicht abschließend gelöst ist die Frage, wie sich unkontrollierte Kopien einmal beschaffter Video-Dateien verhindern lassen.

Auf Grund der digitalisierten Inhalte und der Interaktivität des VoD können darüber hinaus interaktive Werbeformen in die Videoinhalte des VoD eingebaut werden. Interaktive Werbespots könnten die in Kapitel 3 vorgestellte Dreiecksbeziehung zwischen Sender, Rezipient und Werbendem nachhaltig beeinflussen. Im Gegensatz zum klassischen Werbespot erfolgt die Heranführung des Kunden an das Produkt direkter, da er z. B. durch simples Klicken mit seiner Fernbedienung bzw. über die Tastatur oder den Touchscreen seines DVB-H-fähigen Handys zusätzliche, über den Werbespot hinausgehende Informationen über das Produkt anfordern und dieses eventuell sofort bestellen kann. Der Inhalteanbieter könnte sich nun nicht mehr nur durch seine Funktion der Reichweitengenerierung, sondern auch durch Kommissionen, die durch die direkte Beteiligung an den Erlösen durch den Werbespot erfolgreich ausgelöster Transaktionen entstehen, finanzieren (Hermann, 2002, S. 201). Jedoch würde gerade durch den von der interaktiven Werbung ausgelösten Entzug der Zuschaueraufmerksamkeit weg von nachfolgender Werbung das Modell des klassischen werbefinanzierten Fernsehens konterkariert werden (Franz, 2003, S. 469). Alternativ könnte auch das interaktive Product Placement forciert werden. Bei dieser neuen Werbeform auf Basis rückkanalfähiger, digitaler Medien können in Sendungen platzierte Gegenstände angeklickt, begutachtet und bestellt werden, wobei wiederum eine Kommission für erfolgreiche Transaktionen an den Inhalteanbieter fließen würde (Hermann, 2002, S. 202). Insgesamt wären auch Kombinationen von direkten Erlösquellen und Werbeerlösen denkbar, wie etwa eine stufenweise Verringerung der Pay-per-View-Gebühren, je mehr der Kunde bereit ist, Werbung innerhalb der Videoinhalte zu akzeptieren.

Eine an Bedeutung gewinnende, über den dualen Produktmarktcharakter von Medienprodukten hinausgehende, dritte Erlösquelle könnte der Verkauf von Kundeninformation darstellen. Ein Datenverkäufer würde dabei Informationen über die Charakteristika der Rezipienten sowie über deren Nutzungsverhalten aggregieren und diese an interessierte Unternehmen weiterverkaufen. Bisher ist es relativ schwierig, Informationen über die Nutzer zu sammeln. Durch rückkanalfähige, interaktive Medien würde es aber abgesehen von den Datenschutzbestimmungen zunehmend einfacher werden, Kunden zu identifizieren und ihr Verhalten zu analysieren.

VoD hat primär Auswirkungen auf die Gestalt von zwei Wertschöpfungsketten. Was die Wertschöpfungskette des Fernsehens betrifft, kommen vor allem zwei Wertschöpfungsaktivitäten unter Druck. Anbieter von VoD, wie z. B. T-Online, überlassen es dem Kunden zu entscheiden, welchen Film aus einer Selektion von in einer Übersicht dargestellten Videoinhalten er betrachten will. Da Unternehmen wie T-Online aus der Telekommunikationsbranche kommen, ist somit eine horizontale Konvergenz der Telekommunikations- und Fernsehwertschöpfungsketten mit dem Schnittpunkt der Wertschöpfungssaktivität „Programmgestaltung“ zu beobachten.

Darüber hinaus könnte die Funktion der Selektion und Bündelung von Informationsprodukten zu ganzen Programmen, die Free- und Pay-TV-Sender in der Wertschöpfungsstufe „Programmgestaltung“ übernehmen, immer mehr an Bedeutung für den Endkunden verlieren, da er bei interaktivem VoD zunehmend selbst diese Aufgabe übernehmen könnte. Der Grund dafür ist in den gesunkenen Kosten der Informationsbeschaffung für die Konsumenten zu sehen, wodurch Intermediäre, die bisher die genannten Funktionen erfüllen, überflüssig werden würden. Dieses Phänomen wird als Disintermediation bezeichnet (Picot et al., 2003, S. 378). Die Kostensenkung ist vor allem auf verbesserte Möglichkeiten des Screening durch das Internet zurückzuführen. So existieren im Internet virtuelle Gemeinschaften in Form von Chatrooms oder Newsgroups, in denen Nutzer beispielsweise Informationen über Videoinhalte wie etwa Hollywood-Spielfilme austauschen. Diese virtuellen Gemeinschaften könnten teilweise die Funktion herkömmlicher privater, aus Freunden mit ähnlichen Interessen bestehender Peer Groups übernehmen und dem Nutzer helfen, das für ihn optimale VoD-Angebot zu identifizieren (Hermann, 2002, S. 125). Außerdem könnten durch die Existenz eines Rückkanals im Internet Nutzerprofile abgefragt werden und diese durch automatisierte Beobachtung des Verhaltens dieser Nutzer weiter verfeinert werden. Anschließend könnten kollaborative Filter eingesetzt werden, welche die Präferenzen des Nutzers mit denen ähnlicher Nutzer vergleichen und dadurch Videoinhalte identifizieren, die den Nutzer interessieren könnten (Hermann, 2002, S. 120 f.).

Eine Verbesserung des Signalling von Fernsehsendern durch interaktive Medien ist nicht wahrscheinlich. Eine Ausnahme könnte interaktive Werbung für Fernsehsendungen darstellen, durch die der Nutzer sofort auf ein VoD-Angebot auf der Website des Fernsehsenders gelangen und dieses konsumieren könnte. Bei herkömmlicher Werbung für Fernsehsendungen wäre eine Transaktionsanbahnung in dieser direkten Form nicht möglich.

Die zweite Wertschöpfungsaktivität in der Wertschöpfungskette Fernsehen, bei der eine horizontale Konvergenz dieser Wertschöpfungskette mit der der Telekommunikation zu beobachten sein könnte, ist die Aktivität der technischen Produktion und Distribution. Hier übernehmen zunehmend Unternehmen wie T-Online oder Arcor die Distribution von audiovisuellen Informationen über das Internet, so dass die Distribution über terrestrische oder Satelliten-Frequenzen bzw. über TV-Kabelnetze eine immer geringere Rolle spielen könnte.

Die andere Wertschöpfungskette, auf die VoD Auswirkungen haben könnte, ist die der Videoinhalte. Die Wertschöpfungsstufe, die hier am stärksten unter Druck gerät, ist die Distribution, was vor allem deren Verwertungsfenster betrifft (siehe Abbildung 10). Mit der elektronischen Verbreitung von Videoinhalten kommt nun eine weitere Verwertungsstufe hinzu, die zwischen bzw. neben die klassischen Stufen eingegliedert werden kann (Schumann et al., 2001, S. 72). Die endgültige zeitliche Platzierung des Verwertungsfensters VoD ist schwer vorherzusagen. Da jedoch bei Szenario (a) und Szenario (b) die Gefahr der Kannibalisierung von Umsätzen aus dem Videotheken- und Kaufmarkt bestehen würde, ist die Einordnung des Fensters zwischen Video/DVD und TV – Szenario (c) – bzw. parallel zum Pay-TV-Angebot – Szenario (d) – denkbar (Schumann et al., 2001, S. 73 f.).

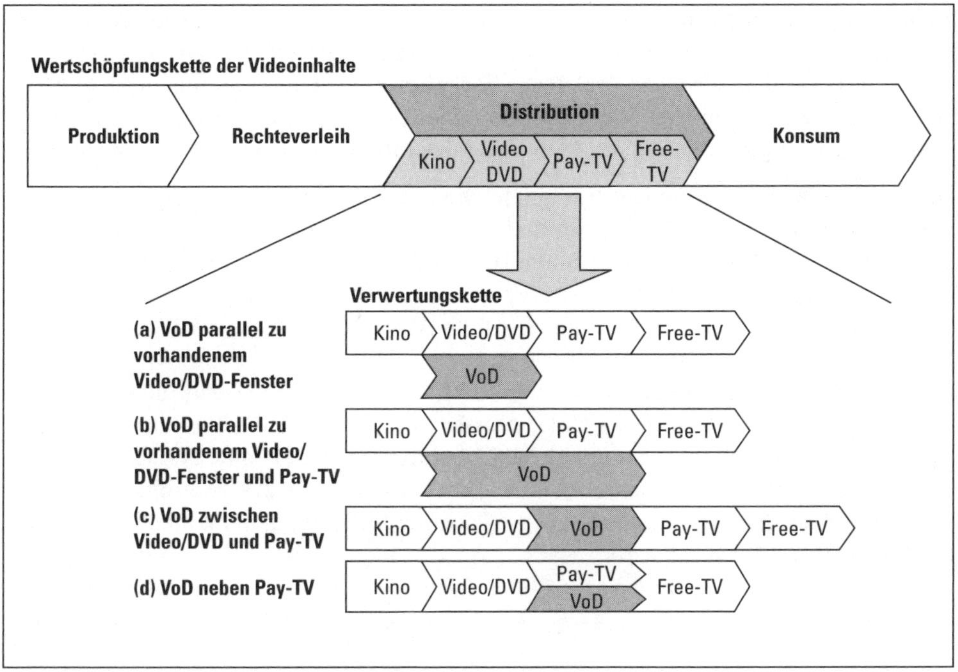

Abbildung 10: Verwertungskette von Videoinhalten: Mögliche Einordnung von Video-on-Demand
Quelle: In Anlehnung an Schumann et al., 2001, S. 73

Die letzte Evolutionsstufe im Cluster „Flexibler Abruf vorhandener Inhalte" könnte der personalisierte Videorekorder (PVR) sein. Der PVR ist ein digitaler Videorekorder, der folgende Eigenschaften aufweist (Hermann, 2002, S. 47 f., Wirtz & Schwarz (2001), S. 16 f.):

- immense Speicherkapazität (> 30 GB),
- zeitlich nicht-lineare Zugriffsmöglichkeit auf die gespeicherten Daten (Betrachtung einer Sendung bei gleichzeitiger Aufnahme dieser Sendung),
- äußerst flexible Abspielmöglichkeiten (Herausschneiden von Werbung ...),
- eingebaute Software zur Analyse des Nutzerverhaltens, auf Basis derer den Nutzerpräferenzen entsprechende Inhalte vorgeschlagen werden,
- Internetzugang durch eingebauten Rückkanal.

Der PVR bietet auf Grund dieser Eigenschaften dem Nutzer eine Vielzahl von Vorteilen gegenüber traditionellem Fernsehen (Wirtz et al., 2001, S. 16–18). Er ermöglicht es dem Konsumenten, sein eigenes, individuelles Programm zusammenzustellen, was durch Unabhängigkeit von Programmschemata, die Möglichkeit des Überspringens von Werbeblöcken und zeitlicher Unabhängigkeit bei der Konsumption der Inhalte erreicht wird. Außerdem integriert der PVR durch seinen Internetzugang das VoD-Angebot. Somit kann der PVR mindestens in das Interaktivitätsniveau 3 eingeordnet werden (siehe Abbildung 2). Die Funktionalität des PVR, historisches Nutzerverhalten zu analysieren und darauf aufbauend dem Nutzer Vorschläge bezüglich konsumierbarer Inhalte zu machen, geht jedoch darüber hinaus und entspricht einer pfadabhängigen Kommunikation, so dass auch eine Subsumierung des PVR unter das Interaktivitätslevel 4 angebracht ist.

Dieses hohe Interaktionsniveau ermöglicht wiederum die Realisierung eines sehr hohen Personalisierungsgrades des Programms des einzelnen Rezipienten, so dass der PVR als eine Vorstufe des Me-Channel im Sinne von Noam (1996) gesehen werden kann. Folgt man den aktuellen, in Abbildung 11 dargestellten eher konservativen Schätzungen des Instituts Kagan, wird der PVR ab einem Zeitpunkt zwischen 2009 und 2011 in mehr als 50 % der US-amerikanischen Haushalte verbreitet sein. Verwendet man wiederum diese Daten als Frühindikator für die Massenmarktfähigkeit des PVR in Deutschland unter Berücksichtigung der strukturellen Unterschiede, so könnte der PVR voraussichtlich im Jahr 2013 in Deutschland massenmarktfähig werden. Insofern könnte es fraglich sein, ob zu diesem Zeitpunkt noch das klassische Broadcast-Modell des Fernsehens bestehen wird oder ob die Nutzung des Fernsehens sich einer Individualkommunikation im Sinne des Personalcast annähern wird.

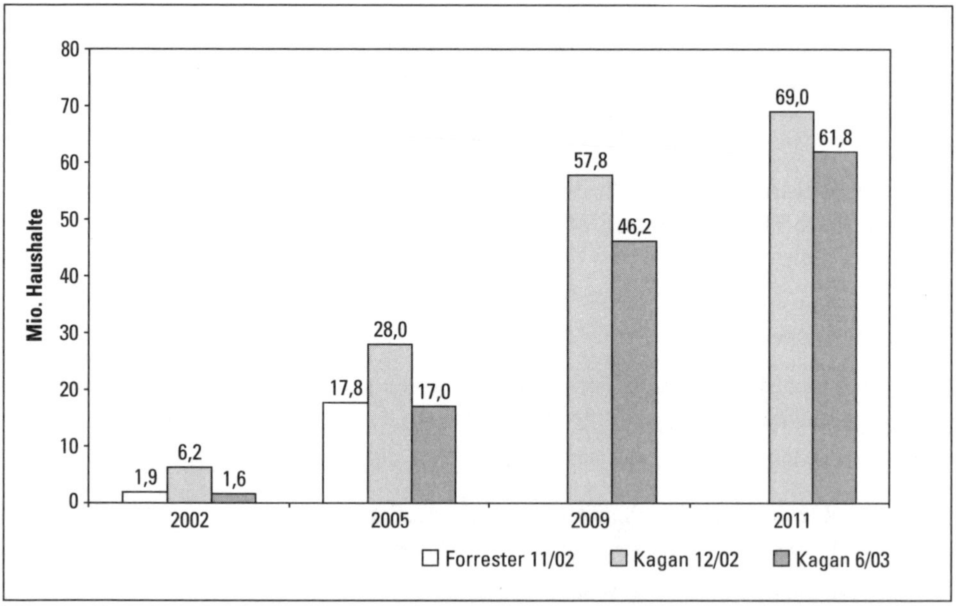

Abbildung 11: Prognosen für die Verbreitung des Personal Video Recorder in den USA
Quelle: Stipp, 2003, S. 473

Somit könnte der PVR gravierendere Auswirkungen auf die Wertschöpfungskette des Fernsehens haben als VoD, vor allem auf die Inhalteselektions- und Bündelungsfunktion der Fernsehsender. Die Möglichkeit des digitalen Videorekorders, die Programmschemata aller Sender zu analysieren und die audiovisuellen Inhalte aufzunehmen, die dem durch Beobachtung identifizierten Präferenzschema des PVR-Besitzers am nächsten kommen, stellt im Endeffekt nichts anderes als ein neues Screening-Instrument des Nutzers dar, durch das er seine Informationskosten signifikant senken könnte. Durch den PVR könnten somit die klassischen Signalling-Anstrengungen der Fernsehsender nahezu hinfällig werden. Insgesamt besteht langfristig die Möglichkeit einer Disintermediation der klassischen Fernsehsender bezüglich ihrer Selektions- und Bündelungsfunktion (siehe Abbildung 12).

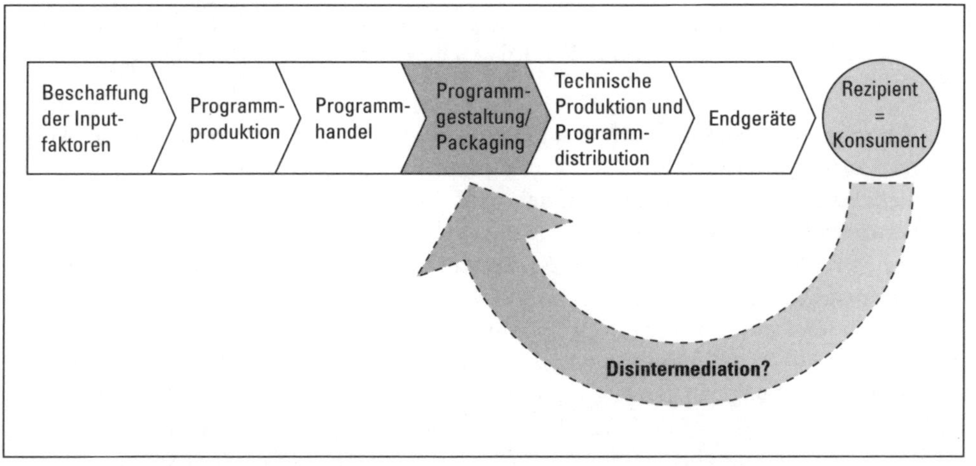

Abbildung 12: Disintermediation klassischer Fernsehsender durch den PVR
Quelle: In Anlehnung an Wirtz et al., 2001, S. 17, Wirtz, 2003, S. 343, und Zerdick et al., 2001, S. 68

Diese Entwicklung könnte natürlich ebenso gravierende Auswirkungen auf das Erlösmodell klassischer Fernsehsender haben. Während staatliche Sender weiterhin Rundfunkgebühren verlangen könnten, würden werbefinanzierte Sender ihre Haupteinnahmequelle verlieren, da Werbung auf Grund der Funktionalität des PVR durch den Nutzer nicht mehr wahrgenommen werden würde (Wirtz et al., 2001, S. 18). Mögliche Wettbewerbsstrategien gegenüber den Anbietern von PVRs wären die Errichtung von Barrieren in Form von Störsignalen für den PVR oder die Steigerung der Zuschauerloyalität durch bessere Programmschemata (Wirtz et al., 2001, S. 21). Erstere Strategie wäre jedoch nutzlos, sobald nur ein Anbieter kein Störsignal sendet und letztere würde langfristig der Fähigkeit des PVR, individualisierte Programmschemata zu kreieren, unterlegen sein. Die langfristig vielversprechenderen Kooperationsstrategien von Sendern könnten zum einen in der intensiveren Zusammenarbeit mit der Werbeindustrie durch Entwicklung von Inhalten mit eingewobener interaktiver Werbung bestehen oder zum anderen die Form von Allianzen mit PVR-Anbietern annehmen, wobei die Sender zu Anbietern von speziell auf PVRs abgestimmten Formaten werden würden (Wirtz et al., 2001, S. 21 f.).

4.2 Der Einbezug des Nutzers in die Handlung – vom interaktiven, cross-medialen Produkt zum multioptionalen, polymedialen Inhalt

Interaktive, cross-mediale Produkte sind dem Cluster interaktiver Medienprodukte zuzurechnen, die einen Einbezug des Nutzers in den Fortgang der Handlung erlauben (siehe Abbildung 2). Cross-mediale Produkte beinhalten verschiedene Medienformen, treten unter einer Dachmarke auf, werden meist als Produktpakete oder Produktfamilien umgesetzt und bezwecken die gezielte Mehrfachverwertung von Inhalten (Köhler & Hess, 2004, S. 30). In Deutschland wurde der Trend hin zu solch neuen Produktkonzepten durch die Produktfamilie „Deutschland sucht den Superstar" (DSDS) von RTL Television verstärkt. Deswegen soll im Nachfolgenden dieses Geschäftsmodell eingehender untersucht werden.

Die Samstagabendsendung „Deutschland sucht den Superstar" stellt, wie in Abbildung 13 zu sehen ist, den Kern der Produktfamilie dar. Dort wird den Zuschauern die Möglichkeit geboten, in fünfzehn Runden per Telefonabstimmung den Sieger des gesamten Wettbewerbs zu bestimmen. Die Konsumenten können also kollektiv durch den Transfer von Information zurück zum Sender auf einem indirekten Rückkanal in Form einer Telefonleitung den Fortgang der Handlung bestimmen. Diese Form der Interaktivität ist in den Interaktivitätsniveaus von Schrape (1995) nicht explizit berücksichtigt (siehe Abbildung 2). Jedoch kann sie als kollektiver Abruf von Inhalten beschrieben werden und könnte somit näherungsweise dem Interaktivitätslevel 3 zugeordnet werden. Da jedoch nur kollektiv eine Handlung auf Seiten des Senders durch die Zuschauer bewirkt werden kann und nur hybride Interaktivität vorliegt, ist der Interaktivitätsgrad als niedriger einzustufen.

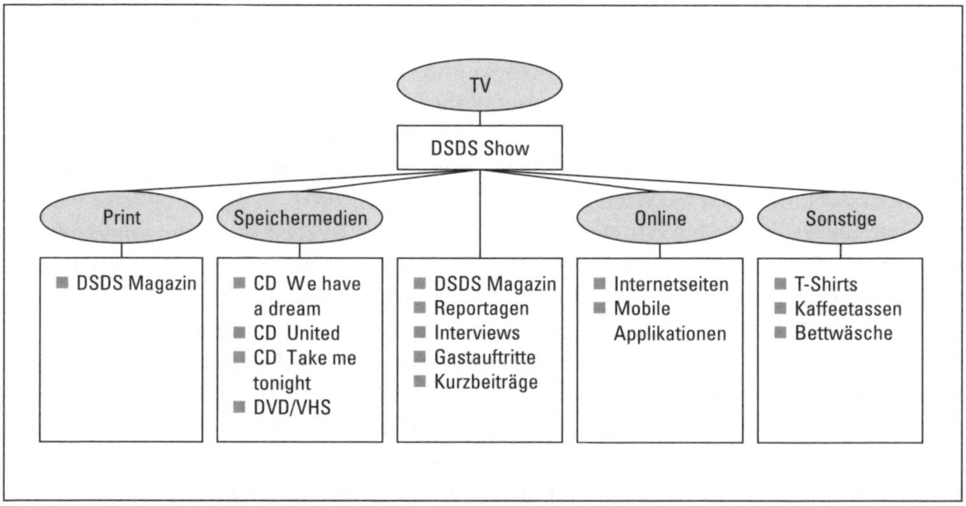

Abbildung 13: Cross-mediale Produktfamilie „Deutschland sucht den Superstar"
Quelle: In Anlehnung an Köhler et al., 2004, S. 32

Was die erste Dimension des Geschäftsmodells, die Produktarchitektur, betrifft, stellt vor allem die Samstagabendshow, aber auch das gesamte mediale Angebot der Produktfamilie Premium Content dar, welcher in die Voll- bzw. Spartenprogramme der einzelnen Sender eingebettet ist. Dies liegt neben der Innovation und Komplexität des Gesamtprodukts auch an der Möglichkeit der kollektiven Interaktion mit dem Sender bezüglich der Gestaltung der Handlung. Diese Interaktion schafft erst bzw. verstärkt den Event-Charakter der Samstagabendshow und bedingt unter anderem die schwere Kopierbarkeit des Produkts DSDS.

Das Geschäftsmodell von DSDS basiert auf dem von der britischen Fremantle Media Ltd. entworfenen Konzept des interaktiven, cross-medialen Medienprodukts „Pop Idol". Die entsprechende Show verzeichnete in Großbritannien Zuschauermarktanteile von 57 % und neun Millionen Anrufe innerhalb von zwei Stunden während der letzten Sendung (Fremantle Media, 2004). Dieser immense Erfolg konnte durch regionale Anpassung des Formats auf 21 andere europäische, amerikanische und arabische Länder sowie auf Australien vielfach kopiert werden. Nebengeschäfte wie Einnahmen aus Telefongebühren bei DSDS und „Wer wird Millionär" machten bereits einen Anteil von 15 % am Umsatz von 1,88 Milliarden Euro der RTL Group in Deutschland in 2003 aus (Brychcy, 2004). Insgesamt registrierte das Format mehr als 100 Millionen Zuschauer und mehr als 500 Millionen Anrufe weltweit (Fremantle Media, 2004). Ähnliches gilt für andere interaktive cross-mediale Formate wie etwa „Big Brother", das von der niederländischen Endemol-Gruppe kreiert wurde.

Die Interaktion der Zuschauer per Telefon hat nur geringfügige Auswirkungen auf die Wertschöpfungskette des Fernsehens. So wird die Funktion der Fernsehsender als Programmgestalter, was die Planung der Sendung und des Programms betrifft, dahingehend von den Zuschauern übernommen, als dass diese über die Zusammensetzung der Kandidaten in der nächsten Sendung entscheiden. Interaktivität spielt aber im Speziellen beim Erlösmodell der Samstagabendshow eine wichtige Rolle. Ein großer Teil der Umsätze dieser Sendung wird nicht nur durch Werbeblöcke, sondern auch durch Telefongebühren, die bei der Abstimmung für die Anrufer anfallen und dann mit den Telekommunikationsfirmen geteilt werden, generiert.

Eine Evolution des Geschäftsmodells cross-medialer Produkte bezüglich des Interaktionsniveaus könnte in Form des digitalen Fernsehens auf Basis des Digital Video Broadcasting (DVB)-Standards erfolgen. DVB ist ein weltweiter, offener, mit dem MPEG2-Kompressionsverfahren arbeitender Standard für digitale Fernsehverteildienste (Gaida, 2001, S. 74). DVB umfasst die drei Hauptübertragungsstandards DVB-S für Satellitenempfang, DVB-C für den Empfang über Kabelnetze und DVB-T für den terrestrischen Empfang. Jeweils 2,5 Millionen Haushalte in Deutschland haben bereits digitalen Empfang über Satellit bzw. Kabel (DVB, 2004). Die Region Berlin-Brandenburg ist Ende 2002 im Rahmen eines Pilotprojekts von analogen auf digitalen, terrestrischen DVB-T-Empfang umgeschaltet worden. Darüber hinaus existiert mit DVB-H seit kurzem ein modifizierter DVB-T-Standard, der dahingehend auf die speziellen Erfordernisse der Verteilung mobiler, multimedialer Dienste zugeschnitten wurde, dass statt einer kontinuierlichen Übertragung der Signale eine Übertragung von diskreten Datenpaketen auf

Basis des IP-Standards stattfindet (Kühn, 2004, S. 8). Dies kommt den geringen Energievorräten mobiler Endgeräte entgegen. Die Ausstrahlung von Fernsehsignalen soll in Deutschland bis 2010 komplett auf den digitalen DVB-Standard umgestellt werden, so dass dieser bis dahin massenmarktfähig sein sollte.

Momentan gibt es Anzeichen dafür, dass sich auf Basis des DVB-Standards zwei unterschiedliche Gruppen interaktiver Anwendungen entwickeln könnten. Zum einen könnten dies stationäre Anwendungen auf Basis von Set-Top-Boxen für Fernsehgeräte sein, die z. B. mit der Multimedia Home Platform (MHP) arbeiten. MHP ist eine plattformunabhängige, offene Middleware für digitale Anwendungen und Dienste verschiedenster Anbieter (Koch, 2002). Für die MHP-Schnittstelle existieren die in Abbildung 14 dargestellten drei Profile, welche je nach Ausstattung der Box implementiert werden können. Das Profil Enhanced Broadcast hat keinen Rückkanal. Die Interaktivität ist darauf beschränkt, dass der Nutzer nur Anwendungen wie z. B. Electronic Program Guides (EPG), die aus einem digital ausgestrahlten Datenkarussel auf die Box heruntergeladen und gespeichert wurden, auswählen und diese zu einem beliebigen Zeitpunkt starten kann (Eisner, 2002, S. 189 f.). Das Profil Interactive Broadcast verfügt bereits über einen Rückkanal, dessen Bandbreite für die Qualität der Nutzerinteraktion bestimmend ist. Das Profil Internet Access bietet darüber hinaus typische Internetdienste auf dem Fernseher.

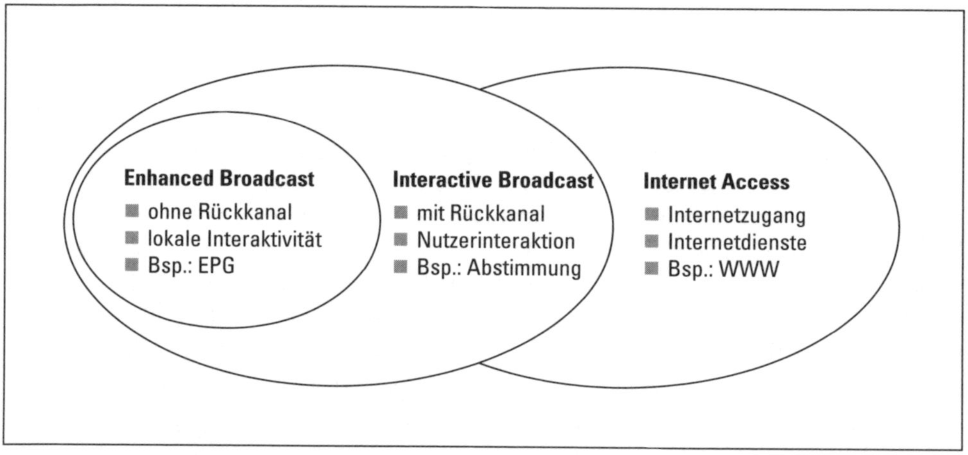

Abbildung 14: MHP-Profile
Quelle: In Anlehnung an Koch, 2002

Zum anderen könnten aber auch zunehmend mobile, interaktive Anwendungen auf Basis des DVB-H-Standards entstehen. Wie in Abbildung 15 dargestellt, weisen DVB-H-basierte Systeme eine hybride Architektur auf, bei der die der Mobilität der Nutzer angepassten Fernsehsignale über DVB-T an die mobilen Endgeräte übertragen werden. Als Rückkanal nutzt das System jedoch GSM- bzw. UMTS-Mobilfunknetze, auf denen Zugangscodes, Zahlungsinformationen etc. übertragen werden. Momentan erproben die strategischen Allianzen Broadcast Mobile Convergence (bmco), bestehend aus den Unternehmen Nokia, Philips, Universal Studios Networks und Vodafone, sowie Mobile Media Distribution, welche von der Deutschen Telekom angeführt wird und das ZDF, Reuters, SCM Microsystems und andere einbindet, in Pilotprojekten interaktive, auf dem DVB-H-Standard basierende Anwendungen.

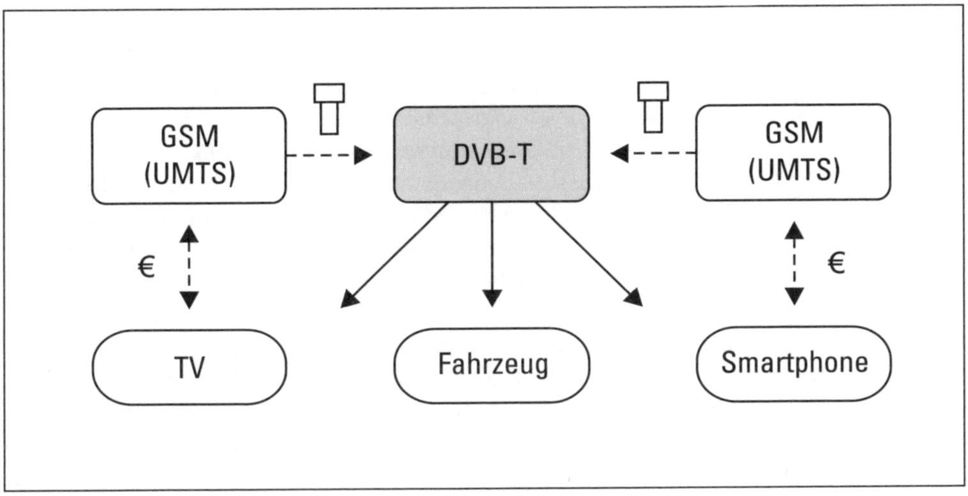

Abbildung 15: Architektur DVB-H-basierter, mobiler Systeme
Quelle: Nach bmco, 2004

Die Evolution des DSDS-Geschäftsmodells durch DVB könnte darin bestehen, dass die Abstimmung der Zuschauer über das Fortkommen der Kandidaten in der Samstagabendsendung über einen digitalen Rückkanal mit höherer Bandbreite durch eine Set-Top-Box und das MHP-Profil Interactive Broadcast bzw. durch ein DVB-H-fähiges Handy erfolgen könnte. Die an der Abstimmung teilnehmenden Nutzer könnten so identifiziert werden, was es dem Sender auch bei dieser Variante ermöglichen würde, Gebühren von Nutzern für die Abstimmung zu verlangen. Ist die Verhandlungsmacht der Betreiber der für den Rückkanal genutzten Infrastruktur niedriger als die des bisherigen Partners aus der Telekommunikationsbranche, könnte der Anbieter einen höheren Anteil der Gebühren als Erlöse einnehmen. Noch wichtiger für die Generierung zusätzlicher Erlöse wäre aber die neue Möglichkeit, mit interaktiven Werbemaßnahmen den Kunden während der Sendung anzusprechen und so die anderen Medienprodukte aus der Produktfamilie direkter und effizienter vertreiben zu können. Durch das nun mögliche Beobachten des Nutzerverhaltens und den Einsatz kollaborativer Filter könnte diese Distributionsstrategie weiter optimiert werden.

Nachteile durch MHP könnten den Anbietern nur dahingehend entstehen, dass den Konsumenten mit den EPGs ein effizienteres Screening-Instrument zur Verfügung steht und somit besser andere Medienprodukte gefunden werden können, die nichts mit dem cross-medialen Produkt zu tun haben, aber den Nutzerpräferenzen eher entgegenkommen. EPGs erlauben es, das verfügbare Angebot nach vom Nutzer festgelegten Kriterien zu durchsuchen und erhöhen somit die Markttransparenz (Hermann, 2002, S. 118). Jedoch ist fraglich, ob sich der Kundennutzen bei Medienprodukten, die eine Beeinflussung der Handlung durch den Kunden erlauben, wirklich dadurch erhöht, dass der analoge Rückkanal des Telefons durch einen digitalen Internet- bzw. Mobilfunk-Rückkanal ersetzt wird. Prinzipiell weisen solche Fernsehinhalte immer noch das gleiche auf hybrider Interaktivität basierende Interaktivitätsniveau auf.

Langfristig könnten Geschäftsmodelle, die auf einer Einbeziehung des Konsumenten in die Handlung basieren, durch den gegenwärtigen Trend zu multioptionalem, polymedialem Konsum stark verändert werden. Das Auftreten von Multioptionalität ist beispielsweise bei der Verwertung von Filmen zu beobachten (Dreier, 2004, S. 88 f.). Bisher bot eine Videokassette dem Konsumenten nur die Nutzungsoption, den Film zu betrachten oder nicht. Der Wert dieser Nutzungsoption ist für viele Kunden aber geringer als der Preis einer Videokassette, was an der zunehmenden Anzahl illegaler Kopien von Filmen zu beobachten ist. DVDs hingegen können anscheinend diesem Trend trotzen, indem sie dem Konsumenten einen zusätzlichen Nutzen durch die Bündelung weiterer Inhalte wie Hintergrundinformationen, Musik, Spiele etc. mit dem ursprünglichen Filminhalt auf dem Medium bieten, welcher den Kaufpreis wieder rechtfertigt. Diese Entstehung neuer Nutzungsoptionen, die mit dem originären Inhalt verknüpft sind, wird durch die Digitalisierung der Produkte und der Endgeräte sowie durch deren Multifunktionalität ermöglicht (Dreier, 2004, S. 81 und 89). Des Weiteren ist auch eine Zunahme cross-medialer Inhalte zu verzeichnen, wie dies etwa bei Spielen der Fall ist, die auf einer Spielkonsole on- bzw. off-line oder mobil auf einem Handy gespielt werden können (Jones, 2004, S. 89).

Die Herausforderung für die Produzenten von Inhalten bestünde nun darin, diese möglichst medienneutral verfügbar zu machen, um durch die so entstehende Polymedialität des Inhalts dem Kunden selbst die Entscheidung zu überlassen, in welcher Form (Film, Spiel, Musik etc.) er ihn konsumieren will, wodurch der Kunde seine Nutzungsoptionen maximieren könnte (Hass, 2002, S. 116 f.). Groebel (2003) bezeichnet mit Polymedialität die Eigenschaft eines Inhalts, über verschiedene Medien zum Kunden zu gelangen, um von ihm konsumiert werden zu können (S. 81 f.). Eine weitere Nutzungsoption des Konsumenten, die ihm ein medienneutrales Medienprodukt bieten könnte, wäre die Wahlmöglichkeit, den Inhalt interaktiv oder passiv zu konsumieren und falls Ersteres der Fall sein sollte, mit welcher Intensität er dies tun will. Eine solche graduelle Interaktivität könnte durch die Zerlegung eines audiovisuellen Produkts in einzelne Bestandteile während seiner Produktion ermöglicht werden. Bereits heute ist es möglich, digital gedrehte Sequenzen aus einem Spielfilm in ein Computerspiel einzubauen (Dreier, 2004, S. 93). Man könnte nun den Nutzer in Zukunft entscheiden lassen, ob er sich einen Film passiv ansehen oder ob er bestimmte Sequenzen bzw. den ganzen Film als Videospiel nachspielen will. Jedoch würde dies vor allem auch vor dem Hintergrund der zunehmenden Portabilität von medienneutralen Inhalten zwischen verschiedenen Plattformen wie Spielekonsole, PC, Set-Top-Box oder Handy eine neue Intelligenz der Endgeräte erfordern, die die Inhalte der von persönlichen, situativen und funktionalen Faktoren bestimmten Nutzungsform (siehe Tabelle 2) anpassen müssten. Groebel (2003) hat diesbezüglich die

Vision einer mobilen Einheit, die die Inhalte transportiert bzw. den Zugang zu ihnen ermöglicht und sich intelligent mit dem für die Situation optimalen Ausgabegerät (Fernsehgerät, Computer, Handy etc.) verbindet (Groebel, 2003, S. 82).

Für das DSDS-Geschäftsmodell könnte dies nun bei langfristiger Betrachtung bedeuten, dass dem Zuschauer seiner Persönlichkeit und seiner aktuellen Nutzungssituation angepasste Wahlmöglichkeiten zwischen verschiedenen Graden der Interaktion mit dem Sender zur Verfügung stehen könnten, um die Handlung der Show zu beeinflussen. Beispielsweise könnte der Konsument, falls er sich zu Hause in seinem Wohnzimmer befindet, die Wahl haben, ob er wie bei der derzeitigen Form der Samstagabendsendung nur mit einer geringen Interaktionsintensität über das Ausscheiden eines Kandidaten entscheiden will oder ob er die Show in einer einem Online-Spiel ähnlichen Form wahrnehmen will. Diese könnte ihm zusätzliche Interaktionsmöglichkeiten z. B. in Form eines zwischen spielfilmartigen Sequenzen eingebauten, seine Fähigkeiten herausfordernden Spiels bieten. Der Fortgang der Handlung bzw. die Abfolge der Sequenzen könnte vom kollektiven Verhalten der Nutzer dieses Spiels abhängig sein. Die Schwierigkeit besteht darin, den Event-Charakter, der bisherige cross-mediale Produkte kennzeichnet, auf ein solches interaktives Spiel zu übertragen. Beim Erlösmodell könnte diese zunehmende Interaktivität dadurch zum Tragen kommen, dass der Sender für die Möglichkeit des Konsumenten, zwischen verschiedenen Interaktionsgraden wählen zu können, eine Gebühr erheben könnte oder auch steigende Gebühren mit steigendem Interaktionsgrad der gewählten Variante verlangen könnte.

4.3 Der Austausch von nutzererstelltem Inhalt – von Call-In-Shows zum peer-to-peer-basierten Gewinnspiel

Ein Sender in Deutschland, der sich auf Call-In-Shows spezialisiert hat und auf dem Massenmarkt Erfolg hat, ist 9Live. Er bietet vor allem Quizshows an, in denen von den Zuschauern üblicherweise die Antwort auf eine Frage oder die Lösung eines Rätsels, auf die ein Preis ausgesetzt ist, gefunden werden muss. Die Antwort bzw. Lösung kann dem Sender über den indirekten Rückkanal des Festnetz- oder Mobiltelefons mitgeteilt werden. 9Live plant, auch andere indirekte Rückkanäle wie E-Mail, SMS, WAP oder UMTS einzubinden. Letztendlich wird ein Zuschauer ausgewählt, der versuchen darf, die richtige Lösung zu nennen, und die Chance hat, den ausgeschriebenen Preis zu gewinnen. 9Live ging 2001 aus dem Sender tm3 hervor und entwickelte sich nach nur sehr kurzer Zeit zu einem profitablen Geschäftsmodell (siehe Abbildung 16). 9Live wies bereits im Jahr 2003 einen Umsatz von 78,7 Millionen Euro und ein EBITDA von 29,3 Millionen Euro aus.

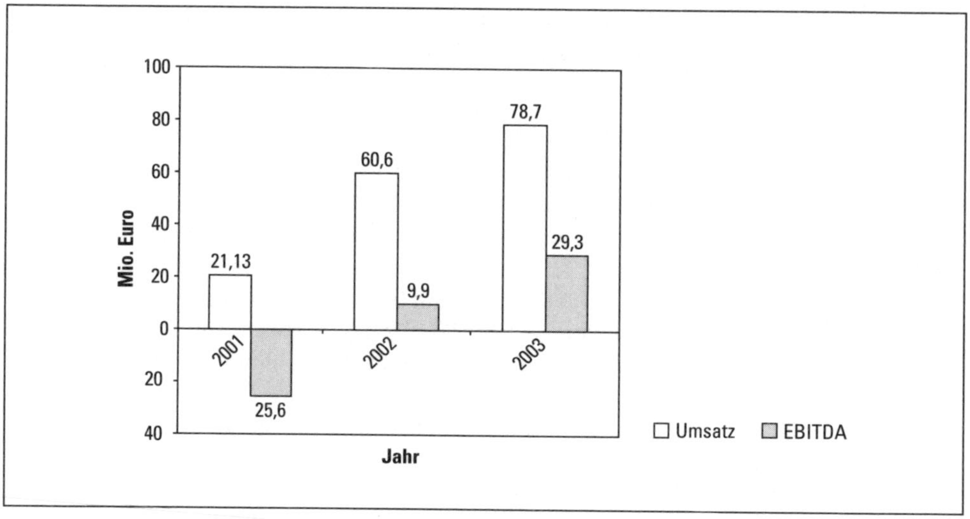

Abbildung 16: Entwicklung des Umsatzes und des EBITDA seit Gründung von 9Live
Quelle: Vgl. Euvia Media, 2004 und o. V., 2004

Call-In-Shows im Gewinnspielbereich können zum Cluster interaktiver Medienprodukte „Austausch von nutzererstelltem Inhalt" gerechnet werden. Der Nutzer, der in die Quiz-Sendung durchgestellt wird, geht prinzipiell eine kommunikative, pfadabhängige Kommunikation mit dem Moderator ein und kann seine Informationen auch den anderen Zuschauern übermitteln. Jedoch kann er diese Beziehung nur für einen sehr kurzen Zeitraum aufrechterhalten, falls er überhaupt ausgewählt und durchgestellt wird. Auch kann er den Zeitpunkt der Interaktion nicht frei bestimmen. Insofern können Call-In-Shows mit dem Interaktionslevel 4 nur beschränkt assoziiert werden (siehe Abbildung 2). Die Erlöse werden zum einen ähnlich wie bei DSDS über Telefongebühren der Anrufer generiert, welche mit den Telekommunikationsfirmen geteilt werden, und zum anderen über Werbeblöcke. Die Wertschöpfungsstruktur entspricht prinzipiell der klassischen Wertschöpfungskette des Fernsehens.

Eine in etwa im Jahr 2010 massenmarktfähige Weiterentwicklung des Geschäftsmodells der Call-In-Shows könnte ähnlich wie bei DSDS darin bestehen, dass die Zuschauer die Lösung durch die Set-Top-Box und das MHP-Profil Interactive Broadcast bzw. durch ein DVB-H-fähiges Handy über einen digitalen Rückkanal mit höherer Bandbreite an den Anbieter senden könnten. Dies brächte jedoch die Notwendigkeit mit sich, die Erlöse aus den Telefongebühren zu substituieren. Eine Möglichkeit, weiter direkte, variable Erlöse aus der Interaktion mit dem Zuschauer zu generieren, bestünde darin, Gebühren für das Anklicken einer Lösung aus einer Auswahl von Möglichkeiten per Fernbedienung zu verlangen, was auf Grund der Möglichkeit der eindeutigen Identifizierung der Kunden technisch machbar wäre. Der Kunde müsste jedoch klar auf die Kostenpflichtigkeit dieser Interaktion hingewiesen werden. Eine Alternative wäre die Generierung direkter, fixer Erlöse durch die Erhebung einer Abonnementgebühr für bestimmte Call-In-Shows oder für den Sender an sich. Beide Erlösformen auf Basis des DVB-Standards hätten jedoch den Nachteil, dass die Einbindung des Zuschauers in die Sendung nur noch in der Einblendung der Adresse des Gewinners bestehen würde und keine Kommunikation in Form eines Gesprächs mehr stattfinden würde, was wohl zu einem Verlust der Attraktivität dieser Call-In-Shows führen würde. Außerdem ist wie bei DSDS fraglich, ob sich der Kundennutzen durch die Substitution eines analogen, indirekten Rückkanals durch einen digitalen erhöhen würde.

Vielversprechendere interaktive Geschäftsmodelle auf Basis des Austausches von nutzererstelltem Inhalt könnten langfristig durch die in Kapitel 4.2 beschriebenen Trends zur Polymedialität, Portabilität von Inhalten und Multioptionalität des Konsums entstehen. Im Hinblick auf die Vielfalt typischer Nutzungssituationen ist eine Vielzahl neuer Anwendungen denkbar. Ein Ausschnitt aus dieser Vielfalt von Möglichkeiten könnte der Transfer von schon heute erfolgreichen Geschäftsmodellen interaktiver Online-Spiele auf Peer-to-peer-Basis, welche eine hohe Interaktionsbereitschaft der Nutzer voraussetzen, in den Fernsehbereich sein. Skill-based Gaming ist z. B. eine solche Form von Spielen, bei der die teilnehmenden Spieler eine Gebühr an den Anbieter des Spiels (Internet Service Provider [ISP], Portal, ...) zahlen, um die Möglichkeit zu erhalten, an einem Turnier teilnehmen zu können, in dem sie sich mit anderen Spielern auf Basis ihrer Fähigkeiten in einem bestimmten Spiel (z. B. Golf, ...) messen können (International Game Developers Association, 2003, S. 35 f.). Die Spieler sind außerdem verpflichtet, einen bestimmten Betrag zu einem Jackpot beizusteuern, der schließlich demjenigen Spieler zukommt, der das Spiel am besten gemeistert und das Turnier gewonnen hat. Die typischen Erlösströme von Skill-based Gaming sind in Abbildung 17 dargestellt. Die Rolle der ISPs bzw. Portale könnte in Zukunft von interaktiven Fernsehsendern übernommen werden. Rechtliche Probleme sind zumindest in den USA dahingehend ausgeschlossen, als dass es sich bei Skill-based Gaming nicht um Online-Wetten handelt (International Game Developers Association, 2003, S. 36).

Da eine pfadabhängige Interaktion zwischen den einzelnen Spielern auf Peer-to-peer-Basis vorliegt, könnte Skill-based Gaming im TV-Bereich unter das Interaktivitätsniveau 4 subsumiert werden (siehe Abbildung 2). Außerdem würden sie die Inhalte in dem Sinne selber generieren, als dass sie den Ablauf des Turniers, die Höhe des Jackpots usw. selbst bestimmen könnten, so dass auch eine Einordnung in das Interaktivitätsniveau 5 angebracht wäre. Jedoch wäre ähnlich wie beim PVR fraglich, ob es sich noch um Broadcast im herkömmlichen Sinn handeln würde oder ob solche Formen interaktiver Inhalte der Individualkommunikation zugeordnet werden müssten.

Für zukünftige Anbieter von Skill-Based Gaming im TV-Bereich hätte das Geschäftsmodell den Vorteil, dass die Preisgelder nicht mehr selber aufgebracht werden müssten und die Ausgaben für Moderation stark reduziert werden könnten. Bezogen auf die Wertschöpfungskette des Fernsehens im Gewinnspielsegment könnten die gesunkenen Anforderungen an Selektion und Bündelung von Medienprodukten dazu führen, dass die Wertschöpfungsaktivität Programmgestaltung durch die Infrastrukturbetreiber aus dem Online-Spiele-Bereich zunehmend substituiert wird. Eine teilweise horizontale Konvergenz der Wertschöpfungsketten des Fernsehens und der Online-Spiele, wie in Abbildung 18 dargestellt, wäre die Konsequenz. Erste Anzeichen bestehen bereits, dass vor allem die Wertschöpfungsstufen Distribution und Endgeräte betroffen sein könnten.

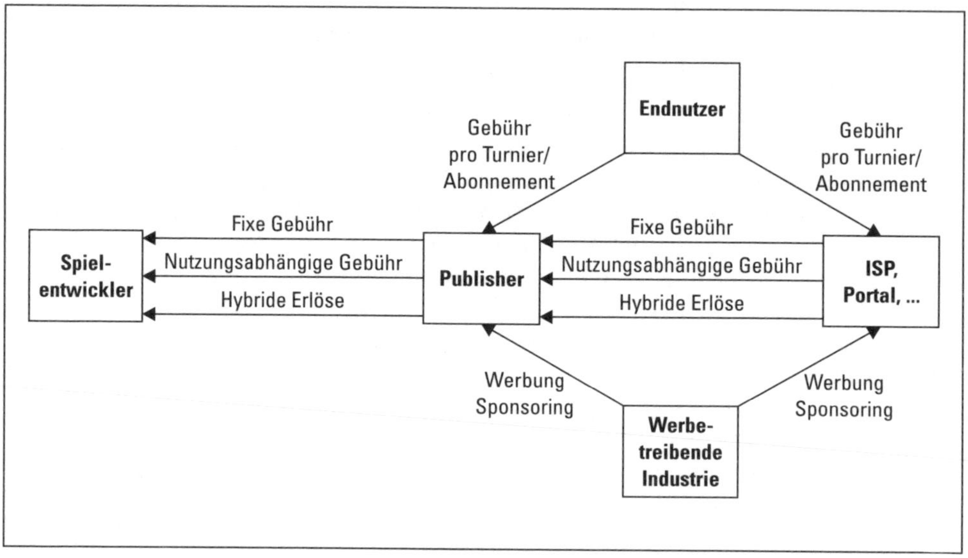

Abbildung 17: Erlösstruktur von Skill-based Gaming
Quelle: In Anlehnung an International Game Developers Association, 2003, S. 36

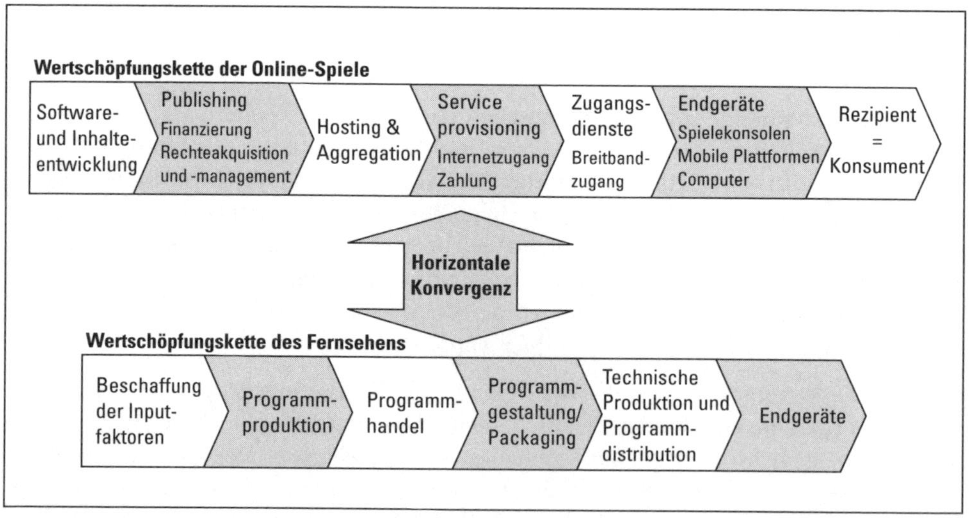

Abbildung 18: Horizontale Konvergenz der Wertschöpfungsketten der Online-Spiele und des Fernsehens
Quelle: In Anlehnung an Sharp, 2003, Wirtz, 2003, S. 343, und Zerdick et al., 2001, S. 68

5. Einordnung der Entwicklung

Analysiert man die vorgestellten, bereits massenmarktfähigen Geschäftsmodelle anhand ihres wirtschaftlichen Erfolges, so kann festgestellt werden, dass Interaktivität nicht unbedingt den TV-Markt revolutionieren wird. Auf den ersten Blick scheinen die hohen, für den Zeitraum 2003 bis 2008 prognostizierten jährlichen Wachstumsraten der Pay-TV-Erlöse von 18,0 % im Durchschnitt und der noch beeindruckenderen durchschnittlichen, jährlichen Wachstumsraten der Erlöse aus Telefongebühren wie bei DSDS und 9Live von 25,0 % für einen Boom des interaktiven Fernsehens zu sprechen. Vergleicht man jedoch die in Abbildung 19 dargestellten absoluten Zahlen dieser beiden neuen Erlösquellen von Fernsehsendern mit den klassischen Einnahmequellen Werbung und Rundfunkgebühren, so hatten die Erlöse von Premiere nur einen Anteil von 10,1 % und Erlöse aus Telefongebühren einen noch geringeren Anteil von 3,8 % am Gesamtmarkt im Jahr 2003. Dieses Verhältnis wird sich voraussichtlich in den nächsten fünf Jahren nicht gravierend verändern. So wird der Anteil der Pay-TV-Erlöse am Gesamtmarkt in den nächsten fünf Jahren wohl nur auf 12,7 % im Jahr 2008 steigen und der der Erlöse aus Telefongebühren auf 5,9 %. Dies zeigt, dass der Konsument zwar durchaus interaktive Medienprodukte nachfragt, dass aber auch vor allem von Seiten der Infrastruktur her noch viel getan werden muss, um wirkliche Interaktivität erst zu ermöglichen.

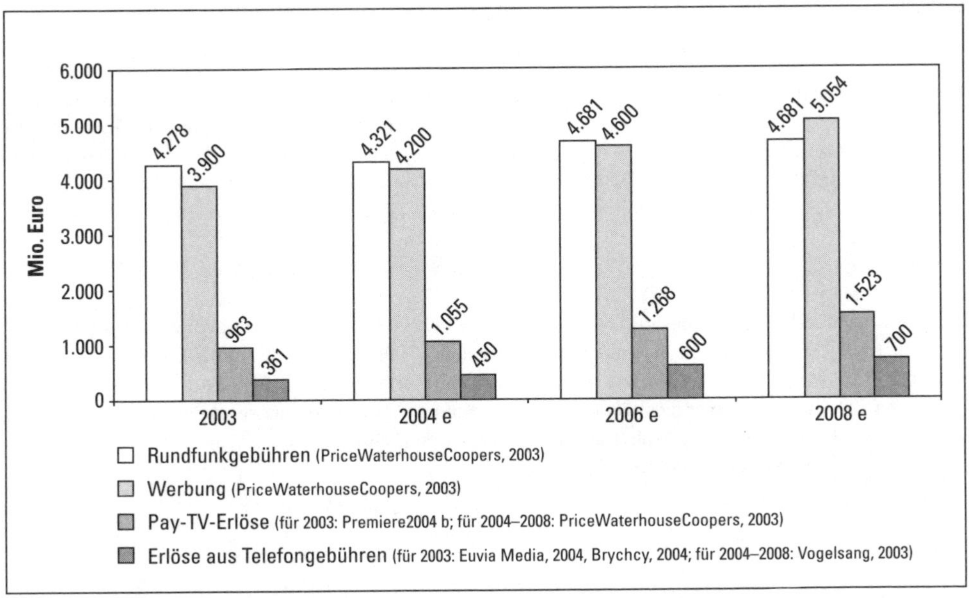

Abbildung 19: Geschätzte Umsatzentwicklung des deutschen TV-Marktes (ohne Teleshopping)
Quelle: PriceWaterhouseCoopers, 2003, S. 18–23, Euvia Media, 2004, Brychcy, 2004, Premiere, 2004 b, S. 1 und Vogelsang, 2003, S. 3

Falls jedoch zukünftig zunehmend Anwendungen mit höheren Interaktivitätsniveaus umgesetzt werden können, wird die Wertschöpfungskette des Fernsehens wohl grundlegenden Veränderungen unterworfen werden. Die dargestellte Entwicklung der Geschäftsmodelle macht deutlich, dass vor allem auf der Stufe der Programmgestaltung eine zunehmende Disintermediation von Fernsehsendern durch Übernahme der Funktionen der Selektion und Bündelung der Inhalte durch den Zuschauer erfolgen könnte. Steigende Interaktivität würde auch eine intensivere Zusammenarbeit der Fernsehindustrie mit Telekommunikations- und IT-Unternehmen bedingen. Insofern wird es voraussichtlich auch zu einer zunehmenden horizontalen Konvergenz von Teilen dieser Wertschöpfungsketten kommen.

Die Erlösmodelle des interaktiven Fernsehens könnten zunehmend durch direkte, variable Erlösformen gekennzeichnet sein. Dies liegt an der direkten Adressierbarkeit und Identifizierung der Zuschauer, die durch einen zukünftigen digitalen Rückkanal ermöglicht wird. Andererseits könnten sich mit steigender Interaktivität zunehmend Abonnementmodelle durchsetzen, da dem Nutzer dadurch seine Unsicherheit hinsichtlich der Auszahlungen genommen und zugleich die Kundenbindung erhöht werden könnte. Der Werbemarkt ist vor dem Hintergrund technologischer Entwicklungen wie dem PVR zumindest unsicher, wenn nicht sogar langfristig in seiner Existenz bedroht. Deswegen könnte die Werbeindustrie gezwungen sein, zunehmend innovative interaktive Werbeformen zu kreieren, um den Rückgang des klassischen Werbegeschäfts zu kompensieren. Ergänzend könnte versucht werden, zunehmend interaktive, cross-mediale Medienprodukte mit Event-Charakter zu schaffen, um die Zuschauerbindung zu erhöhen.

---

1 Interaktivität und Individualisierung sind größtenteils interdependente Begriffe. Die zunehmende Individualisierung eines Mediums etwa wird ab einem gewissen Grad nur durch zunehmende Interaktivität des Systems möglich. Ferner ist zu beachten, dass die verschiedenen Intensitätsgrade von Individualisierung und Interaktivität durch die Entwicklung und Kombination der oben beschriebenen Merkmale der Übertragungsmedien wesentlich unterstützt werden (Breitbandigkeit, Synchronität, Digitalisierung).

2 Mittlerweile gibt es mit T-Online Vision ein weiteres Angebot auf Internet-Basis, das das Pay-TV-Modell im Fernsehbereich umsetzt.

3 Weiss und Koller (2003) beschreiben, dass unter der Lean-Back-Position beim Fernsehen „die vorwiegend passive Rezeption von Programmen in entspannter Haltung“ (S. 161) zu verstehen ist. Die Bend-Forward-Position am PC ist insofern das Gegenteil der Informationsaufnahme am TV-Gerät. Weiss und Koller (2003) führen außerdem näher aus, dass interaktive Dienste für das Fernsehen nach dem Prinzip der „Lazy Interactivity“ so gestaltet sein sollten, dass „sämtliche Funktionen über nur wenige Tasten der Fernbedienung zu steuern [sind]“ (S. 161).

Literatur

Bailey, J. & Bakos, Y. (1997): An Exploratory Study of the Emerging Role of Electronic Intermediaries. In: *International Journal of Electronic Commerce*, 1 (3), S. 7–20.

Beckert, B. (2001): *Interaktives Fernsehen im Kontext staatlicher Programme für die Informationsgesellschaft. Eine vergleichende Implementationsstudie von Info 2000 und NII.* Verfügbar unter URL: http://tumb1.biblio.tu-muenchen.de/publ/diss/ws/2001/beckert.pdf [20.03.2004].

bmco. (2004): *Scope.* Verfügbar unter URL: http://www.bmco-berlin.de/scope.htm [20.03.2004].

Brychcy, U. (2004): *RTL gewinnt mit dem Superstar.* Verfügbar unter URL: http://www.sueddeutsche.de/wirtschaft/artikel/689/28661/ [20.04.2004].

Dreier, H. (2004): Multimedial und multidimensional – Auswertungskonzepte im „digitalen Zeitalter". In: A. Zerdick, A. Picot, K. Schrape, J.-C. Burgelmann, R. Silverstone, V. Feldmann, D. Heger & C. Wolff (Hg.): *E-Merging Media. Kommunikation und Medienwirtschaft der Zukunft* (S. 79–102). Berlin, Heidelberg: Springer.

DVB (2004): *DVB – Digital Video Broadcasting – Germany.* Verfügbar unter URL: http:// www.dvb.org/index.php?id=231 [20.03.2004].

Eisner, H. (2002): Aufgaben des Cross-Media Managements in digitalen Fernsehmärkten. In: B. Müller-Kalthoff (Hg.). *Cross-Media-Management: Content-Strategien erfolgreich umsetzen* (S. 187–202). Berlin, Heidelberg: Springer.

Euvia Media (2004): *Jahresabschluss 2003: Die Euvia Media AG steigert Umsatz um nahezu 46 % und erwirtschaftet 22 Millionen operativen Gewinn.* Verfügbar unter URL: http://www.euvia-media.de/cgi-bin/tnmcms.cgi?module=presse&record=17&action=sr&layout=meldung [20.03.2004].

Franz, G. (2003): Digitales Fernsehen: Herausforderungen für TV-Forschung und TV-Werbung. In: *Media Perspektiven*, 10, S. 463–469.

Fremantle Media (2004): *Idols.* Verfügbar unter URL: http://www.fremantlemedia.com/ page.asp?partid=12 [20.03.2004].

Gaida, K. (2001): *Mobile Media: Digital TV@Internet.* Bonn: mitp.

Groebel, J. (2003): Der Blick nach draußen: Situation und Tendenzen in der Triade. In: J. Eberspächer und A. Ziemer (Hg.): *Video Digital – Quo vadis Fernsehen?* (S. 77–92). Berlin, Heidelberg: Springer.

Hass, B. (2002): *Management neuer Medienunternehmen: Ökonomische Grundlagen und innovative Geschäftsmodelle.* Wiesbaden: Deutscher Universitäts-Verlag.

Hermann, M. (2002): *Vom Broadcast zum Personalcast. Ökonomische Potenziale der Individualisierung audiovisueller Medienprodukte.* Wiesbaden: Deutscher Universitäts-Verlag.

International Game Developers Association (Hg.) (2003): *IGDA Online Games White Paper.* Verfügbar unter URL: http://www.igda.org/online/IGDA_Online_Games_ Whitepaper_ 2003.pdf [20.03.2004].

Jones, S. (2004): Spielen im Internet. In: H. Dreier. Multimedial und multidimensional – Auswertungskonzepte im „digitalen Zeitalter". In: A. Zerdick, A. Picot, K. Schrape, J.-C. Burgelmann, R. Silverstone, V. Feldmann, D. Heger & C. Wolff (Hg.): *E-Merging Media. Kommunikation und Medienwirtschaft der Zukunft* (S. 89–91). Berlin, Heidelberg: Springer.

Koch, C. (2002): *MHP. Multimedia Home Platform.* Verfügbar unter URL: http://www. uni-weimar.de/~koch17/rbs/ [20.03.2004].

Köhler, L., Hess, T. (2004): „Deutschland sucht den Superstar" – Entwicklung und Umsetzung eines cross-medialen Produktkonzepts. In: *MedienWirtschaft: Zeitschrift für Medienmanagement und Kommunikationsökonomie*, 1 (1), S. 30–37.

Kühn, M. (2004): Birth of a standard. In: DVB (Hg.): *DVB Scene 09 – riding the HD wave* (S. 8–9). Verfügbar unter URL: http://www.dvb.org/documents/newsletters/DVB- SCENE-9.pdf [20.03.2004].

Noam, E. (1996): *Cyber-TV. Thesen zur dritten Fernsehrevolution.* Gütersloh: Bertelsmann-Stiftung.

o. V. (2004): *Neun Live: Zwölf Millionen Euro operativer Gewinn (Ebitda) im 4. Quartal 2002. 57 Millionen Zuschaueranrufe. Umsatz- und Ergebnisziele im Geschäftsjahr 2002 deutlich übertroffen.* Verfügbar unter URL: http://www.presseportal.de/story.htx?nr=417395 [20.03.2004].

Owen, B., Wildman, S. (1992): *Video Economics.* Cambridge, London: Harvard University Press.

Picard, R. (1989): *Media economics: concepts and issues.* Newbury Park, London, New Delhi: Sage.

Picot, A., Reichwald, R. & Wigand, R. (2003): *Die grenzenlose Unternehmung. Information, Organisation und Management (5. aktualisierte Auflage).* Wiesbaden: Gabler.

Premiere (2004a): *Jahresabschluss 2003: Premiere erreicht seine Ziele und steht kurz vor den schwarzen Zahlen.* Verfügbar unter URL: http://www.premiere.de/content/download/abschluss_pressemitteilung_2003.zip [26.03.2004].

Premiere (2004b): *Kennzahlen des Gesamtjahres 2003.* Verfügbar unter URL: http://www. premiere.de/content/download/kennzahlen_2003.zip [26.03.2004].

PriceWaterhouseCoopers (2003): *German Entertainment and Media Outlook: 2003–2007. Die Entwicklung des deutschen Unterhaltungs- und Medienmarktes.* Verfügbar unter URL: http://www.pwc.com/extweb/onlineforms.nsf/weblookup/DEGERALLSbestellformularpublikationenkostenlos?opendocument&German Entertainment and Media Outlook: 2003–2007&EuM_Outlook_5.pdf [26.03.2004].

Rafaeli, S. (1988): Interactivity: From New media to Communication. *Sage Annual Review of Communication Research: Advancing Communication Science*, 16, S. 110–134.

Riehm, P. (2001): *Video-on-Demand in Deutschland.* Telgte: tele vision Entwicklung und Produktion.

Schrape, K. (1995): *Digitales Fernsehen: Marktchancen und ordnungspolitischer Regelungsbedarf.* München: Fischer.

Schrape, K. (2001): *Medienlandschaft 2010 – Ein Szenario.* Unveröffentlichter Vortrag. Prognos AG.

Schumann, M. & Hess, T. (2002): *Grundfragen der Medienwirtschaft. Eine betriebswirtschaftliche Einführung (2. verbesserte und erweiterte Auflage).* Berlin, Heidelberg, New York, Barcelona, Hongkong, London, Mailand, Paris, Tokio: Springer.

Schumann, M., Hess, T. & Anding, M. (2001): *Elektronischer Handel mit Videos in Deutschland. Gutachten im Auftrag des Deutschen Bundestages vorgelegt dem Büro für Technikfolgen-Abschätzung (TAB) beim Deutschen Bundestag.* Unveröffentlichtes Gutachten. Universität Göttingen.

Shapiro, C. & Varian, H. (1999): *Information Rules: a strategic guide to the network economy.* Boston: Harvard Business School Press.

Sharp, C. (2003): *Business Integration for games: An introduction to online games and e-business infrastructure.* Verfügbar unter URL: http://www-106.ibm.com/developerworks/webservices/library/ws-intgame/ [20.03.2004].

Stipp, H. (2001): Der Konsument und die Zukunft des interaktiven Fernsehens. In: *Media Perspektiven*, 7, S. 369–377.

Stipp, H. (2003): Entwicklung digitaler Fernsehtechniken in den USA. In: *Media Perspektiven*, 10, S. 470–476.

Struve, G. (2003): Internet und digitales Fernsehen. In: J. Eberspächer & A. Ziemer (Hg.): *Video Digital – Quo vadis Fernsehen?* (S. 18–28). Berlin, Heidelberg: Springer.

Vogelsang, G. (2003): *„Bei Anruf Geld." „Call In Media" als Retter der Medienbranche?* Verfügbar unter URL: www.medientage-muenchen.de/archiv/pdf_2003/vogelsang_gregor.pdf [20.03.2004].

Weiss, A. & Koller, F. (2003): *Interaktives Fernsehen erleben.* Verfügbar unter URL: http:// www.gc-upa.de/pdfs/UP2003_10_5_AWeissFkoller.pdf [20.03.2004].

Wirtz, B. (2003): *Medien- und Internetmanagement (3. überarbeitete und erweiterte Auflage).* Wiesbaden: Gabler.

Wirtz, B. & Schwarz, J. (2001): Strategic Implications of the Segment of one TV. In: *International Journal on Media Management*, 3 (1), S. 15–25.

Zerdick, A., Picot, A., Schrape, K., Artopé, A., Goldhammer, K., Heger, D., Lange, U., Vierkant, E., López-Escobar, E. & Silverstone, R. (2001): *Die Internet-Ökonomie: Strategien für die digitale Wirtschaft (3. überarbeitete und erweiterte Auflage).* Berlin, Heidelberg, New York, Barcelona, Hongkong, London, Mailand, Paris, Singapur, Tokio: Springer.

Interaktives Fernsehen als unternehmerische Herausforderung

Fabrice Sergent

Fabrice Sergent ist Generaldirektor von Lagardère Active Broadband, der Multimedia-Holding der Lagardère-Gruppe.

1. Einleitung

Es hat bereits zahlreiche Versuche mit interaktivem Fernsehen mittels Kabel- und Satellitentechnologie gegeben. Diese haben gezeigt, dass unter drei Voraussetzungen ein Durchbruch der Interaktivität im Fernsehen realistisch ist:

1. Es braucht kreative Konzepte, die den Fernsehzuschauer ebenso gut unterhalten wie die herkömmlichen Konzepte. Dies setzt viel Ideenreichtum voraus, zumal der von Natur aus träge Zuschauer daran gewöhnt ist, mit einem „Broadcasting"-Programm nicht interaktiv kommunizieren zu müssen.

2. Es muss eine einfache, flüssig und schnell ablaufende Technik für interaktive Anwendungen verfügbar sein (weil die Übertragung des Fernsehsignals eine hohe Bandbreite erfordert).

3. Produzenten und Sender müssen die Möglichkeit haben, neben den traditionell durch die Werbung erzielten Erlösen das Programm durch zusätzliche interaktive Einnahmen rentabler zu gestalten.

Diese drei Faktoren sind insofern wesentlich, als die ideale Zielgruppe interaktiver Programme „eine kleine Fan-Gemeinschaft" ist und weniger die große Masse der Fernsehzuschauer, die die meiste Zeit passiv bleiben angesichts eines im höchsten Grade passiven Mediums. Letzteres bestätigte sich besonders bei der Interaktivität über Telefonmehrwertdienste (Audiotel) und weniger bei SMS-Diensten, die ein breiteres Publikum anzusprechen scheinen (Telefonmehrwertdienste werden nur von 10 % der Bevölkerung genutzt, wohingegen 50 % der Mobilfunkkunden SMS nutzen). Dieses Publikum ist auch jünger und nimmt stärker am zunehmenden Angebot partizipativer Fernsehprogramme wie „Pop Idol" aktiv teil.

Es scheint so, als seien SMS-Dienste für Sender und Produzenten das attraktivste System geworden, weil es hinsichtlich der oben beschriebenen Kriterien die meisten Pluspunkte aufweist:

- flüssige und flexible Technologie,
- eine problemlose Rechnungsstellung (im Gegensatz zu den Rückkanaldiensten, die auf Basis von Kabel- und Satellit getestet wurden),
- vollständige Integration in das Programm, was die größtmögliche Kreativität ermöglicht.

Aus Gründen der Wirtschaftlichkeit schränken die Medien dennoch deren Anwendung ein und bevorzugen überwiegend Telefonmehrwertdienste, da die Mobilfunkbetreiber einen geringeren Anteil an den Erlösen ausschütten als die Anbieter telefonbasierter Mehrwertdienste.

Wir werden nun auf die wachsende Bedeutung des Handys in der Welt eingehen, Idealfälle der TV-Interaktivität beschreiben sowie die Versuche vorstellen, die unsere Unternehmensgruppe derzeit in diesem Bereich durchführt. Zum Abschluss werden wir erläutern, unter welchen Bedingungen das Handy zu einer „universellen Fernbedienung" werden kann.

2. Das Handy erobert die Welt

Im Folgenden möchte ich anhand einer von Morgan Stanley veröffentlichten Analyse auf die Entwicklungen des Mobilfunkmarktes eingehen.[1] Japan ist auf dem Gebiet des mobilen Internets mit mehr als 60 Millionen Abonnenten für den i-mode-Service oder ähnliche Dienste das Land, das eindeutig am weitesten entwickelt ist.

In Europa betrug der Bestand an Handys 2003 etwa 300 Millionen Geräte und die Prognosen kündigen für 2006 330 Millionen an. 100 % dieser Geräte sind SMS-kompatibel und 70 % internetkompatibel. Während die Erlöse aus Datendiensten 2003 5 % des Gesamtumsatzes der europäischen Anbieter ausmachten, werden es 2006 voraussichtlich 10 % sein. Dies deutet darauf hin, dass sie die „Stimme" zunehmend ersetzen und folglich ein wichtiges strategisches Instrument für die Mobilfunkbetreiber sind. Angesichts dieses Kontextes dürfte der Daten-Markt in Europa von 15 Milliarden Euro auf 32 Milliarden Euro im Jahr 2006 ansteigen.

Was die Akzeptanz betrifft, so nutzen durchschnittlich 50 % der Mobilfunkkunden SMS. Dieser Prozentsatz steigt bei den 15- bis 25-Jährigen mit ca. 30 gesendeten Nachrichten pro Monat auf 75 % an. Etwa 10 % dieser Nachrichten sind so genannte Premium-SMS, die neben den Mobilfunkbetreibern auch den Inhalteanbietern Einnahmen bringen.

In den USA gibt es nur 150 Millionen Handy-Nutzer, von denen zwei Drittel Geräte haben, die nicht internetkompatibel und nur in geringem Maße SMS-kompatibel sind. Premium-SMS gibt es dort noch nicht in der Form, wie Europa sie kennt. Studien zufolge schätzt man die Anzahl der Mobilfunknutzer 2005 auf 200 Millionen und die Erlöse aus Datendiensten auf 5 % des Gesamtumsatzes der Anbieter. Der Weltmarkt der Daten-Dienste dürfte nichtsdestotrotz von 1,5 auf sieben Milliarden US-Dollar ansteigen.

Die zunehmende Verbreitung der Handys hat auch den Fortbestand der Telefonmehrwertdienste (Audiotel) begünstigt, denn nahezu 50 % der Anrufe werden heute von einem Handy aus getätigt, trotz der Mehrkosten, die dessen Benutzung im Allgemeinen für den Anwender mit sich bringen.

Der Markt der Telefonmehrwertdienste wird somit in Europa auf mehr als 2,5 Milliarden Euro geschätzt (ohne Erotik-Dienste), wohingegen SMS/MMS-Dienste 2003 einen Markt von 1,2 Milliarden Euro ausmachen.

3. Die wichtigsten Erfahrungen mit dem interaktiven Fernsehen

Zahlreiche Versuche wurden in unterschiedlichen Ländern nach verschiedenen Modellen zum Thema interaktives Fernsehen gestartet. Die ersten Unternehmungen von Lagardère auf diesem Gebiet waren nicht immer von Erfolg gekrönt. Dies erklärt zum einen unser Interesse – wir investieren seit langem – und zum anderen unsere Bescheidenheit und Vorsicht, ja sogar einen gewissen prinzipiellen Skeptizismus.

Mit der Passivität des Fernsehzuschauers wurden wir erstmals vor etwa zehn Jahren konfrontiert, als wir in Frankreich das so genannte „Multipoints"-Experiment starteten.

Gleichzeitig testeten die amerikanischen Kabel- und Telefonnetzbetreiber in großem Umfang das interaktive Fernsehen an Orten, die für Glasfasertechnologie vorgesehen bzw. damit ausgerüstet waren (vor allem in Florida bei Time Warner und in Denver bei USWest). Damals wurde sicherlich etwas ungeschickter das getestet, was wir heute über ADSL beim Fernsehen einführen.

Über eine Partnerschaft mit France 2, dem zweiten öffentlichen Sender Frankreichs, haben wir versucht, ein Kundentreuekonzept auf der Basis eines Punktesammelsystems einzuführen, eine Art „frequent flyer"-Programm für das Fernsehen. Die Fernsehzuschauer wurden aufgefordert, auf einem kleinen taschenrechnerähnlichen Gerät mit Speicher Codes zu speichern, die während der Sendungen und während der Werbung regelmäßig auf dem Bildschirm erschienen. Die so gesammelten Punkte konnten in Geschenke umgewandelt werden wie bei einem herkömmlichen Kundentreueprogramm.

Wir erlitten bei diesem Projekt aus verschiedenen Gründen einen harten Rückschlag:

- Die Geräte waren proprietäre Systeme und zur Aufzeichnung von Codes bestimmt. Jeder Zuschauer, der daran teilnahm, musste eines besitzen.

- Die Codes wurden von den Geräten nicht fernübertragen, da diese noch keine Daten weitergeben konnten. Die Benutzer sollten ihren Punktestand durch Einschieben des Geräts in eine, oft in großen Verbrauchermärkten stehende, Säule abrufen.
- Die Geschenke waren angesichts der geforderten hohen Punktzahl und der vielen Stunden vor dem Fernseher, die nötig waren, um diese Punkte zu bekommen, enttäuschend.
- Vor allem aber hatten sich die Zuschauer in all den damals durchgeführten Fokusgruppen darüber beschwert, etwas vor dem Fernsehgerät „tun" zu müssen, wo sie doch an diese Art der Beanspruchung nicht gewohnt waren.

Daher haben wir die Vermarktung dieses Systems eingestellt und daraus wertvolle Lehren für Marketing und Technik gezogen.

Sehr viel später erst, als Lagardère Active einen Anteil von 34 % bei Canalsatellite übernommen hatte, interessierten wir uns für die vielen Technologien und Modelle, bei denen Decoder und Fernbedienung als Interaktivitätssystem für das Fernsehen genutzt wurden.

Zwei Jahre lang (2000 bis 2002) versuchten wir, eine Produktionsgesellschaft für interaktive TV-Dienste auf die Beine zu stellen, die sich bei Canal Plus auf die Technologien DVB MediaHighway und in der übrigen Welt auf Open TV stützte. Dieses Bemühungen führten zur Einführung zahlreicher Dienste über Canalsatellite: „Premiere Magazine" startete einen Service mit Hintergrundinformationen zu Filmen aus einer Filmkartei, die auf den Bouquet-Sendern ausgestrahlt wurden. ELLE stellte einen Astrologie-Dienst sowie Küchenrezepte zur Verfügung und Mcity war das erste werbefreie thematisch-orientierte Bouquet von Satelliten-Radiosendern.

Mit all diesen Konzepten war allerdings noch lange kein tragfähiges Geschäftsmodell für diese Art von Diensten gefunden worden, abgesehen von den kostenpflichtigen Horoskopberatungen von ELLE und den Ergebnissen der Pferderennen, die wir derzeit in Zusammenarbeit mit den französischen Wettannahmestellen PMU wieder einführen.

Der Zugriff zu diesen Diensten erfolgte entweder über das Bouquet-Menü oder über die „Pop ups", die während einer Sendung auf dem Bildschirm erschienen.

Abgesehen von unseren Musik-TV-Sendern, die mit Erfolg „mehr Infos" über die ausgestrahlten Videoclips oder das Downloaden von Logos und damit verknüpfter Klingeltöne anboten, missfielen diese vom Potenzial her als vielversprechend angepriesenen neuen Erscheinungen dem Fernsehzuschauer zutiefst, da sie ein Störfaktor beim Ansehen eines Programms waren, das passiv zu sein hatte und dem Zuschauer seine komfortable Ruhe lassen sollte.

Trotz aller Versprechungen der Gurus dieser Sparte, allen voran Microsoft, gab diese Technologie dem Fernsehzuschauer nicht die Möglichkeit, flüssig und schnell in den am Bildschirm angezeigten Diensten zu navigieren. Die Kosten der Satellitenbandbreiten, die immer extrem hoch waren, haben den Durchbruch der dafür erforderlichen Hochgeschwindigkeits-Satellitendienste bis zum heutigen Tag vereitelt. Außerdem konnte man mit der auf den Fernsehbedarf ausgerichteten Fernbedienung des Decoders nicht intuitiv im Angebot navigieren.

Wir haben in diesem Zusammenhang unsere Investitionen und Ambitionen erheblich zurückschrauben müssen, da es an Werbeeinnahmen mangelte und die Nutzungsdaten erneut enttäuschend waren.

Seither wurden insofern keine großen technischen Fortschritte erzielt, als sich die Anbieter des Kabel- und Satellitenfernsehens einer Liquiditätskrise und einer Vertrauenskrise bei den Investoren gegenübersahen und somit das Angebot neuer Decoder auf ein Premium-Publikum beschränkten, wie bei Canalsatellite, das seinen Hochgeschwindigkeitsdecoder „Pilotime" den einträglichsten Kunden vorbehält.

Zur gleichen Zeit ermöglichen die Techniken der Video-Kompression und der Signalübertragung, dass sich ADSL als alternative Bildtransportlösung und als die wahrscheinlich geeignetste technische Umgebung für eine Interaktivität mit dem Fernsehen durchsetzt.

4. Unsere erfolgreichsten interaktiven TV-Aktivitäten

Lagardère Active beschloss 1994, die Gruppe Legion zu übernehmen. Diese in London ansässige Gruppe war und ist der europäische Spezialist für Interaktivitätslösungen für Medien und Werbeträger, mit einer einzigartigen Erfahrung auf dem Gebiet der gebührenpflichtigen Telefonie.

Sie hat diesbezüglich weltweit eine hohe Kompetenz auf dem Gebiet der Produktion von TV-Programmen mit Telefonmehrwertdienst-Benutzung erlangt, und zwar in allen nur erdenklichen Formen. Diese langjährige Erfahrung ermöglichte, das Umsatz-Potenzial verschiedener Formate realistisch einzuschätzen.

Im Rahmen seiner langjährigen Beziehung zu Sendern und Produzenten bietet Legion telefonische Interaktivität an, sowohl als Ergänzung zu bereits bestehenden Programmen, als auch bei der Konzeption neuer Programme, die bereits im Vorfeld als so genannte „Call-TV"-Shows entwickelt werden. So kam es, dass Legion seit vielen Jahren Exklusiv- bzw. Hauptpartner großer öffentlicher oder privater Sender ist, wie Antenna in Griechenland oder Pro7 und Sat 1 in Deutschland.

Die Schwierigkeit von Telefonmehrwertdiensten im Fernsehen besteht in dem oft wenig gezielten Einsatz von Aufrufen zur Interaktion und dem offensichtlich mangelnden Interesse der Moderatoren, die diese Aufrufe als aufdringlich und merkantil erachten.

Das Audiotel-System eignet sich jedoch sehr gut für TV-Spiele und Meinungssendungen. Die zehnjährige Präsenz auf der Sendeplattform führte nicht wirklich zur Einführung eines neuen Genres oder zur kompletten Einbindung des Systems in die Programme seitens der Produzenten, außer vielleicht bei einigen Sendern wie 9Live oder in bekannten Sendungen wie „Wer wird Millionär?".

Seit dem SMS-Durchbruch beim breiten Publikum waren wir an der Verbindung von Handy und Fernsehen interessiert. Der Handy-Erfolg zeichnete sich zu einem Zeitpunkt ab, als die ersten Reality-TV-Sendungen auf den Bildschirmen zu sehen waren.

„Big Brother" oder sein französisches Pendant „Loft Story" waren die Katalysatoren, die womöglich den kommerziellen Durchbruch dieser Art des interaktiven Fernsehens beim breiten Publikum ermöglicht haben. Plötzlich waren die Voraussetzungen für einen Erfolg gegeben:

- ein massentaugliches Programm, das eher junge Zuschauer anspricht und dessen wesentliche Charakteristika (Provokation, Nähe, Identifikation, Selektion) zur Interaktivität, zu Reaktionen und zu Meinungsäußerungen anregten;
- das Vorhandensein eines weit verbreiteten Geräts, das relativ leicht anzuwenden und nicht sehr teuer war, und nicht nur Abstimmungen ermöglichte, sondern auch Textnachrichten senden konnte: das Handy (das in jener Zeit in 50 % aller Haushalte in Europa zu finden war);
- die Notwendigkeit für die Fernsehsender und die Produzenten, neben der Werbung weitere Einnahmequellen zu erschließen, da das Werbeklima generell schlecht war und diese Art von Programmen bei den Werbekunden keinen Zuspruch fand.

Diese drei Faktoren veranlassten die Mobilanbieter dazu, sich zusammenzuschließen, um das einzuführen, was den vierten Erfolgsfaktor ausmacht: eine gebührenpflichtige Premium-SMS-Kurzwahlnummer („Kiosk"), die aus allen Mobilfunknetzen eines bestimmten Landes erreichbar und einheitlich abrechenbar ist.

Wir haben in Frankreich die Vorteile des Kiosksystems im Rahmen von Minitel und Audiotel beobachtet. Die Inhalteanbieter fanden leicht Zugang. Auf Grund der intensiven Werbung, die auf die verfügbaren Dienste auf dem Kiosk hinwies, gelang dieser Anwendung der Durchbruch. Beim Minitel war das Telefonverzeichnis bei den meisten Kunden der Auslöser für die Benutzung des Kioskes und seiner Dienste. Das Telefonverzeichnis war die „Killer-Applikation", ebenso wie die großen Reality-TV-Shows die „Killer-Applikation" der Premium-SMS waren.

Eine Vielzahl von Zuschauern hatte in diesem Zusammenhang sicherlich zum ersten Mal die Werbung für eine solche Nummer gesehen und dann versucht, sie zu wählen.

Seither hat sich dieses Nummernsystem erheblich weiterentwickelt. Heute wird der Umsatz der SMS-Kurzwahlnummern durch das Downloaden von Logos und Klingeltönen gesteigert.

Bei der zweiten Auflage von „Loft Story" in Frankreich bot unsere Tochtergesellschaft Plurimédia das Anzeigen von SMS-Nachrichten am Bildschirm und die Befragung der Zuschauer an. Sehr schnell griff unser Musiksender MCM diese Idee auf und forderte die Fernsehzuschauer auf, den laufenden oder nachfolgenden Videoclip mit einer Widmung zu versehen. MCM hat auch das Konzept des „clip combat“ getestet, das wir mit SMS-System anboten: die Fernsehzuschauer konnten sich Videos aussuchen und diese abspielen lassen: eine Art Fernseh-Jukebox. Schließlich haben wir SMS-„Chat“-Systeme durch Einblenden bei bestimmtem thematischem Formaten integriert.

Auf Grund dieser Initiativen konnten wir das Interesse der Öffentlichkeit und deren Fähigkeit, mit dieser neuen Universal-Fernbedienung „Handy“ umzugehen, besser einschätzen. Millionen von SMS wurden auf diese Weise monatlich in Europa ausgetauscht und trugen beträchtlich zum finanziellen Ergebnis der Sender bei. Im Gegensatz zu Telefondiensten wurde diese Art von Interaktivität von den Moderatoren und Fernsehzuschauern nicht als aufdringlich empfunden. Alle ergriffen diese Gelegenheit, um das Programm zu bereichern, zu beleben und daran teilzunehmen: Das war der Anfang des aktiven Fernsehens, eines zuschauernahen Fernsehens, weniger eines Star-Systems; eines Fernsehens, in welchem oft „normale“ Menschen gezeigt wurden und das die „normalen“ Menschen aufforderte, an der Debatte teilzunehmen.

Obwohl sich diese neuen Mechanismen im Hinblick auf die Reaktionswilligkeit des Fernsehzuschauers als erfolgreich herausstellten, musste dennoch festgestellt werden, dass die Anzahl der eingegangenen SMS im Vergleich zur Gesamtzuschauerschaft eines großen Senders relativ gering blieb.

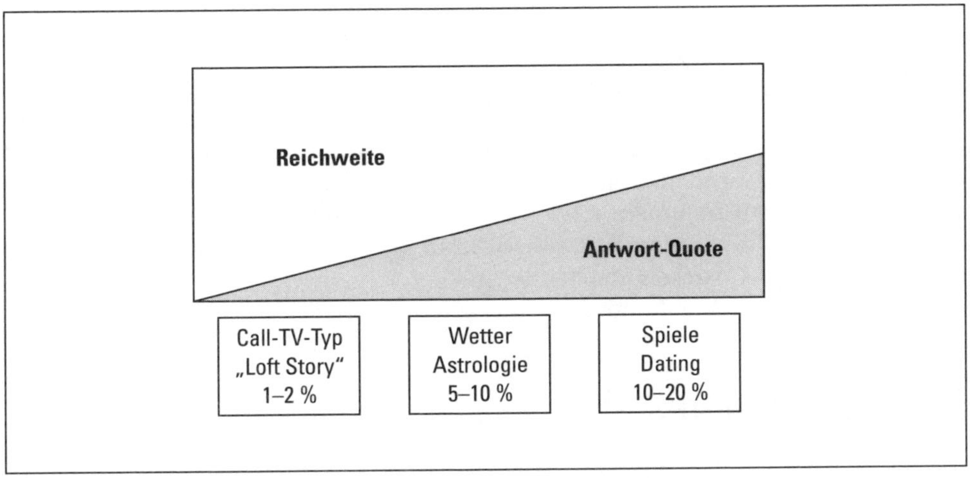

Abbildung 1: Reichweite und Antwortquote verschiedener Programmformate

Die Antwortquote bei den Befragungen des Publikums verhält sich anscheinend umgekehrt proportional zum Allround-Charakter eines Senders. Der Motivationsgrad für die Teilnahme steigt mit dem Grad der Zuschauernähe.

Auch wenn paradoxerweise die Spartensender Schwierigkeiten zu haben scheinen, die Werbeträger für sich zu gewinnen – selbst die stärksten mit klar definierten Zielgruppen –, so ist für uns doch klar, dass die erfolgreichsten Call-TV-Programme auf Sendern liefen, deren Ton und deren Zuschauernähe die Zuschauer zum Reagieren brachten und zwar in einem weitaus zufrieden stellenderen Maße als bei den großen Allround-Sendern.

Da die Spartensender manchmal Schwierigkeiten haben, ein tragfähiges Geschäftsmodell zu etablieren, kann die direkte Interaktivität mit dem Fernsehzuschauer ein effizientes Wachstumspotenzial sein und die Erreichung der Rentabilitätsschwelle ermöglichen.

Vor diesem Hintergrund beschloss Lagardère Active 2003, auf Canalsatellite seinen eigenen Sender 100 % SMStoTV zu starten. Dieser Sender, Live 1, läuft seit Juni 2003 rund um die Uhr.

Live 1 ist vorrangig ein aktiver Sender für Spiele und Begegnungen, der den Canalsat-Abonnenten die Möglichkeit gibt, sich beim „Club Live 1“ einzuschreiben und an den diversen Sendungen teilzunehmen. Dieser Sender wird seine Verbreitung in Frankreich auf Kabel und in Europa und Asien auf andere Distributoren ausweiten.

Live 1 wurde als Ort der Begegnung konzipiert, bei dem das Fernsehen als Schaufenster fungiert (mit dem Handy und dem Web). Der wirtschaftliche Erfolg wird von der Fähigkeit abhängen, die Produktionskosten relativ niedrig zu halten, die Kosten der Bandbreite geschickt mit den Distributoren auszuhandeln, den Beitritt neuer Teilnehmer durch gezielte Marketing-Aktionen zu fördern und die Mitglieder dazu anzuregen, nach ihrer Registrierung besonders aktiv zu werden und dies zu bleiben, was erhebliche redaktionelle und technologische Fähigkeiten voraussetzt.

Mit diesem Sender, dessen Erfolg sich jetzt in Frankreich abzeichnet, wird einmal mehr deutlich, dass es wichtig ist, eine Gemeinschaft an Stammzuschauern zu bilden. Man darf nicht unaufhörlich versuchen, die Anzahl der Zuschauer zu erhöhen, ohne gleichzeitig deren Zusammenhalt zu fördern. Live 1 ist ein zuschauernahes Fernsehen, wobei diese Zuschauernähe auf der anderen Seite das Risiko in sich birgt, dass der Sender sich verliert und seinen eigenen Charakter einbüßt.

5. Zusammenfassung

Ich habe mit diesem Beitrag darzustellen versucht, dass das langsame Vortasten im Bereich des interaktiven Fernsehens die Regel ist und alle Beteiligten des Sektors eine Portion Bescheidenheit mitbringen müssen (was nicht häufig der Fall ist ...), angefangen bei Microsoft über Canal Plus bis zu Lagardère.

Alle Akteure, die sich mit der Interaktivität und den Medien beschäftigen, gehen intuitiv von einer langfristigen Konvergenz des Fernsehens und der Systeme der Interaktion aus. Die mit dem Erfolg oder dem Durchbruch dieser neuen Programme verknüpften finanziellen Risiken sind enorm.

Die letzten Jahre haben gezeigt, dass mit einer technologischen Veränderung allein noch lange nichts getan ist. Sie nährt allenfalls die Träumereien der großen Industriekapitäne. Diese Träume lösen sich heute aber allzuoft in Luft auf.

Bei den Vollprogrammen stieg der Anteil der Erlöse aus interaktiven Diensten in den letzten Jahren jedoch stark an und macht inzwischen 30 % bis 50 % aus. Diese Zahlen sprechen für sich: Interaktivität ist heute für die Programmierung der Sender und ihr finanzielles Gleichgewicht unverzichtbar geworden.

Diese Tatsache müsste die Sender eigentlich dazu ermutigen, in die Erneuerung und Verbesserung der Programme, in denen immer mehr Kreativität und Interaktivität zugleich gefordert werden, zu investieren.

Mit dem Auftauchen der Technologien, die für eine einfache und problemlose Interaktivität erforderlich sind, werden sich explosionsartig neue Programme entwickeln: Das SMS-System und vielleicht auch ADSL dürften die Entwicklung des Fernsehens als solches sicherlich prägen.

Zwar hat sich das Handy alleine durch die Tatsache, überall und in allen Haushalten verfügbar zu sein, als Universalfernbedienung durchgesetzt, aber jetzt müssen die Produktionsfirmen und Sender Kreativmanager finden, die sich dieser Fernbedienung annehmen, sie in Szene setzen und aktivieren.

---

1 Vgl. Morgan Stanley (2003). *Telecommunications Services – Wireless*. London: Morgan Stanley.

3. Technik und Anwendung

Technische Grundlagen und Trends des interaktiven Fernsehens

Rainer Schäfer

Dr. Rainer Schäfer ist Sachgebietsleiter Produktionssysteme Fernsehen des Instituts für Rundfunktechnik (IRT), München und Chairman der MHP Experts Group im Digital Video Broadcasting Projekt (DVB).

1. Einführung

Die Einführung des Digitalen Fernsehens wurde im Wesentlichen durch die Spezifikationen des Europäischen Digital Video Broadcasting Projekts – kurz DVB-Projekt – vorangetrieben (DVB, 2004), die über das Europäische Standardisierungsinstitut ETSI (ETSI, 2004) als Standard weltweit zur Verfügung stehen und während der gut zehnjährigen Entwicklung dieses Projekts eine große internationale Bedeutung erlangt haben. Daher werden heute die Begriffe „Digitales (interaktives) Fernsehen" und „DVB" häufig als Synonyme benutzt.

Während gegen Ende der 80er Jahre eine Verbesserung der existierenden Fernsehsysteme und die – versuchte – Einführung rückwärtskompatibler, hochauflösender Fernsehsysteme mit erhöhter Bildqualität im Vordergrund neuer Entwicklungstrends standen (PALplus, HD-MAC), zeigte die rasch fortschreitende technische Entwicklung der digitalen Kompressionsverfahren für Audio und Video, der digitalen Modulationsverfahren für die Ausstrahlung solcher digital komprimierten Signale und die Entwicklung der Halbleiterindustrie die Machbarkeit und Effizienz vollständig digital arbeitender Systeme auf. Die digitale Ausstrahlung stellt eine wesentliche Voraussetzung für die zusätzliche Übertragung interaktiver Dienste dar.

In den Jahren 1991/92 formierten sich die Interessengruppen der Endgerätehersteller, Netzwerkbetreiber, Rundfunkanstalten und der Regulierer im Rahmen der European Launching Group (ELG) entwickelten die organisatorischen und rechtlichen Grundlagen für das DVB-Projekt in der Form eines Memorandum of Understanding (MoU). Mit der Unterzeichnung des MoU wurde das DVB-Projekt 1993 offiziell etabliert. Jeder Unterzeichner des MoU verpflichtet sich unter anderem, eigene Rechte an Elementen eines DVB-Standards auch allen potenziellen Konkurrenten unter „fair and reasonable conditions" zu gewähren. Auf diese Art wurde die Offenheit der DVB-Standards und damit ihr

Erfolg im kommerziellen Umfeld sichergestellt. Zum Zeitpunkt der Drucklegung dieses Beitrags ist die Anzahl der Mitgliedsorganisationen von DVB auf über 255 angewachsen.

Die Entwicklung jedes Standards erfolgt streng kommerziell orientiert in zwei Schritten: Zunächst werden in einer kommerziellen Arbeitsgruppe die Anforderungen und der umzusetzende Funktionsumfang festgelegt und ausschließlich diese anschließend von einer technischen Arbeitsgruppe umgesetzt.

DVB konzentrierte sich bis etwa 1996 auf die digitale Verbreitung über die bereits analog genutzten Verteilwege Satellit, Kabel und Terrestrik sowie auf weitere dafür erforderliche Spezifikationen, wie etwa Programm begleitende Daten und die Verschlüsselung für Pay-TV. Standards für interaktive Dienste oder Endgeräte wurden dabei zunächst bewusst nicht adressiert und als Alleinstellungsmerkmal für einzelne Betreiber den Kräften der Märkte überlassen. Speziell in vertikalen Märkten etablierten sich daher dauerhaft oder vorübergehend proprietäre Systeme. Lediglich in Großbritannien wurde mit der Einführung von MHEG für die terrestrische digitale Programmverbreitung ein offenes System etabliert.

In einem zweiten Schritt folgten die Standards für weitere Verteilmedien, einschließlich der Rückkanäle über Telefon, Kabel und sogar Satellit oder Terrestrik, die je nach den strukturellen, kommerziellen und regulatorischen Voraussetzungen in einzelnen Ländern unterschiedliche Bedeutung erlangt haben. Zusätzlich wird auch die Übertragung von IP-Paketen aus dem Internet über alle früher ausschließlich dem analogen Fernsehen vorbehaltenen Kanäle unterstützt.

Gegen Ende der 90er Jahre stellte sich das Fehlen eines Standards für interaktive Endgeräte als generelles Hemmnis für eine schnelle Einführung des digitalen Fernsehens in einigen Märkten mit horizontaler oder gemischt vertikaler und horizontaler Struktur heraus. Daher wurde in einem dritten Schritt die Multimedia Home Platform (MHP) entwickelt, die speziell die Bedürfnisse horizontaler Märkte berücksichtigt und dennoch nicht auf diese beschränkt ist (vgl. MHP, 2004).

In einem vierten und – bisher – letzten Schritt befasst sich DVB einerseits mit der Verteilung und Lokalisierung digitaler Fernsehdienste in IP-basierenden Netzen, also auch über Kanäle, die nicht mehr dem traditionellen Rundfunk-Kanal entsprechen, und andererseits mit der Nutzung traditioneller Rundfunkkanäle für nicht Rundfunk typische Anwendungen. Diese umfassen beispielsweise die Signalverteilung zu kleinen, Batterie betriebenen, portablen oder mobilen Endgeräten (PDAs oder Mobiltelefone) über den Verteilstandard DVB-H. Gleichzeitig werden Standards um die Steuerung für Personal Video Recorder (PVR) erweitert.

Im Laufe einer zehnjährigen Arbeit von DVB wurden 66 Standards verabschiedet. Darüber hinaus findet eine teilweise Nutzung dieser Standards oder deren Elemente in anderen Kontinenten und Standards (ATSC, ACAP in den USA, ARIB in Japan) statt. Auch der internationale Austausch interaktiver Produktionen wird über eine weitgehende Vereinheitlichung der benutzten Standards im Rahmen des GEM-Standards (Globally Executable MHP) von DVB erleichtert.

2. Digitales Fernsehen

Dieser Abschnitt beschäftigt sich mit im Hinblick auf die Einführung interaktiver Dienste ausgewählten Grundlagen des digitalen Fernsehens.

2.1 Prinzip der digitalen Signalverteilung

Im Unterschied zur analogen Verbreitung führt die Digitalisierung der Fernsehsignale zunächst zu einer Erhöhung der benötigten Kanalkapazität auf etwa das Sechsfache der verfügbaren Kapazität der existierenden Kanäle für Kabel, Satellit und das Terrestrische Fernsehen (siehe Abbildung 1). Dank der Effizienz moderner Quellkodierverfahren für Ton- und Bildsequenzen, die in der ersten Hälfte der 90er Jahre Anwendungsreife erlangten und wesentlich von MPEG (Moving Picture Experts Group, vgl. MPEG, 2004) international standardisiert wurden, kann diese Kapazität auf nur Bruchteile der verfügbaren Kapazitäten reduziert werden, so dass dann sogar die Übertragung mehrerer Programme gleichzeitig über einen dieser Kanäle möglich ist. Allerdings führt die hohe Reduktion der Datenrate auch dazu, dass die komprimierten quellenkodierten Signale sehr empfindlich gegenüber Störungen sind und durch eine weitere, so genannte Kanalkodierung mit speziellen Fehlerschutz-Verfahren an die Eigenschaften jedes Übertragungskanals angepasst werden müssen. Das DVB-Projekt stellte in seinen ersten Standards genau diese Kanalkodierverfahren bereit, während es für die Quellenkodierung und auch für das Datenformat der Schnittstelle zwischen Quellen- und Kanalkodierung auf die gerade fertiggestellten Standards von MPEG zurückgriff. Diese Schnittstelle nützt den so genannten Transportstrom von MPEG-2, der beliebige digitale Daten im Zeitmultiplex als Pakete von jeweils 188 Bytes enthalten kann. Daten verschiedener Quellen werden anhand eines Packet Identifier (PID) im Header der Pakete unterschieden.

Das Konzept führt dazu, dass zwischen der Quellen- und Kanalcodierung eine universell verwendbare, standardisierte und digitale Schnittstelle zur Verfügung steht, deren Signale bei der weiteren Ausstrahlung hoch geschützt werden. Typisch sind beispielsweise für Satellitenübertragungen Bitfehlerraten von 10^{-12} (das entspricht etwa drei Bitfehler pro Tag), so dass in Form des MPEG-2-Transportstroms ein quasi fehlerfreier, digitaler Kanal für beliebige digitale Daten über alle konventionellen Verteilwege des analogen Fernsehens zur Verfügung steht. Dieser hoch geschützte Kanal kann damit in gleicher Weise wie für die Verteilung komprimierter Audio- oder Videosignale auch zur Übertragung digitaler Zusatzdienste und zur Übertragung von Code für die „Fernprogrammierung" interaktiver Endgeräte herangezogen werden.

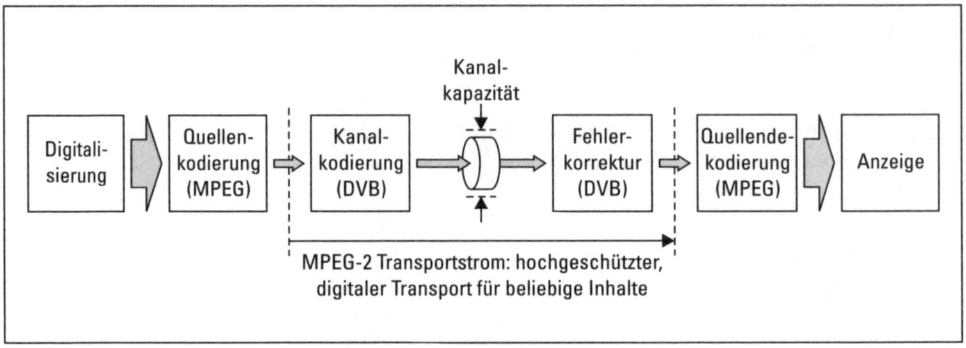

Abbildung 1: Quellen- und Kanalkodierung im digitalen Fernsehen

Eine nutzbare Eigenschaft des Transportstroms besteht in der dynamisch variablen Aufteilung der verfügbaren Datenrate: Sämtliche übertragenen Komponenten können jederzeit und dynamisch während einer Sendung mehr oder weniger Pakete des Transportstroms nützen, solange bestimmte Randbedingungen – speziell für Bild und Ton – eingehalten werden. So können beispielsweise mehrere Videokanäle einen Datenraten-Pool je nach Komplexität des Bildinhalts dynamisch teilen und auf diese Weise die mittlere Bildqualität über alle Programme erhöhen („Statistischer Multiplex"). In ähnlicher Weise ist der Austausch von Übertragungskapazität zwischen einem Videokanal und interaktiven Zusatzdiensten jederzeit möglich. Da alle Signalkomponenten im Transportstrom über spezielle Tabellen (Progam Specific Information und Service Information, PSI und SI) bezüglich ihres Inhalts und der Zugehörigkeit zu einem oder mehreren Programmen gekennzeichnet sind, ist es ebenso möglich, jederzeit zusätzliche Dienste oder Datentypen ohne Störung der existierenden Endgerätepopulation auszustrahlen. Abbildung 2 zeigt schematisch die Zusammenfassung verschiedener typischer Daten zu einem gemeinsamen Transportstrom-Multiplex, einschließlich der Internet-Verbreitung und interaktiver Dienste.

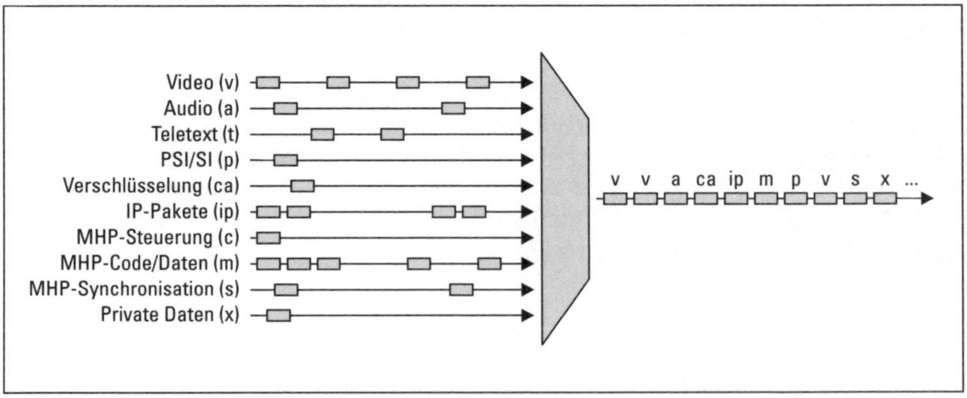

Abbildung 2: Multiplexing von Datenpaketen und Diensten zu einem DVB-Transportstrom

Auf dem Transportstrom aufbauend existieren eine Reihe von Protokollen (siehe Abbildung 3) von MPEG (dunkel dargestellt) und DVB (hell dargestellt) mit spezifischen Fähigkeiten. Generell lassen sich die Protokolle in synchrones Streaming, den Transport von IP-Paketen, den allgemeinen zyklisch wiederholten Datentransport, spezielle zyklische Formate für MHP und MHEG sowie Systeminformationen und Metadaten für die Programm- oder Kanalanzeige im Endgerät klassifizieren.

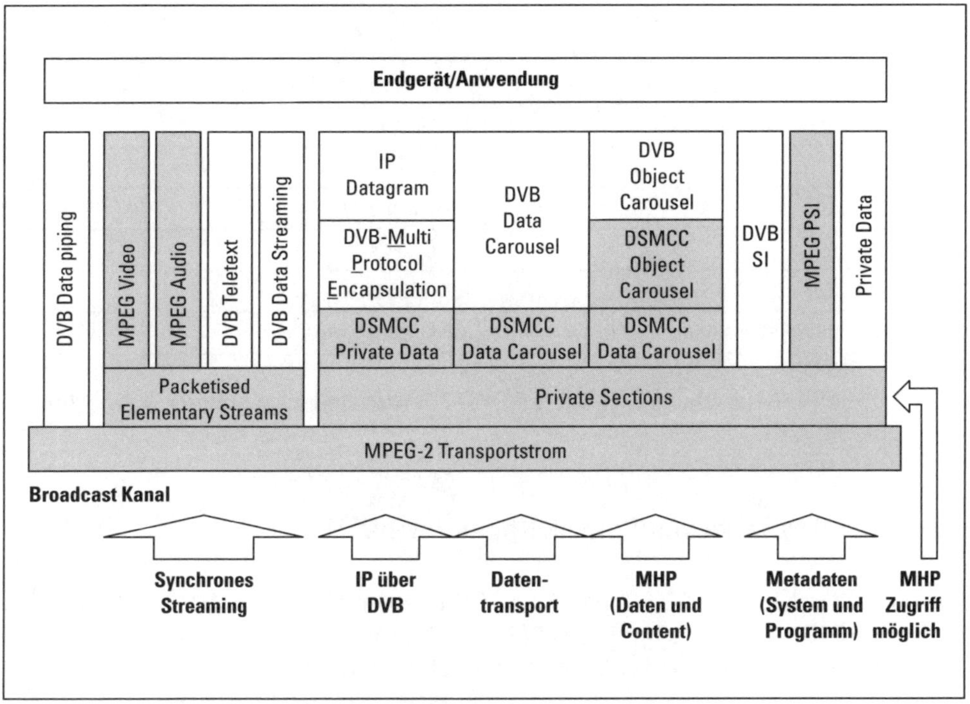

Abbildung 3: Protokolle des Broadcast-Kanals

Die Flexibilität des Transportstroms lässt aber auch *technische* Migrationsszenarien zur Einführung neuer oder temporär verfügbarer Dienste zu, die hier für zwei Fälle exemplarisch dargestellt werden. Die kommerziellen und regulatorischen Aspekte werden nicht berücksichtigt:

- Schrittweise Einführung hochauflösenden Fernsehens:
  In einem bestehenden Multiplex aus mehreren Programmen eines Anbieters kann die Anzahl der konventionell auflösenden Videokanäle reduziert werden, um Bandbreite für die Ausstrahlung eines zusätzlichen, hochauflösenden Programms (nur) mit einem neuartigen Endgerät zu gewinnen. Werden die verbleibenden, konventionellen Videokanäle dabei durch geänderte Signalisierung gleichzeitig mehreren Programmen zugewiesen, so können formal sogar Anzahl und Namen der konventionellen Programme erhalten bleiben – allerdings nun mit identischem Programminhalt.

- Abschaltung oder Einschränkung von Videotext bei Übertragung interaktiver Dienste:
  Die Ausstrahlung von Videotext kann unterbrochen oder verlangsamt werden, um Bandbreite für eine sendungsbegleitende interaktive Anwendung zu gewinnen. Alternativ könnte auch durch geänderte Zuordnung das Videotextsignal eines anderen Programms des gleichen Anbieters in dieser Zeit ersatzweise zugeordnet werden.

Die typischen Bitraten für einzelne Komponenten bewegen sich meist in folgenden Bereichen:

Video (statistischer Multiplex):	~ 3 Mbit/s je Programm bei 4–9 Programmen
Video (konstante Bitrate):	4–6 Mbit/s
Audio:	200 kbit/s
5-Kanal Audio:	~ 460 kbit/s
Teletext:	~ 250 kbit/s
Interaktives Spiel:	100–200 kbit/s
Interaktiver Informationsdienst:	200 kbit/s – 5 Mbit/s

Nähere Details zu den Datenraten interaktiver Dienste finden sich in den weiterführenden Kapiteln.

2.2 Charakteristika von Satellit, Kabel, Terrestrik

Die DVB-Standards DVB-S, -C und -T für die Verteilkanäle Satellit (EN 300 421, 1997), Kabel (EN 300 429, 1998), Terrestrik (EN 300 744, 1997) berücksichtigen die speziellen Eigenarten dieser Kanäle und erlauben es zusätzlich, die Robustheit – und damit die verfügbare Datenrate – an kommerzielle Anforderungen und Szenarien anzupassen. Für den Satellit und das Kabel wurden Nutzungsszenarien angenommen, die weitgehend dem Empfang des analogen Fernsehens entsprechen. Für die terrestrische Ausstrahlung sollten dagegen neue Szenarien erschlossen werden, die auch einen Empfang mit ungerichteten Antennen an einem portablen Endgerät innerhalb geschlossener Gebäude – im Gegensatz zur voluminösen Hochantenne auf dem Hausdach – unterstützen. Das dafür eingesetzte COFDM-Verfahren hat die Eigenschaft, gegenüber dem Mehrwegeempfang, der bei ungerichtetem Empfang durch Reflexionen des gesendeten Signals an Gegenständen und Gebäuden auftritt, robust zu sein bzw. diese sogar noch zur Verbesserung des Signals auszunutzen. Dabei verteilt das COFDM-Verfahren die zu übertragende Information auf rund 2.000 (2k-System) oder rund 8.000 (8k-System) Einzelträgerfrequenzen innerhalb der Bandbreite (typ. 8 MHz) auf, die bei analoger Ausstrahlung nur von einem einzigen modulierten Frequenzträger benutzt würde. In gleicher Weise wie für den Empfang von Reflexionen können Signale mehrerer örtlich benachbarter Sender, die aber alle auf derselben Frequenz identische Daten ausstrahlen, als „Mehrwegeempfang" interpretiert und problemlos dekodiert werden. Im Falle der konventionellen, analogen Versorgung müssten dagegen benachbarte Sender in jedem Fall auf unterschiedlichen Frequenzen arbeiten. Daher erlaubt DVB-T eine sehr Frequenz ökonomische Versorgung großer Gebiete mit identischen Programmen durch so genannte *Single Frequency Networks* (SFNs). Allerdings muss bei größeren Senderabständen, wie sie z. B. in Deutschland aufgrund der vorhandenen Senderstandorte gegeben sind, das technisch aufwändigere 8k-System eingesetzt werden. DVB-T macht sich prinzipiell fast dieselben Mechanismen zu eigen, die bereits für den mobilen, digitalen Radioempfang über Digital Audio Broadcasting (DAB) entwickelt wurden. Allerdings wurde bei der Entwicklung DVB-T zunächst kein Schwerpunkt auf den *mobilen* Empfang gelegt, so dass ein mobiler Empfang bei höheren Geschwindigkeiten in Abhängigkeit von der Sendefrequenz ab etwa 40 bis 80 km/h (8k-System) bzw. ab rund 200 km/h (2k-System) prinzipbedingt eingeschränkt ist. Moderne Empfängerkonzepte mit Antenna-Diversity für DVB-T erreichen aber durchaus schon höhere Geschwindigkeiten bis zu etwa 110 km/h für das 8k-System. Antenna-Diversity Systeme erfordern jedoch einen Mindestabstand zwischen den Einzelantennen und sind daher zwar gut als Festinstallation in Fahrzeugen, aber schlecht für sehr kleine Endgeräte einsetzbar, die beispielsweise portabel in einem fahrenden Auto oder Zug betrieben werden.

In der folgenden Tabelle sind die Bereiche der möglichen nutzbaren Datenraten für die verschiedenen DVB-Standards zusammengefasst sowie einige typische Werte für die praktische Anwendung genannt.

System	minimale Bitrate	maximale Bitrate	typische Anwendung
DVB-S	18,7 Mbit/s	68 Mbit/s	33 oder 38 Mbit/s (Astra, Eutelsat)
DVB-C	25,2 Mbit/s	38,1 Mbit/s	38,1 Mbit/s (Kabelnetze)
DVB-T	5 Mbit/s	31,7 Mbit/s	14 Mbit/s (Deutschland, portabel indoor)
			24 Mbit/s (UK, gerichtete Dachantenne)

Zusätzlich existieren hierarchische Modulationsverfahren, die einen hoch geschützten Transportstrom mit niedriger Bitrate und gleichzeitig einen geringer geschützten Datenkanal höherer Bitrate übertragen. Diese haben aber bisher wenig praktische Bedeutung erlangt.

Die Verteilkanäle von Kabel und Satellit werden heute mit bis zu neun oder zehn Fernsehprogrammen (inklusive Teletext) je Multiplex belegt. Bei zusätzlicher Nutzung für Radioprogramme oder interaktive Dienste reduziert sich die Anzahl entsprechend. DVB-T-Kanäle für portablen Indoor-Empfang werden für drei oder vier Fernsehprogramme genutzt. Abgesehen von der möglicherweise unterschiedlichen Gesamtkapazität ist eine direkte Übernahme des Transportstroms von einem Verteilweg zu einem anderen direkt oder mit geringer Änderung einzelner Signalisierungen möglich.

2.3 DVB-H

Die Entwicklung von DVB-S, -C und -T wurde im Wesentlichen von Rundfunkanstalten, der Consumer-Industrie und Netzwerkbetreibern vorangetrieben. Mit der zunehmenden Konvergenz der Endgeräte für Rundfunkdienste, für das Internet und den Mobilfunk, aber auch getrieben von dem Bestreben der Mobilfunkindustrie, neue Frequenzbereiche für ihre Zwecke *technisch* zugänglich zu machen, ergaben sich zusätzliche Anforderungen. Die Relevanz dieser technischen Aspekte kann natürlich auch auf Grund regulatorischer, kommerzieller, organisatorischer und kultureller Gegebenheiten national unterschiedlich sein. Diese Anforderungen führten mit der Entwicklung von DVB-H zu einer Reihe von kompatiblen und auch nur eingeschränkt kompatiblen Erweiterungen gegenüber dem existierenden DVB-T-Standard. Die wichtigsten Ziele dieser Entwicklungen sind:

- Reduktion der Stromaufnahme für Batterie betriebene Empfänger;
- Reduktion des technischen Aufwandes für einen störungsfreien Wechsel von einem Sender zu einem weiteren im mobilen Betrieb (Handover);
- Verbesserte Versorgung schnell bewegter mobiler, aber mechanisch kleiner Endgeräte, die kein Antenna-Diversity nützen können;
- Verringerung der Empfindlichkeit gegenüber Impulsstörungen (z. B. Zündfunken bei Automobilen);
- Unterstützung von Kanalabständen von 5 MHz (zusätzlich zu 7 und 8 MHz bei DVB-T).

Für die Verringerung der Stromaufnahme im Empfänger wird von dem Konzept ausgegangen, dass ein einzelner Dienst oder Empfänger nie die gesamte Datenrate des Übertragungskanals (z. B. 14 Mbit/s) benötigt, sondern nur einen Bruchteil davon (z. B. 350 kbit/s für Videostreaming bei kleineren Bildauflösungen). Daher können während kurzer Zeitabschnitte Datenbursts mit maximaler oder hoher Datenrate ausgestrahlt werden, die ausschließlich die relevanten Daten für *einen* Empfänger oder Dienst enthalten, während in den verbleibenden Zeitabschnitten Daten für *andere* Dienste oder Empfänger ausgestrahlt werden. Die abgestrahlte Gesamtleistung des Senders bleibt dabei weiterhin gleich und kontinuierlich. Ein einzelner Empfänger muss aber nur für einen Bruchteil der Betriebsdauer eingeschaltet sein und kann so den Energieverbrauch auf typischerweise unter 10 % senken. Zur Vorbereitung eines Handover kann der Empfänger während der Empfangspausen auf anderen Kanälen suchen, ohne Nutzdaten zu verlieren. Für die verbesserte mobile Versorgung wurden ein zusätzlicher, variabler Fehlerschutz für IP-Pakete eingeführt, eine größere zeitliche Verwürfelung (Interleaving) der Daten, aber auch eine 4k-Betriebsart, die etwa eine Verdoppelung der Maximalgeschwindigkeiten eines mobilen Empfängers gegenüber dem 8k-System erlaubt, bei gleichzeitiger Halbierung der maximalen Senderabstände im SFN-Betrieb. Diese verschiedenen Maßnahmen können für bestimmte Anwendungen weitgehend unabhängig aus der „Toolbox" des DVB-T- und DVB-H-Standards unter Berücksichtigung der folgenden Einschränkungen gewählt werden.

- Die Einführung der Burst-Paketierung von Daten und die Einführung des Fehlerschutzes für IP-Pakete kann vollständig kompatibel zur existierenden Endgerätepopulation (DVB-T) erfolgen. So kann z. B. ein Zusatzdienst in dieser Betriebsart ausgestrahlt werden, während die verbleibenden Fernsehprogramme im gleichen Transportstrom unverändert erhalten bleiben. Nutzen in Form der verringerten Stromaufnahme können aber nur neue, DVB-H-kompatible Geräte ziehen. Nutzen aus dem verbesserten Fehlerschutz könnten auch ältere Geräte mit nachladbarer Firmware (z. B. DVB-T-Karten für den PC) ziehen. Allerdings besteht die Einschränkung, dass diese Vorteile *ausschließlich* für Daten genutzt werden können, die als *IP-Pakete* über den Transportstrom übertragen werden. Damit ist ein Nutzen für andere Transportprotokolle des digitalen Fernsehens nicht gegeben (MPEG-2-Video oder Audio, vgl. Abbildung 3).
- Der 4k-Modus und das Interleaving sind mit existierenden DVB-T-Empfängern nicht kompatibel und erfordern neue Endgeräte. Allerdings profitieren dann alle Transportprotokolle und Komponenten des Transportstroms von diesen Maßnahmen. Der volle Umfang der Empfangsverbesserung kann wiederum nur für die IP-Übertragung im Transportstrom genutzt werden.

DVB-H zeigt also Tendenzen in Richtung einer ausschließlich IP-basierten Übertragung und damit begrenzte Einsatzmöglichkeiten für das (gerade) etablierte digitale Fernsehen. Es entfaltet seine Möglichkeiten mit dem Einsatz von Videostreaming über IP. Für diese Anwendungen kommen dann auch andere Kompressionsverfahren wie MPEG-4 oder Windows Mediaplayer in Betracht, wenn alle kommerziellen Rahmenbedingungen (Lizenzrechte, Abhängigkeiten von Herstellern oder integrierten Systemen zum Rechtemanagement) für den Anwender zufrieden stellend geklärt sind. DVB hat in diesem Zusammenhang aktuell bereits eine Spezifikation zum Einsatz von MPEG-4 entwickelt, die jedoch bis zur Klärung lizenzrechtlicher Fragen nicht umgesetzt wird.

2.4 Conditional Access und Personalisierung

DVB zielt primär auf Rundfunkdienste und sieht daher keine direkten Möglichkeiten zur Personalisierung oder Adressierung eines bestimmten Empfangsgerätes vor, wie dies etwa im Internet über die IP-Adresse des Endgerätes möglich ist. Indirekt wird eine Adressierung aber über die Verschlüsselung (Conditional Access) für Pay-TV-Modelle möglich.

Conditional Access wurde von DVB aus Sicherheitsgründen nur in einem Bereich standardisiert, der den Halbleiterherstellern die nötige Grundlage für die Implementierung der zeitkritischen Kernfunktionalitäten in den Bausteinen gibt. Diese erlauben es, einzelne Transportstrompakete separat in einem Scrambler mit einem Codewort zu verschlüsseln und im Empfänger durch Anlegen desselben Codewortes wieder zu entschlüsseln (siehe Abbildung 4). Die Übertragung des Codewortes selbst erfolgt mit Hilfe so genannter Entitlement Control Messages (ECMs), die Freischaltung eines Endgerätes zur Auswertung der ECMs mit Hilfe von Entitlement Management Messages (EMMs). ECMs und EMMs sind mit allen anderen Daten im Transportstrom enthalten. Die verschlüsselte Übertragung der Codeworte in den ECMs und der Aufbau der EMMs sind dagegen nicht standardisiert und ein sicherheitsrelevantes, gut gehütetes Geheimnis der verschiedenen Anbieter von CA-Systemen.

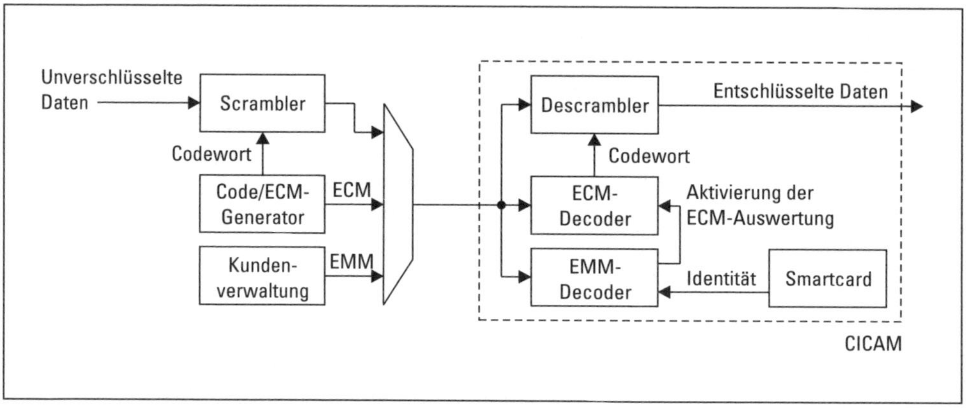

Abbildung 4: Prinzip eines CA-Systems

Prinzipiell stellt der unbefugte Zugriff auf das Codewort und dessen anschließende Veröffentlichung ein Sicherheitsrisiko dar. Aus diesem Grund kann es ständig (auch im Bereich von Sekunden) variiert werden. Außerdem wird der praktische Zugriff erschwert, indem die vollständige Entschlüsselung entweder in einem mechanisch gekapselten, in das Endgerät einschiebbaren Modul (CICAM) oder aber innerhalb eines im Gerät selbst enthaltenen Halbleiterchips erfolgt. Die Personalisierung des Endgerätes erfolgt meist durch eine separate Smartcard, die entweder in das CICAM oder in das Endgerät eingeschoben wird und mit der EMM-Auswertung kommuniziert.

Da jede einzelne Komponente eines Programms und damit auch Teile von Daten für interaktive Dienste separat verschlüsselt werden können, stellt Conditional Access auch eine Variante zur Personalisierung von Endgeräten für interaktive Spiele oder Dienste dar. Wegen der hohen Investitionskosten für CA-Systeme erscheint dieser Weg aber nur für vertikale Märkte interessant, die ohnehin ein CA-System benutzen.

3. Die Multimedia Home Platform MHP

Der Abschnitt 3 dieses Beitrags befasst sich mit ausgewählten technischen Grundlagen interaktiver Plattformen am Beispiel der Multimedia Home Platform MHP (ES 201 812, 2003 und TS 102 812, 2003).

3.1 Überblick über Systeme und Standards

Da mit der Einführung der digitalen Übertragung auch die Voraussetzungen für die „Fernprogrammierung" eines im Endgerät vorhandenen Prozessors gegeben waren und auch entsprechende Geschäftsmodelle existierten, aber andererseits keine Standardisierung auf diesem Gebiet erfolgte, entwickelten und entwickeln sich eine Reihe von proprietären Lösungen, die entweder einzuordnen sind als:

- proprietäre Lösung des Plattformbetreibers, gegebenenfalls mit eingeschränkter Verfügbarkeit eines eigenen Application Programming Interface (z. B. dbox-1, dbox-2),
- proprietäre Lösung, abgeleitet von Industrie- oder Internet-„Standards" (Lösungen basierend auf einer Untermenge von HTML),
- Produkte eines Middleware-Anbieters (z. B. OpenTV) oder
- Ergebnisse eines Standardisierungsprozesses (MHP, MHEG in den UK).

Alle nicht standardisierten Systeme besitzen mehr oder weniger Adaptionen an den beauftragenden Betreiber und sind daher meist trotz gleicher grundlegender Technologie zwischen verschiedenen Märkten nicht kompatibel. Bezüglich des Funktionsumfangs lassen sie sich häufig nach *Presentation Engines* (meist Browser-basierte Lösungen, die übertragene Inhalte nach zuvor definierten Regeln darstellen, z. B. HTML und MHEG) und *Execution Engines* (Systeme, die eine vollständige Programmierung des Prozessors im Endgerät einschließlich aufwändiger arithmetischer Operationen oder Manipulation von Bitmaps erlauben, z. B. OpenTV und MHP) klassifizieren.

In horizontalen Märkten mit verschiedenen gleichberechtigten Diensteanbietern gestaltet sich die Festlegung des Funktionsumfangs für ein API besonders kritisch, wenn man z. B. bedenkt, dass eine interaktive Werbung nicht vor dem Programm eines weiteren Anbieters erscheinen darf oder sensible Daten eines interaktiven Dienstes (z. B. im Endgerät gespeicherte Kreditkartennummern) nicht unautorisiert von den Diensten eines weiteren Anbieters gelesen werden dürfen. Solche Forderungen wurden bei der Entwicklung des MHP-Standards berücksichtigt. Gleichzeitig wurden mit der Einführung eines verbindlichen Zertifizierungsprozesses für die Endgeräte durch DVB die Einhaltung dieser Vorschriften und weitgehende Kompatibilität gesichert. Für diese Zertifizierung müssen die Hersteller im Rahmen einer Selbstzertifizierung eine offizielle Test Suite erfolgreich durchlaufen und dürfen erst dann das offizielle MHP-Logo als für den Endkunden sichtbares Markenzeichen benutzen (vgl. Schäfer, 2001).

3.2 Funktionsumfang von MHP

Abbildung 5 zeigt die typischen Module einer digitalen Set-Top-Box. Sie enthält z. B. einen Tuner zum Empfang der digitalen Signale, optional einen Descrambler, einen Demultiplexer zur Filterung derjenigen Datenströme, die entweder den Audio- und Videodekodern zugeführt werden oder die im Endgerät als Zusatzdaten interpretiert werden sollen, zusätzliche Grafik-Ebenen zur Darstellung von Systeminformationen und natürlich interaktiven Inhalten auf dem Bildschirm, eine Empfangseinheit für die Befehle der Fernbedienung und optionalen Einheiten, die den Datenverkehr über einen Rückkanal (z. B. über ein Modem oder IP-Netzwerk) aufbauen und verwalten. Zusätzlich ist auch der Zugriff auf Datenspeicher (z. B. ein interner Flash-Speicher der Box) dargestellt.

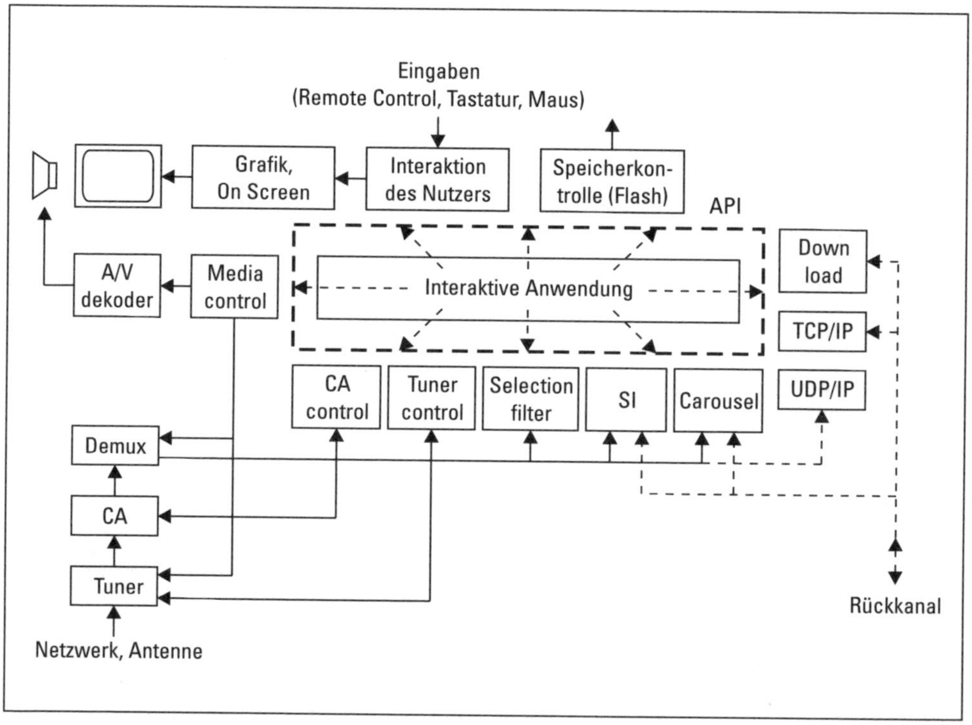

Abbildung 5: Funktionsblöcke eines interaktiven Endgerätes (MHP)

MHP definiert nun eine einheitliche Programmierschnittstelle, ein Application Programming Interface (API), über die eine interaktive Anwendung mit allen diesen Modulen kommunizieren kann. Dabei wird Java als Programmiersprache zugrunde gelegt, da sie eine Reihe wichtiger Anforderungen erfüllt:

- Java ist eine offene Plattform:
  Anwendungen in Java benötigen zur Ausführung eine Java Virtual Machine (JVM). Java und die JVM werden von SUN spezifiziert, jedoch ist die JVM für viele in den Set-Top-Boxen benutzten Prozessoren verfügbar und kann von verschiedenen Anbietern zugekauft oder von einem Endgerätehersteller selbst ohne zusätzliche Lizenzkosten entwickelt werden.

- Sicherheit:
  Java unterstützt eine strikte Trennung des ausführbaren Codes von Daten sowie eine strikte Trennung von verschiedenen Anwendungen im Speicher. Dadurch bietet Java eine hohe Sicherheit gegenüber absichtlich oder versehentlich erzeugten virenähnlichen Anwendungen.

- Authentifizierung und Zugriffskontrolle:
  Java erlaubt, Anwendungen durch Authentifizierungsmechanismen gegen Manipulation zu schützen. Nur durch Signierung einer interaktiven Anwendung mit durch DVB organisiert an Rundfunkanstalten vergebenen Zertifikaten ist es möglich, bestimmte sicherheitsrelevante Funktionen im Endgerät, wie die Einwahl über ein Modem, auszulösen. Darauf aufbauend können auf diese Art Daten, die von einer interaktiven Anwendung im Flash-Speicher abgelegt worden sind, gezielt für den Zugriff von anderen Anwendungen freigegeben oder gesperrt werden. Für die eindeutige Identifizierung von Anwendungen stehen Organisation-Ids und Application-Ids zur Verfügung. Die Organisation-Ids werden über einen Registrierungsmechanismus bei DVB vergeben. Durch gezielte Information des Kunden über Funktionen des interaktiven Dienstes kann der Diensteanbieter damit ein Vertrauensverhältnis zum Endkunden aufbauen.

- Multitasking:
  Java unterstützt den gleichzeitigen Ablauf mehrerer Anwendungen.

- Klassenbibliotheken:
  Java wird bereits für viele Anwendungen benutzt. Daher existieren viele Funktionsbibliotheken, die vollständig oder teilweise in den MHP-Standard übernommen werden konnten.

Zusätzlich legt MHP eine Reihe weiterer Elemente fest, die für die Ausführung und Koexistenz verschiedener Anwendungen maßgeblich sind und hier nur stark verkürzt genannt werden können:

- Sandbox-Prinzip:
  Eine so genannte *Sandbox* legt fest, welche Funktionen ohne eine zusätzliche Signierung der Anwendung ausgelöst werden dürfen.

- Content-Formate:
  Spezifikationen, welche Daten vom Endgerät interpretiert werden müssen (z. B. Bilder im PNG-Format, MPEG-I-Frames als Hintergrundbilder, kurze „Datenfiles“ mit Audio-Inhalten, die zusätzlich zum laufenden Audio-Programm dekodiert werden

können, so genannte „Video Drips" als eine sehr vereinfachte Form von MPEG-2 Videoclips, die mit geringer Bildwechselfrequenz im Hintergrund oder in einem Ausschnitt des Bildschirms dargestellt werden können, Untertitel nach dem DVB-Standard, nachladbare und fest installierte Fonts).

- Fähigkeiten der Grafik:
  Grafiken können in mehreren Ebenen einschließlich teilweiser Überlappung und der Unterstützung von Transparenzen vor der Video-Ebene dargestellt werden. Zusätzlich steht eine Ebene hinter der Video-Ebene zu Verfügung, die sichtbar wird, wenn das laufende Videoprogramm durch weitere Funktionen skaliert oder verschoben wurde. Bitmaps können dynamisch dargestellt und von der Anwendung modifiziert werden. Damit ist z. B. auch die Darstellung und Navigation animierter Figuren auf dem Bildschirm möglich.

- Modelle zum Starten und Beenden von Anwendungen und der entsprechenden Steuerung durch den Sender:
  Grundsätzlich verfolgt MHP (Ausnahmen vgl. Abschnitt „Profiles, Levels") ein Konzept, das nur solche Anwendungen zur Ausführung zulässt, die von der Seite des Senders oder des Netzbetreibers für das laufende Programm signalisiert sind. In der Regel beendet sich damit eine Anwendung, sobald der Nutzer zu einem anderen Programm wechselt. Damit wird einerseits im horizontalen Markt verhindert, dass z. B. Anwendungen eines Anbieters einen ständigen Kanalwechsel auf sein Programm auch bei laufenden anderen Programmen durchführen oder „fremde" Werbung einblenden. Andererseits erfordert dies eine Kooperation aller Anbieter, wenn übergreifende Dienste wie etwa umfassende Programmführer als ständig verfügbare Dienste auf *allen* Programmen angeboten werden sollen.
  MHP bietet vielfältige Möglichkeiten, Anwendungen automatisch vom Sender oder vom Nutzer initiiert zu starten, pausieren zu lassen, zu beenden und zu wechseln, eine weitere Anwendung durch eine Anwendung zu starten oder Anwendungen trotz Programmwechsel zu erhalten (wenn dies vom Anbieter gewünscht ist).

- Kommunikation zwischen Anwendungen:
  Gleichzeitig laufende Anwendungen können sicher untereinander Daten austauschen.

- Nichtflüchtiger Speicher:
  Anwendungen können Daten in einem nichtflüchtigen Speicher im Endgerät ablegen. Die Löschung der Daten erfolgt auf Grund von durch die Anwendung festgelegten Prioritäten automatisch durch das Endgerät.

- Tasten der Fernbedienung:
  In jedem Fall stehen den interaktiven Anwendungen 20 Tasten auf der Fernbedienung zur Verfügung: Die *Zifferntasten* von 0 bis 9, eine *OK-Taste,* meist umgeben von den Cursor-Tasten für *auf, ab, links, rechts,* vier weitere Funktionstasten, die im europäischen Markt immer auf die vom Teletext bekannten *Farbtasten* abgebildet werden, sowie einer Text-Taste, die aber auch den Aufruf des Teletext-Dekoders bewirken

kann, wenn keine interaktive Anwendung ausgestrahlt wird. Generell ist bei der Anwendungsentwicklung auf mögliche, vom Kontext abhängige Doppelbelegungen von Tasten zu achten. Dafür sind ebenso Regeln definiert.

- Transportprotokolle und Download der interaktiven Anwendungen:
  MHP nützt das *DSMCC Object Carousel,* das eine effiziente und weitreichend konfigurierbare Ausstrahlung zulässt. Zusätzlich ist auch der Download über IP-Pakete im Transportstrom als optionales Merkmal festgelegt. Dieses wird heute kaum benutzt oder unterstützt, könnte aber in Verbindung mit DVB-H an Bedeutung gewinnen. Außerdem werden die von einem MHP-Gerät unterstützten Protokolle für die Übertragung zusätzlicher Dateninhalte und der Audio/Video-Signale festgelegt. Ein direkter Zugriff aus der interaktiven Anwendung ist außer über das Object Carousel nur über so genannte *Private Sections* möglich, auf die allerdings nahezu alle weiteren Protokolle mit Ausnahme des Streaming von Audio, Video, Teletext und Untertiteln aufbauen (siehe Abbildung 3). Auf einzelne dieser Elemente wird in weiteren Abschnitten noch detaillierter Bezug genommen.

3.3 Profile, Levels

MHP definiert minimale Plattformanforderungen für unterschiedliche Einsatzbereiche und Komplexität der Endgeräte in Form so genannter *Levels* und *Profiles* (vgl. Sedlmeyer, 2001 und Sieburg, 2001). Zur Zeit sind drei Profiles mit dem Level 1 festgelegt:

- Enhanced Broadcasting Profile, Level 1:
  Nahezu voller Funktionsumfang des Interactive Broadcasting Profile, mit Ausnahme der Unterstützung eines Rückkanals. Spezifiziert im Standard MHP 1.0.2 bzw. 1.0.3.

- Interactive Broadcasting Profile, Level 1:
  Zusätzliche Unterstützung eines Rückkanals sowie geringfügig erweiterte JPEG-Funktionalitäten. Spezifiziert im Standard MHP 1.0.2 bzw. 1.0.3.

- Internet Access Profile, Level 1:
  Zusätzliche Unterstützung von DVB-HTML und IP im Broadcast-Kanal. Spezifiziert in MHP 1.1.x (ETSI Ts102812.V1.1.1).

Das Internet Access Profile erlaubt die Benutzung von DVB-HTML, das basierend auf XML eine Untermenge der Datenformate aus dem Internet mit zusätzlichen Erweiterungen für MHP darstellt. Beispielsweise kann über ECMAScript in DVB-HTML-Dokumenten direkt auf die – im Internet unbekannten – APIs von MHP 1.0.x zugegriffen werden oder ein (interaktives) digitales Fernsehprogramm durch einen Hyperlink in einer DVB-HTML-Seite aktiviert werden. Weiterhin werden Internet typische Mechanismen wie Cascading Style Sheets (CSS), Document Object Model (DOM) und Cookies unterstützt. Ebenso können interaktive Anwendungen über den Rückkanal geladen werden. Ein weiteres Merkmal ist die Speicherung von Applikationen, die ein schnelleres Starten beim erneuten Aufrufen einer einmal geladenen Anwendung ermöglichen kann (allerdings ist dies auch mit geeigneten Caching-Mechanismen bei MHP 1.0.x möglich), aber zusätzlich auch das Starten einer gespeicherten Applikation *durch den Nutzer* erlaubt, selbst wenn diese nicht im gerade laufenden Programm signalisiert ist. Damit entfällt die bei MHP 1.0.x vorhandene Koppelung von interaktiven Anwendungen an ein zeitgleich gewähltes Programm; die Verantwortung für die Kombination einer Anwendung eines Anbieters mit dem Fernsehprogramm eines anderen Anbieters liegt beim Nutzer.

Zusätzlich unterstützt die aktuelle Version MHP 1.1.1 derzeit das Open Card Framework für den Zugriff auf Smartcards. Alternativen dazu werden aktuell diskutiert.

Bis auf wenige Elemente (wie das Ausführen von nicht im laufenden Programm signalisierten Anwendungen und den Zugriff auf Smartcards) könnte ein MHP 1.0.x-fähiges Endgerät durch Laden einer für MHP 1.0.x in Java geschriebenen Anwendung, welche die Funktion des DVB-HTML-Browsers implementiert, für das Internet Access Profile „nachgerüstet" werden. Allerdings muss die Set-Top-Box dazu entsprechend performant sein, und es muss auch zusätzliche Datenrate bei der Programmverteilung für die ständige Ausstrahlung des Browsers bereit gestellt werden. Dennoch existieren bereits solche Browser mit einer nennenswerten Unterstützung der DVB-HTML-Funktionalität als marktfähige Produkte (vgl. Nionex, 2004) und werden auch im praktischen Betrieb, z. B. bei RTL, eingesetzt.

Sobald eine neue, 1.1.x-fähige Firmware von einem Endgerätehersteller zur Verfügung steht, kann es sich auch anbieten, die gesamte Firmware einer Set-Top-Box aufzurüsten. Auch für den Download dieser Firmware über den Transportstrom wurden von DVB Standards geschaffen, um dabei Konflikte zwischen Endgeräten verschiedener Hersteller zu vermeiden. Die Bereitstellung der Datenrate muss allerdings bilateral zwischen Hersteller und Netzwerkbetreiber abgesprochen werden.

Viele interaktive Anwendungen nutzen jedoch bereits unter MHP 1.0.x Browser-ähnliche Konzepte, die aber meist mit einem Bruchteil der gesamten Funktionalität von DVB-HTML auskommen. Diese Konzepte werden im Abschnitt „Browser-Konzepte" noch näher erläutert.

Mit der Verfügbarkeit von Endgeräten, die das Internet Access Profile vollständig umsetzen, ist voraussichtlich nicht vor dem Jahr 2006 zu rechnen, da der heute verfügbare Standard MHP 1.1.1 noch einiger Nachbesserungen wie für MHP 1.0.3 bedarf und zum Zeitpunkt des Entwurfs dieses Beitrags der Schwerpunkt der Standardisierungsaktivitäten auf für den Markt relevanteren Funktionen liegt (vgl. Abschnitt „PVR und MHP"). Zusätzlich muss die Test Suite für die Zertifizierung der Endgeräte noch um entsprechende Funktionalitäten erweitert werden. Auf dem Markt verfügbare Geräte implementieren durchweg das Interactive Broadcasting Profile und unterstützen damit auch einen Rückkanal.

3.4 Freiheitsgrade der Endgeräte

Es soll an dieser Stelle auch erwähnt werden, dass die MHP-Spezifikation den Geräteherstellern durchaus auch Freiheiten gewährt. Diese erstrecken sich von dem Farbraum bei der Darstellung von Bitmaps (mit Ausnahme der I-Frames), der Unterstützung sämtlicher Transparenzen und sämtlicher Video-Skalierungen, der Größe des für die Anwendungen verfügbaren Flash-Speichers und der gegebenenfalls vom Anwender zu beeinflussenden Strategien für das automatische Löschen der Daten, der Ausgestaltung des Rückkanals, der Bereitstellung zusätzlicher Funktionstasten auf der Fernbedienung, der Unterstützung einer vollständigen alphanumerischen Tastatur oder einer Maus bis hin zu der Ausgestaltung des grafischen Interface für Bedienung und Geräte-Setup. Letztere umfassen den *Navigator,* der die Darstellung der Kanalliste, Sortierung der Programme nach Anbieter oder Bouquets, aber auch die Abfrage von Zugangscodes bei Beiträgen mit Altersbeschränkungen (Parental Rating) übernimmt.

Diese Freiheitsgrade können und sollten bei der Entwicklung von interoperablen interaktiven Diensten für einen horizontalen Markt berücksichtigt werden.

Einige dieser Aspekte sind in den folgenden zwei Abschnitten detaillierter diskutiert.

3.5 Rückkanäle

Der physikalische Rückkanal wird für interaktive MHP-Anwendungen in MHP grundsätzlich in Form einer Socket-orientierten IP-Verbindung abstrahiert. Die Unterstützung des HTTP-Protokolls ist im Interactive Broadcasting Profile nur optional, kann aber auch in der Anwendung mit geringem Aufwand implementiert werden. Dabei ist es für die interaktive Anwendung weitgehend unerheblich, ob die Verbindung über eine Einwahl durch ein Telefonmodem (PSTN, ISDN, DECT) oder andere, meist permanent verfügbare Kanäle (Kabelmodems, Internetzugang oder sogar Rückkanal über Satellit) zur Verfügung steht. Für Wählverbindungen können von der Anwendung explizit Telefonnummern spezifiziert, aber auch z. B. im Setup des Endgerätes abgelegte Default-Werte für die Einwahl bei einem Internet Service Provider genutzt werden.

Durch diese Abstraktion können MHP-Endgeräte mit beliebigen IP-basierenden Rückkanälen oder Modems ausgestattet werden, beispielsweise auch mit GSM-Modulen (über Einwahl oder GPRS), UMTS-Modulen und drahtgebundenen oder wireless Heimnetzwerken mit DSL-Zugang bzw. „Hot-Spots“.

Die Einbindung in oft schon vorhandene Heimnetzwerke kann die vor allem in Deutschland vorherrschende zögerliche Haltung der Verbraucher relativieren, ihre Set-Top-Box an eine Telefonverbindung anzuschließen. In diesem Fall sind dann potenzielle Geschäftsmodelle über kostenpflichtige Einwahlnummern nicht mehr relevant und müssen durch neue Modelle ersetzt werden.

3.6 Personalisierung

MHP-Endgeräte besitzen (absichtlich) keine permanenten IP-Adressen oder – mit Ausnahme des Smartcard API bei MHP 1.1 – andere Mechanismen zur Personalisierung. Für eine Reihe von Geschäftsmodellen kann dies jedoch zwingend erforderlich sein. In diesen Fällen kann die Personalisierung über die interaktive Anwendung selbst vorgenommen werden, indem z. B. die Eingabe einer Codenummer oder eines Namens verlangt wird, diese Information bei Bedarf mit den Ergebnissen eines Zufallsgenerators unter Berücksichtigung der aktuellen Uhrzeit und der Eingabegeschwindigkeit des Benutzers verknüpft wird, und diese Kennung in einem permanenten Speicher des Endgerätes abgelegt wird. Transaktionen über den Rückkanal oder anschließend auch die Aktivierung einer selektiven Meldung auf einem einzigen Endgerät über den Broadcast-Kanal (z. B. Gewinnmeldung, persönliche Information, SMS- oder MMS-ähnliche Dienste) können dann auf Grund dieser Kennung erfolgen. Diese Art der Personalisierung ist zudem anonym, da aus der Kennung die Identität des Nutzers nicht abzuleiten ist. Eine nicht-anonyme Personalisierung erfolgt durch Eingabe einer Kennung, die zuvor unter Angabe der Identität von einem Diensteanbieter eingeholt wurde.

Für die permanente Speicherung einer Kennung stehen im MHP-Endgerät die Speicherung innerhalb der persönlichen Nutzerpräferenzen, oder aber die – auch gegen Zugriff von anderen Anwendungen zu schützende – Speicherung im persistenten Speicher (Flash) zu Verfügung. Soll die Personalisierung nur temporär ohne Verlassen der Anwendung erfolgen, so erübrigt sich eine permanente Speicherung.

4. Authoring von interaktiven MHP-Diensten

4.1 Klassifikation von Anwendungen und Daten

Interaktive Anwendungen können je nach ihrer Funktionalität in verschiedene Kategorien unterteilt werden:

- Zusatzdienste ohne unmittelbaren Bezug zum Programm (meist permanent):
  Portale mit oder ohne Funktion als Electronic Program Guide (EPG), dem Teletext ähnliche Informationsdienste, Newsticker, aber auch Spiele ohne Bezug zum laufenden Audio/Video-Inhalt. Solche interaktiven Dienste können einem Fernseh- oder Radioprogramm als Zusatzdienst assoziiert sein, aber auch als separate Programme (ohne A/V) in der Kanalliste eines Endgerätes erscheinen.

- Zusatzdienste mit Bezug zum Radio- oder Fernsehprogramm (meist temporär): Interaktive Quiz-Sendungen, Begleit- und Hintergrundinformationen zu einer Sendung, interaktive Werbung während der Werbeblöcke, aber auch neue Formen der Werbung während laufender Sendungen, z. B. das Bewerben von dargestellten Objekten und Regionen. Diese Dienste beginnen während des laufenden Programms oder starten automatisch nach Umschaltung auf das laufende Programm.

Natürlich sind auch Mischungen dieser Konzepte denkbar, wie etwa das interaktive Sammeln und Speichern von Links während einer laufenden Sendung, die nach Ende der Sendung über einen permanenten Dienst gezielt zur Navigation auf weitere Informationen, Spiele oder Werbung benutzt werden.

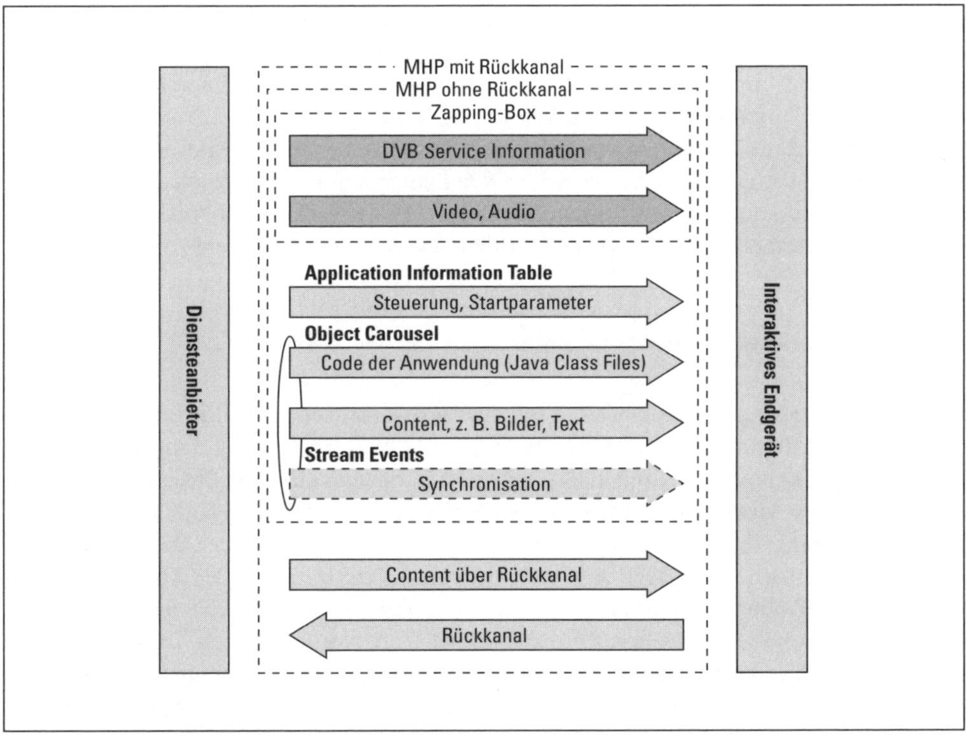

Abbildung 6: Signalfluss für interaktive Dienste

In Abbildung 6 ist der Datenfluss zum Endgerät abstrahiert dargestellt: Neben dem Fernsehprogramm und den DVB-Service-Informationen (Name des Programms, Anbieter, Name und Dauer der laufenden und folgenden Sendungen etc.), die von jeder „Zapping-Box" ausgewertet werden, sind für MHP im einfachsten Fall die Übertragung des Java-Code und die Signalisierung zur Steuerung (automatisch oder manuell startende Anwendung, Liste der verfügbaren Anwendungen, Erhalt auch bei Programmwechsel etc.) erforderlich. Die Signalisierung wird dabei in der *Application Information Table,* der eigentliche Programm-Code in einem *Object Carousel* übertragen. Das Object Carousel stellt dabei im Wesentlichen einen Mechanismus zur Verfügung, einen hierarchischen Verzeichnisbaum mit Datenfiles vom Anbieter zum Empfänger zu kopieren, auch dynamische Änderungen einzelner Files effizient zu signalisieren und dadurch auch Aktionen im Endgerät auszulösen. Dieser Signalfluss ist z. B. für ein Spiel typisch, das ohne Bezug zur Sendung jederzeit gestartet werden kann. Eine Anwendung für einen elektronischen Programmführer (EPG) würde zusätzlich die DVB-Service-Informationen interpretieren, um – im Gegensatz zum Navigator des *Geräteherstellers* – eine vom *Diensteanbieter* festgelegte grafische Darstellung dieser Informationen zu realisieren. In vielen Fällen wird der Programmführer zusätzlichen Inhalt anbieten, der nicht in den Service-Informationen enthalten ist, wie etwa ausführliche Beschreibungen einer Sendung oder Screenshots. Diese können als Datenfiles zusätzlich zu den Files des Java-Code im gleichen Object Carousel, aber auch in weiteren Carousels übertragen werden. Für sendungsbegleitende Spiele mit zeitlich begrenzten Antwortzeiten oder für Werbung, die eine sehr genaue – im Extremfall bildgenaue – Synchronisation der interaktiven Anwendung mit dem laufenden Programm benötigen, können zusätzliche *Stream Events* genutzt werden. Benutzt eine Anwendung den Rückkanal, so kann dieser bidirektional sowohl zur Übertragung von Antworten an den Diensteanbieter, als auch zum Abruf von zusätzlichen (personalisierten) Inhalten benutzt werden, jedoch bei Nutzung des heute verfügbaren Interactive Broadcasting Profile nicht zum Abruf weiteren Java-Codes.

4.2 Browser-Konzepte

Für die Entwicklung des Java-Codes für interaktive Anwendungen stehen Authoring-Systeme zu Verfügung, die es einem Entwickler erlauben, durch Drag-and-Drop von grafischen Komponenten verhältnismäßig schnell und ohne detaillierte Programmierkenntnisse interaktive Anwendungen zu erstellen (vgl. Cardinal, 2004 und Alticast, 2004). Der Funktionsumfang der auf diese Weise erstellten Anwendungen schöpft aber den Umfang und die Möglichkeiten von MHP und die Chancen zur Optimierung des Ablaufs bei Weitem nicht aus. Daher wird vor allem die Entwicklung von Spielen und andere Optimierungen sicherlich bis auf Weiteres direkt im Java-Code vorgenommen. Damit ist immer auch eine anschließende Testphase verbunden. Eine ständige Erstellung von Java-Code ist daher für viele Anwendungen mit dynamisch veränderlichem Inhalt zu aufwändig oder für Live-Events schlicht zu langsam.

Die Abbildung 6 zeigt bereits das Konzept der *Trennung von Daten und Programm-Code* innerhalb des Object Carousel, das in solchen Fällen eingesetzt wird: Neben einem einmal erstellten, optimierten und längere Zeit unverändert benutzen Programm-Code werden dynamisch veränderliche Inhalte in einem frei wählbaren Format (z. B. Bitmaps, ASCII-Text, XML-Daten oder durch die Anwendung bestimmte binäre Formate) ausgestrahlt. Der Programm-Code übernimmt dabei im Endgerät die Interpretation und Darstellung der Inhalte. Dies kann je nach Funktionalität von einem einfachen Austausch von Texten bis zur vollständigen, durch die Inhalte gesteuerten, Änderung des „look-

and-feel" einer Anwendung reichen. Damit übernimmt der Programm-Code im Wesentlichen die Aufgabe eines Browsers, allerdings ist das Content-Format für diesen Browser vom Diensteanbieter frei wählbar und auf die Anwendung optimierbar. Der Content-Anbieter nutzt durch das Browser-Konzept die auf einer *Execution Engine* basierende MHP damit im Wesentlichen als eine *Presentation Engine.*

Zusätzlich können aber Programmteile, die aus Gründen der Performance oder der inhaltlichen Gestaltung keine Trennung von Daten und Programm nutzen, von diesem Browser aus aufgerufen und von den dynamischen Inhalten initiiert und parametrisiert werden. Damit können bei MHP die spezifischen Vorteile der *Execution Engine* und der *Presentation Engine* für jede Anwendung gezielt genutzt werden.

Werden die Daten zusätzlich nach weiteren Kriterien getrennt, z. B. nach der erwarteten Häufigkeit der Zugriffe, nach Bildern oder Texten, so können diese in Verbindung mit den Optionen des für den Transport benutzten Object Carousel mit unterschiedlicher Kompression, verschiedenen Wiederholraten und Zugriffszeiten ausgestrahlt werden. Damit sind weitere Möglichkeiten zur Optimierung der Performance und der Übertragungskosten zu erschließen. Typisch bewegen sich die Datenraten für den Java-Code im Bereich von 100 bis 300 kbit/s (bei einer Code-Größe von 100 bis 250 kByte), die Datenraten für die Inhalte variieren oft von 0 bis 5 Mbit/s.

Weitere Möglichkeiten ergeben sich unter bestimmten Umständen für den Fall einer heterogenen Empfängerpopulation: Beispielsweise könnten MHP-Emfänger auch interaktive Dienste auf HTML-Basis nutzen (z. B. in einem Kabelnetz mit proprietären HTML-Endgeräten), wenn

- ein entsprechender Java-Code zur Interpretation der HTML-Seiten zusätzlich ausgestrahlt wird und
- die HTML-Inhalte über ein Protokoll transportiert werden, das von MHP interpretierbar ist, d. h. idealerweise in einem Object Carousel, obwohl auch noch einige andere Protokolle von MHP unterstützt werden.

In jedem Fall sind zusätzliche Randbedingungen wie der Funktionsumfang der Browser und Details der gewählten Transportprotokolle zu harmonisieren, da andernfalls dennoch nicht performante und daher vom Kunden nicht akzeptierte Lösungen entstehen können.

Aus ähnlichen Überlegungen gibt es in Großbritannien derzeit Untersuchungen, MHEG-Dienste auf MHP-Endgeräten darzustellen. Im Wesentlichen ist dazu die Entwicklung einer Java/MHP-Anwendung (Browser) zur Interpretation der MHEG-Inhalte notwendig, da beide Systeme das Object Carousel als Transportprotokoll benutzen.

5. Trends

Der folgende Abschnitt stellt einige aktuelle Entwicklungstendenzen im Bereich des digitalen Fernsehens zur Zeit der Erstellung dieses Beitrags vor und zeigt ihren potenziellen Einfluss auf MHP oder interaktive Dienste auf.

5.1 Portable Content Format, Multi-Platform-Authoring

In mehreren Anläufen wurde in DVB von einigen Mitgliedern versucht, auch HTML-ähnliche Verfahren mit (nur) einer Presentation Engine zu standardisieren. In diesem Zusammenhang sind Schlagworte wie *MHP-Lite* und auch das *Portable Content Format* zu sehen, das nach aktuellen Vorschlägen im Wesentlichen auf dem WTVML-Format der englischen BSkyB aufbaut.

Unabhängig von dem Erfolg dieser von verschiedenen Interessen getriebenen Initiativen – und von der Bemühung von GEM zur weltweiten Harmonisierung auf MHP-ähnlichen Grundlagen – stellt sich die generelle Frage, ob interaktive Dienste in einem von der Plattform unabhängigen Format entworfen und dargestellt werden können, um beispielsweise eine Koexistenz oder Migration zwischen verschiedenen Systemen zu erleichtern. Derartige Versuche wurden und werden sowohl auf der Produktebene von Anbietern von Multi-Platform-Authoring-Systemen als auch in einigen Projekten im Forschungsbereich unternommen.

Ansätze, die auf eine strikt identische Repräsentation der Inhalte auf verschiedenen Endgeräten bauen, sind im Funktionsumfang auf die gemeinsame Teilmenge aller Systeme beschränkt, haben sich oft als ineffizient herausgestellt und waren aus diesem Grund kommerziell zum Scheitern verurteilt. Abstrakte Ansätze, die beispielsweise vollkommen unterschiedliche Darstellungen einer Statistik als Zahlenreihe auf einem Endgerät oder als grafisches Diagramm auf einem anderen Endgerät zulassen, können diese Beschränkungen zu einem Teil umgehen. Allerdings steht diesem Ansatz das Interesse der Redaktionen oder Grafiker entgegen, möglichst viele Details des interaktiven Dienstes gezielt im Sinne einer Corporate Identity oder Marke und in eigener Verantwortung festzulegen.

Grundsätzlich sind viele Ziele dieser Ansätze mit den genannten, browser-ähnlichen Verfahren und eventuell einer zusätzlichen Vorverarbeitung der Inhalte beim Diensteanbieter bereits heute technisch umsetzbar. Daher erscheint die Auswahl eines Konzepts eher eine Frage der vorhandenen Infrastruktur beim Diensteanbieter (Datenbanken, Server, Web-Server) und der Zielplattformen (Internet, WAP, SMS; MMS, interaktives Fernsehen) als eine Frage neuer potenzieller Standards. Gängige Verfahren und Systeme der IT wie Datenbanken, die Darstellung von Inhalten in XML und Transformationen über XSLT können hier die Automatisierung unterstützen.

5.2 Personal Video Recorder und MHP

Im Zuge der Ablösung der Aufzeichnung auf Videoband durch DVD-Rekorder und in eine Set-Top-Box integrierte Harddisk-Rekorder ergeben sich weitere Chancen und auch Herausforderungen für das interaktive Fernsehen. Einerseits werden in aktuellen Arbeitsgruppen von DVB die bestehenden Spezifikationen von MHP um APIs zur Steuerung der Aufzeichnung von Programmen *und* interaktiven Anwendungen auf solche Personal Video Recoder (PVR) erweitert, andererseits müssen interaktive Dienste und gerade entwickelte Geschäftsmodelle dann selbst diesen neuen Funktionen angepasst werden: Beispielsweise müssen interaktive Anwendungen berücksichtigen, ob der Einwahlknoten oder Server für den Rückkanal bei der Wiedergabe der Aufzeichnung zu einem späteren Zeitpunkt überhaupt noch zur Verfügung steht, ob eine bestimmte interaktive Anwendung aus diesem Grund überhaupt sinnvoll aufgezeichnet werden kann oder dies besser durch eine entsprechende Signalisierung verhindert werden sollte. Ebenso stellt sich die Frage nach dem Ablauf und der Synchronisation sendungsbegleitender interaktiver Dienste bei einem schnellen Vor- und Rücklauf im Endgerät. Umgekehrt können sich interaktive Dienste diese Möglichkeiten für ganz neuartige Anwendungen aktiv zu Nutze machen.

Die Einbindung von PVR-Funktionen in MHP sind äußerst interessant und – vor dem Hintergrund der heute schon im Markt verfügbaren PVRs *ohne* eine Unterstützung interaktiver Dienste – eigentlich überfällig. Andererseits läuft das Nutzerverhalten bei der Anwendung von PVRs vielen Geschäftsmodellen zuwider, den Konsumenten mit interaktiven Diensten auch möglichst „live“ an einen Sender zu binden. Dennoch können sich auch über TV-Anytime wiederum neue Modelle entwickeln.

5.3 TV-Anytime

Mit der Vielzahl der Programme im interaktiven Fernsehen gestaltet sich die Auswahl und Programmierung von Beiträgen immer schwieriger. Heute verfügbare Personal Video Recorder nutzen daher oft zusätzliche Informationen für einen eigenen Programmführer, die über proprietäre Formate in das Endgerät gelangen (vgl. TiVo, 2004).

Als Antwort auf diese generelle Aufgabe sind die Aktivitäten des TV-Anytime-Forums und die daraus entwickelten Erweiterungen der DVB-Standards zu nennen: Das TV-Anytime-Forum wurde 1999 von CE-Herstellern, Netzwerk- und Rundfunkbetreibern als internationales Konsortium gegründet mit dem Ziel, unabhängig von technischen Plattformen und Transportwegen einen Standard zu schaffen, der es erlaubt, vom Konsumenten ausgewähltes Material jederzeit – auch über verschiedene Verteilwege hinweg – zu lokalisieren und abzurufen oder aufzuzeichnen.

Der Standard definiert dazu die weltweit eindeutige Kennzeichnung von Sendungen oder Beiträgen mit Hilfe so genannter *Content Reference Identifier* (CRIDs), die als Text-Strings ähnlich einer Web-Adresse auf Domänen-Namen aufgebaut sind. Ein CRID stellt lediglich einen Zeiger auf einen Beitrag dar und muss für den tatsächlichen Abruf des

Beitrags in einen *Locator* aufgelöst werden. Dabei können durchaus mehrfache Auflösungen existieren, wenn ein Beitrag etwa über das digitale Fernsehen, über einen DSL-Dienst eines Telecom-Anbieters und über den Videoserver eines UMTS-Betreibers abrufbar ist. Ebenso muss diese Auflösung zum Zeitpunkt der Vergabe des CRID noch nicht existieren, wenn der Beitrag noch gar nicht verfügbar ist, dessen Sendezeit oder das Programm noch nicht festgelegt sind, und dennoch eine Vorprogrammierung von Rekordern ermöglicht werden soll. Für die Referenzierung vollständiger Serien ist eine hierarchische Struktur von CRIDs möglich.

Weiterhin legt TV-Anytime Zusatzinformationen (Metadaten) fest, die ähnlich der DVB-Service-Information nähere Informationen über einzelne Sendungen liefern und die Suche bzw. das Cross-Referencing unterstützen.

Um unabhängig vom Verteilmedium zu bleiben, definiert TV-Anytime zwar die Struktur der notwendigen Metadaten, Objekte und CRIDs, nicht aber ihren Transport in den jeweiligen Medien. Dieses bleibt den dafür zuständigen Gremien überlassen. DVB ist diesen Schritt im Sommer 2003 für das digitale Fernsehen gegangen und schließt damit das letzte Glied der Kette, um PVRs unterschiedlicher Hersteller mit allen notwendigen Informationen zu bedienen. Auch für die Systeme von ARIB und ATSC existieren ähnliche Erweiterungen.

Hervorzuheben ist, dass sämtliche dabei benutzten Transportprotokolle auch von den heute verfügbaren MHP-Endgeräten unterstützt werden. Daher ist es möglich, MHP-Geräte durch nachträgliche Ausstrahlung eines „TV-Anytime-Dekoders“ zur Nutzung dieser Daten zu befähigen. Eine zusätzliche Aufzeichnung der gewählten Sendung könnte allerdings erst erfolgen, wenn MHP um PVR-Funktionalitäten erweitert ist. TV-Anytime kann auf Grund seiner Unabhängigkeit vom Netzwerk in Verbindung mit MHP durchaus interessante Anwendungen eröffnen. Beispielsweise könnte die Aufnahme-Programmierung eines MHP-PVR aus anderen Netzwerken (Internet, GSM, UMTS) oder von anderen – durch eine Personalisierung autorisierten – Personen aus dem Freundeskreis erfolgen. Zur Aktivierung wäre dann lediglich die Kopie des CRID über den Broadcast- oder den Rückkanal des MHP-PVR durch den Anbieter eines solchen Dienstes nötig.

5.4 Zusammenfassung und Ausblick

Das digitale Fernsehen bietet mit all seinen international etablierten Standards eine „Toolbox“, mit der interaktives Fernsehen erfolgreich eingeführt und intensiviert, aber auch mit anderen elektronischen Medien verknüpft werden kann. Die Multimedia Home Platform bietet dabei die solide Grundlage, eine Fülle von Funktionen und Diensten zu realisieren. Diese können inhaltlich, grafisch und zeitlich sowohl sehr stark in ein laufendes Fernsehprogramm eingebunden, als auch nur lose oder überhaupt nicht mit einer Sendung verknüpft sein.

Brücken vom interaktiven Fernsehen zu anderen elektronischen Medien wie dem Internet oder zu anderen Verteilnetzen können *technisch* sowohl durch den IP-basierenden Rückkanal und dessen Unabhängigkeit von dem physikalischen Layer geschlagen werden, als auch durch eine Infrastruktur des Anbieters, die Inhalte übergreifend über mehrere Medien in angepassten Darstellungsformen und Datenformaten anbietet. Für das digitale Fernsehen stehen zur Verteilung der Inhalte der unidirektionale Broadcast-Kanal und der bidirektionale Rückkanal zur Verfügung. Die Anpassung der Inhalte kann über Browser-Konzepte vereinfacht werden, ist aber wegen des Einsatzes einer Execution Engine bei MHP nicht auf diese beschränkt. Die Nähe zum gewohnten Medium „Fernsehen" eröffnet darüber hinaus Chancen, evolutionär neue Nutzungsgewohnheiten zu etablieren.

Neben diesen Möglichkeiten der Vernetzung mit anderen Verteilmedien besteht auch eine Konkurrenzsituation mit diesen: Das interaktive Fernsehen wird sich mit ähnlichen Möglichkeiten und Diensten der Plattformen Personal Computer, PDA mit Wireless-LAN, GSM, UMTS oder sogar DVB-H und der Verteilwege (DSL) messen lassen müssen. Aber auch hier müssen noch für den Nutzer attraktive Pakete aus Diensten und gerätetechnischer Infrastruktur gebündelt werden – Chancen, die für das digitale interaktive Fernsehen ebenso existieren. Letztendlich werden Attraktivität und Nutzbarkeit der Dienste über den Erfolg der in diesem Beitrag aufgezeigten technischen Möglichkeiten entscheiden.

Abkürzungen

ACAP	Advanced Common Application Platform
API	Application Programming Interface
ARIB	Association of Radio Industries and Businesses
ATSC	Advanced Television Systems Committee
CICAM	Common Interface Condition Acces Module
CA	Conditional Access
COFDM	Coded Orthogonal Frequency Division Multiplex
DAB	Digital Audio Broadcasting
DSMCC	Digital Storage Media Control and Command
ECM	Entitlement Control Message
EMM	Entitlement Management Message
HD-MAC	High Definition Multipexed Analogue Components
MHEG	Multimedia and Hypermedia information coding Experts Group
MPEG	Moving Picture Experts Group
PCF	Portable Content Format
PDA	Personal Digital Assistent
PID	Packet Identifier
PSI	Program Specific Information
SFN	Single Frequency Network
SI	Service Information
XML	Extended Markup Language

Literatur

Alticast (2004): *AltiComposer.* Verfügbar unter URL: http://www.alticast.com

Cardinal (2004): *Cardinal Studio.* Verfügbar unter URL: http://www.cardinal.fi/studio/studio.html.

DVB (2004): Homepage verfügbar unter URL: http://www.dvb.org.

EN 300 421 V 1.1.2 (1997): *Digital Video Broadcasting (DVB); Framing structure, channel coding and modulation for 11/12 GHz satellite services.* European Telecommunications Standards Institute, Spohia Antipolis Cedex, France.

EN 300 429 V 1.2.1 (1998): *Digital Video Broadcasting (DVB); Framing structure, channel coding and modulation for cable systems.* European Telecommunications Standards Institute, Spohia Antipolis Cedex, France.

EN 300 744 V 1.1.2 (1997): *Digital Video Broadcasting (DVB); Framing structure, channel coding and modulation for digital terrestrial television.* European Telecommunications Standards Institute, Spohia Antipolis Cedex, France.

ES 201 812 V 1.1.1 (2003): *Digital Video Broadcasting (DVB); Multimedia Home Platform (MHP) Specification 1.0.3.* European Telecommunications Standards Institute, Spohia Antipolis Cedex, France.

ETSI (2004): Homepage verfügbar unter URL: http://www.etsi.fr.

MHP (2004): Homepage verfügbar unter URL: http://www.mhp.org.

MPEG (2004): Homepage verfügbar unter URL: http://www.mpeg.org.

Nionex (2004): *Pontegra Browser.* Verfügbar unter URL: http://www.nionex.de/home/produkte/pontegra.jsp

Schäfer, R. (08/2001): „Conformance Testing" und Lizenzierung von MHP – Überblick und begleitende Aktivitäten. In: *Fernseh- und Kino-Technik,* 55, 425–428.

Sedlmeyer, R. (10/2001): Multimedia Home Platform – Standard 1.0.1. In: *Fernseh- und Kino-Technik,* 55, 593–603.

Sieburg, M. (10/2001): Vergleich von MHP 1.0 mit MHP 1.1. In: *Fernseh- und Kino-Technik,* 55, 604–606.

TiVo (2004): Homepage verfügbar unter URL: http://www.tivo.com.

TS 102 812 V 1.2.1 (2003): *Digital Video Broadcasting (DVB); Multimedia Home Platform (MHP) Specification 1.1.1.* European Telecommunications Standards Institute, Spohia Antipolis Cedex, France.

Interaktives Fernsehen: Status und Perspektiven

Hans Mahr

Hans Mahr ist stellvertretender Geschäftsführer, Informationsdirektor und Chefredakteur, RTL Television.

1. Einleitung

Erinnern Sie sich noch an die hohe Zeit des Neuen Marktes? An die Goldgräberstimmung unter den Händlern? An den Jubel der Börsianer und das Strahlen in ihren Augen, wenn sie von den Zukunftsperspektiven bislang vollkommen unbekannter Dotcoms schwärmten? Anfang 2000 schien nichts unmöglich, kein Begriff zu visionär und keine Wachstumsprognose zu fantastisch. Selbst wenn man von globaler Individualisierung oder umfassender interaktiver Vernetzung aller mit allem gesprochen hätte, der Widerspruch wäre verhalten geblieben.

Heute wissen wir um die Endlichkeit der damaligen Euphorie. Ungezählt sind die Start-up-Unternehmen, die es nicht geschafft haben und das Handtuch werfen mussten. Ruhm und Erfolg sind auch bei den Neuen Medien doch nicht so leicht zu erzielen, wie es mancher damals glaubte. Fortschritt fällt also doch nicht vom Himmel, sondern muss erarbeitet werden. Schritt für Schritt in die Zukunft – mit attraktiven Angeboten und vor allem mit einem Gespür dafür, was die Menschen wollen, wirklich brauchen und auch verstehen können. Das gilt natürlich auch für das interaktive Fernsehen, oder iTV, von dem im Folgenden die Rede sein soll.

Denn – bei aller Ernüchterung: Die Möglichkeiten, die das digitale interaktive Fernsehen sowie breitbandige Internetzugänge eröffnen, bleiben faszinierend, weil sie bisherige Grenzen des linearen Fernsehens überwinden. Die große Herausforderung besteht darin, auf intelligente Art die Angebote des Internets mit bewegten Bildern zu verknüpfen und umgekehrt das TV-Programm um interaktive Services zu erweitern. Während RTL Television heute mit einem bis ins Detail optimierten Programmschema Millionen von Menschen gleichzeitig erreicht, könnte es in Zukunft darum gehen, mit maßgeschneiderten Angeboten jeden einzelnen Zuschauer individuell anzusprechen. Und dies nicht nur mit klassischem Fernsehen, sondern mit einem vielfältigen Angebot zusätzlicher multimedialer Anwendungen wie Informationen, Spielen und weiteren interaktiven Diensten bis hin zum Online-Shopping. Ergänzt werden kann dies mit neuen Formen interaktiver Werbung.

Motor dieser Entwicklung bei RTL ist seit 2000 das Tochterunternehmen RTL Newmedia, das sich unter anderem mit der Entwicklung solcher interaktiven Lösungen befasst. Neben zahlreichen Anwendungen, die bestehende Kommunikationsmedien wie Teletext, Handy und Internet nutzen, um – ohne eine Konvergenz der verschiedenen Medien vorauszusetzen – eine gezielte Verlängerung bekannter TV-Marken zu erreichen, bietet RTL Newmedia bereits seit einigen Jahren den integrierten digitalen Informationsdienst *RTL TV interaktiv* an. Über diesen werden die Zuschauer sukzessive mit der Infrastruktur des Internets verbunden. Services wie Zusatzinformationen oder direkte Buchungsmöglichkeiten bei Reisemagazinen, die bislang nur Online-Usern zugänglich waren, sind so via Fernbedienung nutzbar. Noch ist jedoch die Zahl der Portalnutzer allein wegen der geringen Verbreitung der zum Empfang notwendigen intelligenten digitalen Endgeräte gering. Interaktives Fernsehen bei RTL findet derzeit vielmehr auf einer Ebene der Interaktivität statt, die sich herkömmlicher technischer Mittel bedient und auf bekannten Fernsehinhalten aufbaut.

Am Anfang jeder Auseinandersetzung mit interaktivem Fernsehen stehen viele Begriffe und eine ganze Reihe von Fragen. iTV, interaktive Anwendungen, Rückkanalfähigkeit – was ist das eigentlich? Welche Angebote, welche Anwendungen gibt es derzeit in der Praxis? Welche technischen Möglichkeiten und Nutzergewohnheiten werden die Entwicklung prägen? Noch vor einigen Jahren wurde iTV eine überragende Bedeutung zugemessen – welche Zukunft hat es tatsächlich? Welches sind schließlich die Rahmenbedingungen, die diese Zukunft maßgeblich bestimmen? Wird sie durch technische Entwicklungen bestimmt sein oder nicht doch durch den Souverän, nämlich den Nutzer, der die Angebote privater Unternehmen zu Erfolgen beziehungsweise Misserfolgen macht?

Um diese Fragen und einen Blick aus der Praxis des führenden deutschen Privatsenders auf die Entwicklungen der vergangenen Jahre geht es im folgenden Beitrag. Er beschäftigt sich zunächst mit den Dimensionen des Begriffs iTV und setzt sich mit den Visionen der letzten Jahre auseinander. Dann richtet sich der Blick über den Tellerrand, es folgt eine Statusanalyse der aktuellen Entwicklungen in Großbritannien und Frankreich. Im Zentrum steht aber die Auseinandersetzung mit der Lage des interaktiven Fernsehens in Deutschland, und hier vor allem die Erfahrungen, die wir bei RTL in diesem spannenden Feld gemacht haben. Anhand dieser Erfahrungen soll die Frage nach den Erfolgsfaktoren für interaktives Fernsehen diskutiert und ein Ausblick in die Zukunft gewagt werden.

2. Interaktives Fernsehen – Begriffsdimensionen

Technisch gesehen kann interaktives Fernsehen natürlich auf dem PC laufen. Interaktives Fernsehen können aber auch Breitbandangebote über ein Fernsehgerät sein – der Fernseher eröffnet einen Internetzugang, und Inhalte können interaktiv erweitert werden. Meist definiert man iTV heute als Anwendung auf dem Fernseher. Trotz einer immer größer werdenden Bedeutung von Video-Stream-Angeboten über den PC ist das Fernsehen das meist genutzte Medium geblieben. Auch heute sehen die meisten Geschäftsmodelle iTV als Erweiterung des klassischen Fernsehangebots.

Inhaltlich betrachtet ist iTV ein eher vager Sammelbegriff für sehr verschiedene Inhalte und Anwendungen (vgl. Stipp, 2001, S. 369, Screen Digest, 2003, S. 266). Eine griffige praxisnahe Definition bietet Screen Digest in einer Studie zum interaktiven Fernsehen in Europa (Screen Digest, 2003, S. 266) an: Obwohl man nach Ansicht der Autoren auch sehr wohl argumentieren könnte, dass interaktives Fernsehen mit dem ersten „phone-in Programm“ begann, sei der Begriff doch enger aufzufassen. iTV im Zusammenhang mit digitalem TV umfasst danach *Anwendungen, die sich einer Software, Middleware und Set-Top-Box-Technologie bedienen, um ein Zwei-Wege-Erlebnis („two-way-experience“) zwischen Sender/Veranstalter und dem Zuschauer via Infrarot-Fernbedienung oder Tastatur zu gestalten.* Dazu werden ausdrücklich auch Anwendungen über Mobiltelefone gezählt, um der starken Verbreitung von Kanälen mit iTV-Angeboten auf SMS-Basis Rechnung zu tragen.

Um zu verstehen, was „interaktives Fernsehen“ derzeit in der Praxis bedeutet und wie es um den Entwicklungsstand interaktiver Anwendungen bestellt ist, sollte man sich zunächst noch einmal die durch die Theorie (vgl. beispielsweise Heinemann, 1998, S. 31 ff. Höing, 1998, Register 3.5) geprägten Kategorien interaktiver Anwendungen vor Augen führen. Mittels dieser lässt sich eine Grundstruktur des digitalen Programmangebots darstellen, die auf mehreren Stufen, unterschieden durch deren ansteigenden Grad der Interaktivität, basiert. Die verschiedenen Stufen können im Folgenden gleichsam als „Messlatte“ für den momentanen Entwicklungsgrad massentauglicher Anwendungen sowie die Zuschauerakzeptanz verschiedener Angebote mit unterschiedlichem Grad der Interaktivität genutzt werden.

Der Grad der Interaktivität beschreibt die Einflussnahmemöglichkeit des Zuschauers auf sein individuelles Programm. Interaktivität versetzt den Zuschauer in die Lage, Einfluss auf das laufende Programm zu nehmen und dieses in einem gegebenen Rahmen zu individualisieren. Bei der Kategorisierung der Interaktivität orientiert sich die Literatur ausschließlich an den technischen Möglichkeiten eines Angebots, das einen gewissen Grad an Interaktivität zulässt. Je nach der durch das Angebot gegebenen Einflussmöglichkeit des Zuschauers auf die inhaltliche und zeitliche Gestaltung seines Programms werden fünf verschiedene Interaktivitätsstufen unterschieden (vgl. hierzu und zum Folgenden Bornemann, 2004, S. 13 ff. m. w. N.).

Die unterste Stufe der Interaktivität bietet das *lineare TV.* Die einzige Einflussnahmemöglichkeit des Zuschauers besteht im An- und Ausschalten sowie im Umschalten. Es umfasst als Verteildienst Einkanalprogramme und ist letztlich das, was man gemeinhin unter klassischem Fernsehen versteht.

Ein weiterer Verteildienst, jedoch mit höherer Interaktivität, ist das *parallele TV.* In Form von Mehr-Kanal-Programmangeboten werden identische Programminhalte beispielsweise aus verschiedenen Perspektiven ausgestrahlt (z. B. Formel-1-Übertragung im Digitalfernsehen).

Additives TV bildet die dritte Stufe der Interaktivität. Es gilt ebenfalls als Verteildienst. Neben dem Bildsignal wird hier noch ein Signal mit zusätzlichen Daten ausgestrahlt. Es handelt sich dabei um *One-way-Dienste* wie Teletext, Elektronische Programmführer (EPG) und Spiele – mit oder ohne Programmbezug.

Bei den *Media-on-Demand*-Diensten wird dem Zuschauer auf der nächsten Stufe zum ersten Mal die Gelegenheit eröffnet, sich auch inhaltlich sein individuelles Programm zusammenzustellen. Es besteht hier die Möglichkeit, sich beliebige gespeicherte Medieninhalte jederzeit abzurufen. Dementsprechend handelt es sich um einen Abrufdienst, also bereits einen „echten" interaktiven Dienst. Er erfordert eine point-to-point Kommunikationsstruktur, um auch über die Fernbedienung gesteuert werden zu können. Dies wiederum bedingt technisch einen Rückkanal.

Das digitale Programmangebot	
Programme	**Programmbegleitende Dienste**
Verteildienste **Einkanalprogramme**	**One-way-Dienste**
Vollprogramme (0) Spartenprogramme Zielgruppen-/Special-Interest-Programme Hörfunkprogramme Fremdsprachenprogramme Transaktionsprogramme	Digitaler Teletext (2) Elektronischer Programmführer (EPG) Spiele
Mehrkanalprogramme	**Abrufdienste und Dialogdienste** **Interaktive Dienste**
Near Video-on-Demand-Programme (1) Multiplexprogramme Multiperspektivprogramme Mehrsprachenprogramme	On-Demand-Dienste: Video-on-Demand (3) Music-on-Demand, Games-on-Demand Multimediadienste: Interaktive Werbung (4) Interaktives Homeshopping Interaktive Spiele, Homebanking etc. Kommunikationsdienste: E-Mail, SMS, MMS, TED-Abstimmungen etc.

Abbildung 1: Grundstruktur eines digitalen Programmangebots
Quelle: Nach Bornemann, 2004, S. 16

Die höchste Stufe der Interaktivität wird durch *kommunikatives TV* erreicht. Es handelt sich hierbei um Dialogdienste wie beispielsweise interaktive Spiele, interaktive Werbung, Multimediadienste oder Kommunikationsdienste – also E-Mail, SMS etc. Der Zuschauer erhält die Möglichkeit, mit dem Fernsehveranstalter, den Werbetreibenden oder Dritten mittels einer Zwei-Wege-Kommunikation über das Fernsehgerät zu interagieren. Auch hier wird selbstverständlich ein Rückkanal benötigt.

3. Interaktive Anwendungen – Visionen der letzten Jahre

Noch vor wenigen Jahren dominierte der Glaube an eine „digitale Revolution". Natürlich – so die Vision – würde es jede Art Zusatzanwendung wie Spiele, Wetten, Informationsabrufdienste, Portale, Programmführer, Video-on-Demand, Kommunikationsdienste, Home-Shopping und unzählige Programme geben. Diese Vision wird niemanden überraschen, die Realität bestätigt sie jeden Tag, nicht nur im digital fortschrittlicheren benachbarten Ausland, sondern auch in Deutschland.

Aber die damaligen Visionen reichten viel weiter. Die Möglichkeiten der neuen Technik nährten den Traum von einer neuen Dimension des Fernsehens: Der Weg vom bekannten TV über das Vielkanalfernsehen zum „Cyber-TV" schien vorgezeichnet. Darunter wurde in letzter Konsequenz ein total individualisiertes interaktives „Ein-Kanal-Fernsehen" *(Me-Channel)* verstanden, geprägt durch Abrufdienste, ausgeklügelte Navigationssysteme, einer neuen Form individualisierter Werbung, deren weitergehendes Ziel der Geschäftsabschluss über jede Art von Produkten und Dienstleistungen sein sollte (Noam, 1996, S. 13 ff.). Basierend auf einer vollkommenen bidirektionalen Verschmelzung der bekannten elektronischen Kommunikationsmedien, allen voran TV und Internet, sah die Fachwelt eine neue Generation der „intelligenten Suchmaschinen" voraus. Diese sollten ein auf individualisierte Nutzerprofile zugeschnittenes Kommunikationsmedium ermöglichen. Nach den einzuprogrammierenden oder sich durch Nutzung ergebenen Vorlieben des Einzelnen sollte aus der nun möglichen Vielzahl der Programme und Dienste ein einziges maßgeschneidertes Programm für jeden individuell zusammenstellbar sein. Dem zunehmenden E- und nun T-Commerce sollte dabei durch Verknüpfung der Programme und individualisierte interaktive Werbung Rechnung getragen werden. Denn wer würde es nicht schätzen, wenn anstelle eines Spots der individuelle Hinweis angeboten würde, wo genau in der näheren Umgebung des Zuschauers die gerade im Programm sichtbare Jeans von Oliver Geißen zu kaufen wäre?

Und schließlich sah man auch eine starke inhaltliche Interaktivität im Hinblick auf die Fernsehprogramme von morgen auf uns zukommen. Durch die Fernbedienung sollte der Zuschauer die Handlung im Film beeinflussen können. Stellt man sich Einflussmöglichkeiten aus dem Fernsehsessel auf den weiteren Verlauf von etwa Spielshows und Soaps vor, eröffnet sich eine neue Dimension interaktiver Möglichkeiten. Der Fantasie war und sind hier keine Grenzen gesetzt.

Und doch ist die totale Konvergenz der Medien, das individualisierte Programm und vor allem die „Revolution" des Mediums in Deutschland bislang ausgeblieben. Trotz vermehrter interaktiver Angebote sehen wir immer noch fern wie schon vor sechs oder acht Jahren. Ich möchte im Folgenden den Versuch unternehmen, anhand der bereits gesammelten Erfahrungen im Ausland und in Deutschland, die Visionen der letzten Jahre auf ihre Zukunftsfähigkeit zu überprüfen.

4. Interaktives Fernsehen in benachbarten Märkten

Von einem endgültigen Durchbruch des interaktiven Fernsehens in Deutschland oder gar einer „digitalen Revolution" kann offensichtlich noch nicht die Rede sein. Durchaus anders stellt sich die Situation beispielsweise in Großbritannien und Frankreich dar. Bereits seit den späten 90er Jahren konnten dort zahlreiche aufwändige Angebote massenwirksam und erfolgreich am Markt platziert werden. So finden sich heute in Großbritannien 84, in Frankreich 71, in Deutschland aber nur elf iTV-Kanäle. Zu bedenken bleibt hier allerdings, dass die britischen und französischen Anbieter ihre interaktiven digitalen Geschäftsmodelle aus Rahmenbedingungen entwickelten und entwickeln, die sich von den deutschen zum Teil wesentlich unterscheiden. Dennoch und auch gerade deshalb lassen sich aus einem Vergleich der Marktsituationen und Erfolgsvoraussetzungen Erklärungen für jetzige und Hinweise auf zukünftige Erfolgsmodelle ablesen.

4.1 Großbritannien

Großbritannien hat den am weitesten fortgeschrittenen iTV-Markt in Europa, was sich schon in der Vielzahl der zur Verfügung stehenden iTV-Anwendungen widerspiegelt. Bei stetigem Wachstum existierten Mitte 2003 über 80 iTV-Kanäle, die dem Nutzer zum einen spezifizierte eigenständige Dienste (wie Spiele, Wetten oder T-Commerce, gut 30 %), zum anderen *„Enhanced-Television"*-Anwendungen, also Anwendungen, die parallel zum laufenden Programm gesendet werden (Multi-Screen-Fernsehen, Quiz-Sendungen, kostenfreie Spiele, SMS Services oder Voting-Applikationen, insgesamt etwa 50 %), anbieten. Wie sehr interaktives Fernsehen in Großbritannien boomt, lässt sich schon daran erkennen, dass etwa 30 der genannten Kanäle allein in den ersten sieben Monaten des Jahres 2003 neu etabliert wurden. Diese Entwicklung lässt sich unter anderem damit erklären, dass Fernsehverbreitung in Großbritannien traditionell vornehmlich terrestrisch erfolgte und etwa 70 % der Haushalte nur fünf Free-TV-Programme empfangen können (IP Deutschland International Key Facts, Television 2003, [2003], S. 267). Das frühzeitig etablierte digitale Bezahlfernsehen über Satellit war mit seinen zahlreichen Programmen dagegen geeignet, einen echten Mehrwert darzustellen und gewann so über kurze Zeit eine signifikante Anzahl von Abonnenten. Auf dieser Basis war es möglich, weitere interaktive digitale Angebote massenwirksam auf den Markt zu bringen. 40 % der Haushalte in Großbritannien sind inzwischen digital, während es im Rest Europas im Durchschnitt lediglich 15 % sind.

Marktführer und mit etwa sieben Millionen Abonnenten zugleich führende europäische Digital-Plattform ist *Sky Digital* (Satellit). Der Service *Sky Active* bietet seinen Nutzern ein umfassendes Angebot von Anwendungen wie TV-Banking, TV-Shopping, Spiele, Wetten, E-Mail, Mobile und weitere verwandte T-Commerce-Dienste. Herausragende Strategie ist der Ausbau von *Sky Active* zu einem individuell gestalteten „Red-Button"-Erlebnis. Dabei werden individualisierte Zugänge zu den Sky-Diensten über jedes der

Sky-Programme wie *Sky Sports Active, Sky News Active, Sky Movies Active,* diverse Musikprogramme etc. erschlossen. Sky nutzt so seine Stärken im Bereich Content, um die Popularität seiner iTV-Anwendungen zu steigern. Die Anwendungshighlights waren nach Aussage des Unternehmens unter anderem interaktive Werbung – hiermit wurden in 280 Kampagnen 1,9 Millionen Nutzerantworten generiert – und Wett-Anwendungen. Ende 2002 waren 6,5 Millionen Wetten seit Start des Angebots eingegangen. Ebenso erfolgreich waren Spiele-Anwendungen mit verzeichneten 20 Millionen gespielten Spielen von Januar 2002 bis März 2003 (vgl. Screen Digest, 2003, S. 266). Die Konkurrenten im Kabel (z. B. NTL) bieten diverse T-Commerce-Anwendungen mit High-Speed-Rückkanal an, können SKY aber auf Grund der geringeren Bedeutung des Kabels in Großbritannien nicht einholen. Die terrestrische Plattform *Freeview* bietet kostenfreie interaktive Anwendungen an. Hier laufen insbesondere Spiele, wobei Erlöse durch High-Score-Registrierungen über Telefonmehrwertdienste sowie Werbung generiert werden. Das Fehlen eines Rückkanals begrenzt bei diesem Businessmodell die Entwicklungsmöglichkeiten genauso wie das Fehlen technisch fortgeschrittener und dabei bezahlbarer Endgeräte (vgl. Screen Digest, 2003, S. 267).

Auch Spartenprogramme wie *MTV* (Spiele, Video-Abrufdienste) und *Bloomberg* (Finanzdienste) sowie Homeshoppingdienste wie *QVC* konnten sich mittlerweile mit interaktiven Anwendungen in Großbritannien positionieren. ITV-Transaktionen machen bei *QVC* mittlerweile etwa 20 % des Verkaufsgeschäfts von *QVC Active* aus.

Ihrer Anzahl nach dominieren insgesamt Kanäle mit Angeboten, die Verknüpfungen zu General Interest-/Unterhaltungsprogrammen aufweisen und Kanäle, die ausschließlich interaktive Spiele anbieten. Es folgen Musikangebote, Wettangebote und Dating- sowie SMS-Dienste. Im Gegensatz zu anderen europäischen Märkten sind die meisten Angebote dem Bereich *„Enhanced Television“* zuzuordnen; es handelt sich hier also in der Regel nicht um spezifizierte eigenständige Dienste.

4.2 Frankreich

Frankreich war das erste europäische Land, in dem digitales Fernsehen verbreitet wurde. Seitdem hat der Markt für digitale Anwendungen auch dort ein signifikantes Wachstum erfahren. Mitte 2003 gab es mehr als 70 iTV-Kanäle, von denen 41 eigenständige Dienste von Plattform-Betreibern sind. Wie auch in Großbritannien dominiert der Satellit die Programmverbreitung. Und auch die übrigen Rahmenbedingungen, die dort zur raschen Verbreitung des digitalen Fernsehens geführt haben, sind vergleichbar: In Frankreich empfangen über 66 % der Haushalte Fernsehen über terrestrische TV-Programme, 70 % der Haushalte empfangen nicht mehr als sieben Programme. So stellt auch in Frankreich die Empfangbarkeit von mehr als sieben Programmen einen Mehrwert dar, für den die Zuschauer zu zahlen bereit sind; hierauf kann wiederum digitales Fernsehen aufgebaut werden, das als Plattform für interaktive Anwendungen dient. 18,5 % der französischen Haushalte sind so Abonnenten eines Digital-TV-Angebots (Screen Digest, 2003, S. 268, Television 2003, [2003], S. 109 ff.).

CanalSatellite und TPS sind die französischen Marktführer. Beide unterstützen ihre interaktive Produktpalette sowohl durch technische Neuerungen als auch durch starke Marketinganstrengungen. Besonders erfolgreich auf beiden Kanälen sind Spiele und Wett-Dienste; aber auch eigenständige Wetterplattformen wie *Météo Express* gehören zu den meist genutzten Angeboten. Kabel in Frankreich hat eine vergleichsweise unbedeutende Entwicklung erfahren und ist daher eine eher schwache Konkurrenz zur satellitären Verbreitung.

Ihrer Anzahl nach dominieren insgesamt auch in Frankreich Kanäle mit Angeboten, die Verknüpfungen zu General Interest-/Unterhaltungsprogrammen aufweisen. Mit einigem Abstand folgen Kinder- und SMS-verbundene Applikationen, dann unter anderem Sport, Spiele, Musik, News und Shopping. Im Gegensatz zu Großbritannien lag der Focus in Frankreich bis vor kurzem im Wesentlichen auf eigenständigen Dienste-Plattformen. „*Enhanced TV*"-Angebote wurden erst im Jahre 2002 populärer, als klar wurde, dass iTV über Satellit funktionieren würde. Derzeit beträgt der Anteil von *Enhanced TV*-Anwendungen am gesamten interaktiven Angebot 42 % (Screen Digest, 2003). Nach positiven Erfahrungen des letzten Jahres wird sich dieser Anteil jedoch in absehbarer Zeit signifikant erhöhen.

5. Interaktives Fernsehen in Deutschland

5.1 Rahmenbedingungen

Aktuellen Studien zufolge (Screen Digest, 2003, S. 272) befindet sich interaktives Fernsehen in Deutschland noch in den Kinderschuhen, was nicht zuletzt dem „bedauernswerten Zustand von Digital und Pay-TV" im Lande zugeschrieben wird. Mitte 2003 gab es insgesamt lediglich 11 interaktive Kanäle. Es handelt sich hierbei im Wesentlichen um Free-to-air Angebote von RTL, ARD und ZDF. Die ARD betreibt in ihrem digitalen Bouquet drei Kanäle mit *Enhanced Television*-Anwendungen, das ZDF hat einen eigenständigen digitalen Text-Dienst und RTL World betreibt Dienste auf allen seinen digitalen Plattformen (dazu im Einzelnen unten 5.2). Premiere als einziger deutscher Pay-Anbieter und Betreiber einer digitalen Plattform hat derzeit andere Sorgen, als sich auf iTV zu konzentrieren, entsprechend wird auch nur ein eigener Service, *Premiere Sport Interactive* angeboten. Ein weiterer Dienst steht erst in den Startlöchern. Die Kabelbetreiber hängen in der Entwicklung noch wesentlich weiter zurück. *Primacom, Telecolumbus* und *Ish* müssen zunächst um viele Millionen digital nachrüsten und können keine nennenswerten Projekte nachweisen. Allein die *KDG* bzw. *Kabel BW* pilotieren eine abgespeckte iTV-Anwendung mittels MicroHTML. Es stimmt, die deutsche Digital-TV-Landschaft wächst langsam.

Das liegt zum einen an den deutschen Marktbedingungen, die sich von denen in Großbritannien und Frankreich doch deutlich unterscheiden. Die deutschen Zuschauer sind verwöhnt. Fast 60 % der deutschen Haushalte haben Kabelanschluss, über 37 % empfangen über Satellit, nur knapp 7 % der Haushalte nutzen die Terrestrik. Die gängigsten Free-TV-Programme sind im analogen Kabel oder über Satellit empfangbar, bei über 30 verschiedenen Free-TV-Anbietern können 70 % der Haushalte mindestens 25 Programme empfangen (IP Deutschland, International Key Facts, Television 2003 [2003], S. 123 ff.). Hier einen spürbaren Mehrwert zu bieten, für den es sich lohnt, hochentwickelte Endgeräte zu kaufen oder gar monatlich oder pro Anwendung zu zahlen, ist eine Herausforderung. Das digitale Kabel ist derzeit nur für Pay-TV-Kunden attraktiv und dies sind gerade einmal 7,7 % der möglichen Nutzer. Was also muss sich ändern?

Schon vor Jahren waren sich die Experten einig, dass sich digitales und interaktives Fernsehen trotz der starken Konkurrenz der bestehenden analogen Angebote langfristig durchsetzen würde. Hierzu müssten allerdings eine Reihe von Rahmenbedingungen erfüllt sein: die Optimierung der technischen Voraussetzungen (leistungsfähige Kabelnetze und Endgeräte), der Abbau finanzieller Hemmschwellen (Decoderpreis) für die potenziellen Nutzer sowie die Einführung massenattraktiver Angebote, die gegenüber den bisherigen Angeboten einen Mehrwert für die Nutzer darstellen (vgl. Gleich, 1999, S. 431). Seitdem hat sich wenig geändert und so sind auch die Forderungen nach den wesentlichen Rahmenbedingungen im Grunde dieselben geblieben.

Das Kabel in Deutschland verspricht eine hohe Reichweite, zudem ist es bislang der einzige verlässliche Verbreitungsweg mit dem Potenzial zu einem eigenen Rückkanal. Digitales Kabel wurde lange Zeit – nicht nur in Deutschland, sondern in ganz Europa – als der Motor für die Entwicklung des digitalen Fernsehens gesehen. Ausgebaute rückkanalfähige Kabelnetze mit der Kapazität zum Transport hoher Datenmengen gelten nach wie vor als das Rückgrat der meisten interaktiven Anwendungen. Nur sie ermöglichen wirkliche Interaktivität im Sinne eines schnellen kommunikativen Austauschs zwischen Anbieter und Nutzer. Die vergangenen Jahre haben allerdings gezeigt, dass die Entwicklung im Kabel eher als Bremse denn als Motor interaktiven Fernsehens wirkt. Seit dem Verkauf des deutschen Kabelnetzes ist die Kabellandschaft geprägt durch wechselnde Eigentümerverhältnisse und finanzielle Schwierigkeiten. Dies hat dazu geführt, dass der zuvor angekündigte Ausbau der Kabelnetze ausblieb – schon allein weil sich die anfänglich aus den Vorstellungen einer „digitalen Revolution" erwachsenen Gewinnerwartungen durch neue Geschäftsmodelle nicht realisierten.

Auch von seiner „Triple-Play-Strategie", also der Vereinigung von Fernsehen, High-Speed-Internet und Telefonie hat sich der Kabelmarkt weitgehend verabschiedet: Die neue Strategie ist vergleichsweise konservativ, Investitionen bleiben aus und man konzentriert sich „aufs Kerngeschäft" Fernsehen. Die wesentlichen Teile des Angebots – sieht man einmal von Premiere und Fremdsprachenprogrammen ab – kennt der Zuschauer bereits. Für ihn ist das digitale Fernsehen zunächst einmal nur teurer. Dem Zuschauer aber ist es gleich, ob er analog oder digital fernsieht. Er ist lediglich bereit, für einen echten Mehrwert zu zahlen und dieser wird nur durch neue attraktive Inhalte erreicht. Dafür benötigen die Sender neue, verlässliche und vor allem abgestimmte Geschäftsmodelle der Kabelnetzbetreiber, um als Programm- und Diensteanbieter eigene Geschäftsmodelle mit diesen in Einklang zu bringen. Aber auch hier erscheint der Kabelmarkt bis auf wenige Ausnahmen sehr zögerlich. Komplexe Anwendungen wie beispielsweise Abrufdienste erfordern akzeptable Businessmodelle der Kabelnetzbetreiber, die klare Aussagen über so grundlegende Fragen wie Abrechnungsmodelle, Nutzerzugang etc. treffen. RTL verfügt seit mehr als zwei Jahren über ein reichhaltiges Portfolio interaktiver Anwendungen, die aufgrund der Situation im Kabelmarkt zwar als „Testfeld" für Endgeräte-Prototypen einiger weniger Kabelnetzbetreiber dienen durften, jedoch bislang keinen nennenswerten Regelbetrieb aufnehmen konnten.

Eine weitere wesentliche Rahmenbedingung für die schnelle Weiterentwicklung des interaktiven Fernsehens ist die Bereitstellung und angemessene Vermarktung MHP-tauglicher Endgeräte. Ein einheitlicher Gerätestandard ist dabei von übergeordneter Bedeutung. Ein Standard wie MHP ist zum einen ein Garant für den Nutzer, dass alle denkbaren interaktiven Angebote über seine Set-Top-Box empfangbar sind. Zum anderen bietet er allen Marktbeteiligten – vom Gerätehersteller über den Netzwerkbetreiber bis zum Inhalteanbieter und Sender – Investitionssicherheit, weil alle mit demselben Standard arbeiten können. RTL bietet seit 2002 MHP-Anwendungen als regulären Dienst im Free-TV an; die ProSiebenSat1-Gruppe hat angekündigt, noch in 2004 mit MHP-Anwendungen zu folgen. Und RTL möchte die Entwicklung vorantreiben. Nachdem sich die großen Rundfunk- und Programmanbieter ARD, ZDF, RTL und die damalige Kirch-Gruppe bereits 2001 zusammen mit der Direktorenkonferenz der Landesmedienanstalten (DLM) in der so genannten „Mainzer Erklärung" zur uneingeschränkten Unterstützung der MHP bekannten, haben sich die Unterzeichner im Schulterschluss mit der Geräteindustrie Ende Februar diesen Jahres in Berlin zum Vorantreiben des Standards durch ein gemeinsames Maßnahmenpaket verpflichtet. Zur Verbreitung dieser Geräte ist zudem unerlässlich, die finanziellen Hemmschwellen der Nutzer durch bezahlbare Decoderpreise abzubauen. Bereits jetzt sind MHP-taugliche Endgeräte in Deutschland zum Preis von etwa 130 Euro erhältlich, eine konsequente Marktverbreitung wird zu weiteren Preissenkungen führen. Schließlich nützen ein gemeinsamer Standard und eine konsumentenfreundliche Bepreisung wenig, wenn Endgeräte nicht durch umfangreiche Marketing-Kampagnen massenwirksam in den Markt eingeführt werden. Dem Zuschauer muss durch eine intensivere Informationspolitik als bisher nahe gebracht werden, was heute schon mit digitaler Technik und den richtigen Decodern möglich ist. Solange der Nutzer über den Mehrwert oder gar die Existenz des digitalen Angebots nicht aufgeklärt wird, wird er sich nicht zum Umrüsten entschließen.

Zu guter Letzt sind massenattraktive interaktive Angebote erforderlich, die für den Nutzer einen echten und vor allem *erkennbaren* Mehrwert bieten. Hier sind in erster Linie die Programm- und Diensteanbieter gefragt. RTL beschäftigt sich bereits seit einigen Jahren mit der Entwicklung solcher Angebote; ein eigenes interaktives Portal läuft bereits im Regelbetrieb. Eine detaillierte Beschreibung der Angebote und ihrer Erfolgsfaktoren soll Gegenstand der weiteren Diskussion (siehe 5.2, 5.3 ff.) sein.

Wie kann eine Änderung der Rahmenbedingungen die Entwicklung des interaktiven Fernsehens positiv verändern? Die Antwort ist klar. Erfahrungen in Großbritannien und Frankreich haben gezeigt, dass der Zuschauer interaktiven Anwendungen grundsätzlich positiv gegenübersteht. Der große Erfolg von RTL-Angeboten auf niederem Interaktivitätslevel (siehe im Folgenden, 5.2), die bereits massenwirksam im analogen Fernsehen verbreitet werden, spricht eine ebenso deutliche Sprache. RTL hat mittlerweile entsprechende Angebote auf jeder Stufe der Interaktivität bis zur Marktreife entwickelt. Die Zukunft des interaktiven Fernsehens ist aber zu wesentlichen Teilen von der Schaffung einer flächendeckenden, einheitlichen und für den Zuschauer bezahlbaren technischen Infrastruktur abhängig. Eine Verbesserung dieser Rahmenbedingungen, vor allem durch eine wirksame Marktpenetration mit rückkanalfähigen Set-Top-Boxen im MHP-Standard ist der Schub, der die fast zum Stillstand gekommene (interaktive) digitale Entwicklung in Deutschland wieder beschleunigen wird.

5.2 Interaktive Anwendungen bei RTL

Interaktives Fernsehen bei RTL hat viele Facetten und setzt auf verschiedensten Stufen der Interaktivität an. Hauptmotor dieses Geschäfts ist seit 2000 die RTL Newmedia. Während RTL Newmedia noch bis ins Jahr 2001 aktiv in die Entwicklung umfassender multimedialer iTV-Portale und gänzlich neuer interaktiver Anwendungen investierte, sahen die letzten Jahre eine Tendenz zur Besinnung auf bereits entwickelte Medien und deren Verschmelzung mit vorhandenen Anwendungen.

Wie sich RTL interaktives Fernsehen der Zukunft vorstellt, konnte man bereits auf der Internationalen Funkausstellung im Sommer 2001 in Berlin bestaunen: RTL Newmedia präsentierte erstmals sein interaktives Informations- und Entertainment-Portal für das TV-Gerät, *RTL TV interaktiv.* Damit setzte RTL auch als erster Sender mit einem interaktiven Portal Maßstäbe. Inhaltlich angelehnt an den erfolgreichen Internetauftritt bietet der Dienst alle denkbaren interaktiven Services – von Homebanking über T-Commerce, Live-Chats, E-Mail bis hin zu interaktiven Games, die synchron zu TV-Shows und Sportevents per Fernbedienung gespielt werden können. Nach einer grafischen und inhaltlichen Neugestaltung des bestehenden digitalen TV-Dienstes nach Maßgabe des iTV-Piloten von 2001 erfolgte 2002 eine Umsetzung in den Regelbetrieb unter Integration eines E-Mail- und SMS-Services. Zur IFA 2003 konnte nach einer Phase der Weiterentwicklung schließlich der Dienst „MMS to MHP“ vorgestellt werden. Es ist der erste interaktive Service, mit dem sich digitale Fotogrüße via MMS ins digitale TV schicken lassen.

Das aktuell empfangbare Portal bietet auf Knopfdruck aktuelle News, Sport, VIP News, Servicethemen, Lifestyle oder das persönliche Horoskop auf dem Fernseher. Wetter-Infos versorgen den Zuschauer mit Deutschland-, Europa- und Biowetter. Ein interaktives Fernsehquiz in der Aufmachung von „Wer wird Millionär?“ bietet eine „Trainingsplattform“ für das TV Format. Die Programme laufen klein skaliert und in den Dienst integriert weiter. Der Programmführer gestattet das Umschalten innerhalb des RTL Programmbouquets und informiert mit einer „Jetzt-und-gleich“-Programmanzeige sowie ausführlichen TV-Tipps über das Programmangebot.

Abbildung 2: *RTL TV interaktiv*

RTL TV interaktiv ist die Anwendung mit dem höchsten Grad der Interaktivität im RTL Portfolio. Die Zuschauer sollen sukzessive mit der Infrastruktur des Internets verbunden werden. Das Portal kann derzeit unverschlüsselt und kostenfrei über einen digitalen Satelliten-Receiver mit MHP-Standard empfangen werden. Ein verstärkter Ausbau innovativer Anwendungen in der Zukunft und die avisierte Nutzung von kommunikativen Diensten, die einen Rückkanal erfordern, verlangen allerdings ein leistungsstarkes breitbandiges Kabelnetz und einen entsprechenden Receiver. Hier fehlt es noch an einem signifikanten Massenmarkt für entsprechende Endgeräte, bevor der Regelbetrieb weiterer bereits entwickelter Anwendungen wie beispielsweise Bestelldienste aufgenommen werden kann. *RTL TV interaktiv* läuft somit derzeit lediglich lokal interaktiv, ermöglicht also Interaktivität zwischen Zuschauer und Set-Top-Box, aber nicht zwischen Zuschauer und TV-Veranstalter.

Abbildung 3: Sport bei *RTL TV interaktiv*

Wenngleich *RTL TV interaktiv* die wohl fortschrittlichste Anwendung im Hinblick auf den Grad der erreichbaren Interaktivität und die Konvergenz verschiedener Medien auf der Plattform „TV" ist, so ist sie doch – jedenfalls zur Zeit – die wirtschaftlich unbedeutendste interaktive Anwendung bei RTL. Viel bedeutsamer dagegen sind eine Vielzahl von analog darstellbaren *Enhanced TV-* oder *Participation TV-*Diensten, die einen bepreisten „externen" Rückkanal wie Festnetz- oder Mobiltelefon zur Abwicklung von interaktiven Angeboten nutzen. Hierzu gehören vor allem TV-Votings oder Gewinnspiele, mobile Dienste wie SMS-to-Teletext oder SMS-Foren. Sie alle lassen sich hervorragend mit bestehenden und bekannten TV-Formaten verknüpfen. Bestes Beispiel hierfür ist der überwältigende Erfolg der Gewinnspiele und Voting-Hotlines zur Wahl der Kandidaten bei „Deutschland sucht den Superstar". Ähnlich erfolgreich ist der SMS-Chat-to-Teletext bei RTL, der inzwischen zu Europas erfolgreichstem Teletext Chat avanciert ist. Via Handy können die Nutzer hier mit Freunden oder Fremden über den Teletext von RTL Television chatten. Bis zu 200.000 SMS-Nachrichten werden hier von RTL Newmedia pro Wochenende „on air" gestellt. Bei einigen Formaten wie z. B. „Gute Zeiten Schlechte Zeiten" wird das Teletext-Forum über Split-Screen-Techniken sogar direkt mit der Ausstrahlung des Programms verbunden.

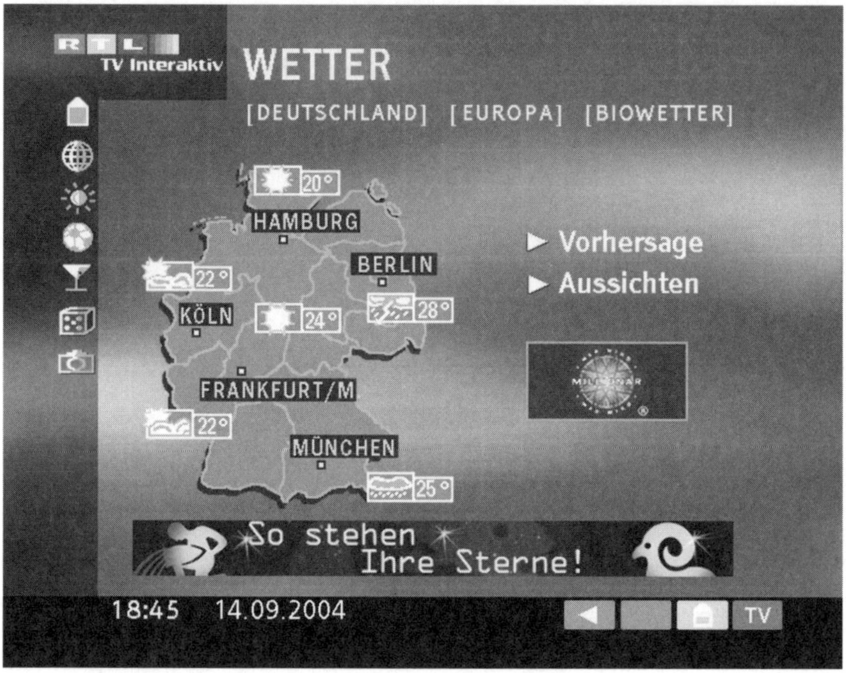

Abbildung 4: Wetter bei *RTL TV interaktiv*

Es lässt sich mithin feststellen, dass RTL zurzeit im Wesentlichen zwei Arten von interaktiven Anwendungen anbietet. Diese unterscheiden sich im Hinblick auf den Grad ihrer Interaktivität und Komplexität, den Grad der Verknüpfung unterschiedlicher Medien, ihren Entwicklungsaufwand, ihre derzeitige Massentauglichkeit und damit einhergehend ihren wirtschaftlichen Erfolg.

RTL TV interaktiv ist mit seinem Potenzial zur „rückkanaltauglichen Anwendung“, seinen Dialog-, Kommunikations-, und Multimediadiensten klar dem *kommunikativen TV* zuzurechnen und erreicht damit das höchste Level der Interaktivität. Zur vollen Nutzung bedarf es allerdings ausgereifter Receiver-Technik beziehungsweise leistungsstarker Kabelnetze für Anwendungen mit Rückkanal. Diese Technik ist bislang – aus verschiedensten noch zu untersuchenden Gründen – dem Massenmarkt weitgehend verschlossen geblieben und daher nach wie vor als eine Art Pilotprojekt anzusehen. Entsprechend konnten hier bislang auch keine nennenswerten wirtschaftlichen Erfolge verzeichnet werden. Dies mag nicht zuletzt darauf zurückzuführen sein, dass *RTL TV interaktiv* unverschlüsselt und ohne zusätzliche Gebühren angeboten wird.

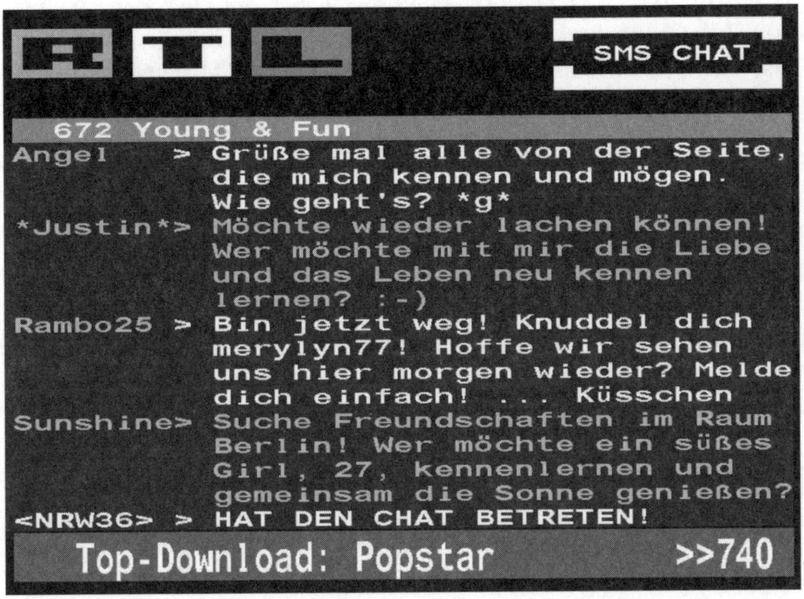

Abbildung 5: SMS-to-Teletext Service

Die zweite Gruppe der vorgestellten interaktiven Anwendungen bei RTL Television bewegt sich auf einem geringeren Level der Interaktivität und ist auch nicht unmittelbar mit dem TV-Programm verbunden. Obwohl die Anwendungen durch die Nutzung eines „externen Rückkanals“ verschiedene Elemente des *kommunikativen TV* aufweisen, erreichen sie doch insgesamt einen geringeren Grad der Interaktivität. Wendet man – wie unter 2. dargestellt – strenge Maßstäbe bei der praxisnahen Definition von iTV an, so wird der SMS-basierte Teil dieser Anwendungen dem *kommunikativen TV* als „vollwertigem iTV“ zuzurechnen sein, die übrigen „Phone-in-Applikationen“ müssen jedoch eher einem niedrigeren Interaktivitätslevel zugeordnet werden. Die Anwendungen sind insgesamt weniger komplex als *RTL TV interaktiv* und bedienen sich Kommunikationswegen, die dem Nutzer sehr geläufig sind. Dadurch wird ein technischer Entwicklungsaufwand minimiert. Das Aufbauen auf bekannten Formaten oder Marken wie „Gute Zeiten Schlechte Zeiten“ erleichtert die Markteinführung. Zusätzlich wird dem Nutzer die Möglichkeit eröffnet, wenn auch nur für kurze Zeit, selber „on air“ zu sein, sei es durch seinen Chat-Text im Bildschirm oder die Beeinflussung eines Voting bei „Deutschland sucht den Superstar“. Entsprechend hoch ist die Zuschauerakzeptanz, die letztlich auch zu einem signifikanten wirtschaftlichen Erfolg der Anwendung führt.

Auffällig ist: Ging man noch Ende der 90er Jahre und insbesondere zur Boom-Zeit von Internet und Digitalisierung von einer sich zügig vollziehenden und umfassenden digitalen Revolution mit dem Ergebnis eines völlig neuen konvergenten Fernsehens aus, so hat sich diese Erwartung bisher nicht bestätigt. Zwar ging RTL bereits 1999 mit einem ersten *RTL TV interaktiv*-Portal an den Markt. Dieses ist jedoch selbst bei steter Weiterentwicklung von Inhalten und Technik bis heute – zumindest wirtschaftlich – dem Status eines Pilotprojekts nicht entwachsen. Die „Killerapplications" bei RTL und RTL Newmedia hingegen sind die später aus „gelernten" Medien wie SMS, Teletext etc. entwickelten Angebote mit TV-Verknüpfung. Sie basieren auf einfachen und dem Zuschauer vielfach durch die RTL-Programme bekannten Inhalten, erfordern keine aufwändige und kostspielige Technik und ermöglichen dem bequemen Zuschauer unkompliziert, „on air" zu erscheinen.

Der Grund dafür ist klar. Die bislang wirtschaftlich signifikanten Anwendungen setzen auf den momentan verbreiteten technischen Standards mit Massenverbreitung auf. Hoch entwickelte digitale Anwendungen konnten den Zuschauer in Ermangelung einer dafür erforderlichen – bezahlbaren – technischen Infrastruktur bisher schlicht nicht erreichen. Bis sich diese Rahmenbedingungen nicht geändert haben, wird „interaktives Fernsehen" in Deutschland seinem Praxis-Schwerpunkt nach hauptsächlich aus Zusatzapplikationen mit niedrigerer Interaktivität, aus SMS-, Voting-Anwendungen und Transaktionsfernsehen bestehen. Der Markt für weitergehende digitale Angebote muss erst noch geschaffen werden!

5.3 Erfolgsfaktoren beim interaktiven Fernsehen

Aber bedeutet dies letztlich, dass allein die technische Entwicklung und die Bezahlbarkeit der Angebote die entscheidenden Erfolgsfaktoren, ja die Motoren des interaktiven Fernsehens in Deutschland sind?

Sicherlich nicht. Natürlich sind diese Faktoren die Voraussetzung für das Funktionieren jeglicher interaktiver Anwendung. Und sie werden der Entwicklung des interaktiven Fernsehens nachhaltig Vorschub leisten. Sie können jedoch keine Garantie dafür bieten, dass letztlich der Nutzer das Angebotene – Inhalt, Programm, Dienst, Produkt – auch wirklich will und annimmt. Natürlich ist es für die TV-Macher wichtig, *wie* der Inhalt zum Nutzer gelangt. Entscheidender Erfolgsfaktor ist jedoch, *was* beim Zuschauer ankommt und *wie viel* es ihn kostet. Denn: Attraktiver Content zu einem attraktiven Preis, darauf kommt es letztlich auch beim interaktiven Fernsehen an.

Die starke Fokussierung auf den Nutzer als Souverän bedeutet jedoch nicht zwingend, dass es sich hierbei um einen rein Nachfrage-orientierten Markt handelt und allein der Nutzer darüber entscheidet, welche neuen Formen von interaktivem Fernsehen sich durchsetzen werden. Eine Umfrage aus dem Jahr 2000 brachte auf die Frage: „Wollen Sie interaktives Fernsehen?" ein niederschmetterndes Ergebnis: niemand hatte wirklich Bedarf dafür (Zimmer, 2000, *Media Perspektiven,* 3, S. 110 ff.). Erst nachdem man den Probanden konkrete Angebote vorgeführt hatte, zeigten sich über 80 % der Befragten interessiert. Beim interaktiven Fernsehen handelt es sich also auch um ein angebotsgetriebenes Geschäft. Viele Anwendungen müssen dem Nutzer erst nahe gebracht werden, er muss sie wirklich wollen und von ihrem Mehrwert überzeugt werden.

Dass dies freilich nicht mit jedem Angebot funktioniert, haben die Erfahrungen der letzten Jahre gezeigt. Seien es nun Spiele, Abrufdienste, Chats oder Informationsangebote – der „normale“ Zuschauer will keine komplizierten Angebote. Er verabscheut es, vor Inanspruchnahme des Angebots mit „wahrnehmbarer Technik“ konfrontiert zu werden, hasst Installieren und Downloaden. Ein hervorragendes Beispiel für eine einfache funktionierende Anwendung ist SMS-to-Teletext. SMS war ursprünglich von der Mobilfunkindustrie für das, was es heute ausmacht, gar nicht konzipiert worden. Erst der Nutzer hat es für sich entdeckt und zu einem bedeutenden Kommunikationskanal entwickelt. Teletext, über den gesagt wird, an ihm sei nichts schön bis auf seine Einfachheit, lag 15 Jahre lang brach. Erst 1995 wurde zum ersten Mal damit Geld verdient. Mit der Verbindung dieser beiden Medien zu einem angemessenen Preis hat RTL Newmedia ein Angebot entwickelt, das auf einer vom Nutzer gelernten Technik aufsetzt, ein bislang wenig genutztes Medium ins Spiel brachte und dabei einfach und kommunikativ ist. Ein nicht unwesentlicher Faktor ist außerdem, dass sich der Nutzer mit seiner Botschaft „on air“ bringen kann. Dies machte die Anwendung noch einmal attraktiver. Heute ist der RTL SMS-to-Teletext Chat der erfolgreichste Teletext Chat Europas.

Der Nutzer verlangt jedoch nicht nur Einfachheit in der Technik, erfolgreich sind ebenfalls unkomplizierte und bekannte Inhalte. Eine Spiele-Anwendung ist immer nur so gut wie das Spiel selbst. So funktionieren zum einen einfachste Arcade-Spiele, die noch aus den Anfängen der Computerspiel-Ära bekannt sind. Der bequeme Zuschauer kann hier einfach losspielen, eine perfekte „Killing-Time-Application“. Oder der Nutzer kennt das Spiel bereits als Fernsehformat. Zum Beispiel das interaktive Trainingsprogramm für „Wer wird Millionär?“. Denn schließlich will der Zuschauer nicht seitenlange Bedienungsanleitungen durchlesen, sondern ein ihm bekanntes Format auch sofort selber nutzen. RTL kann hier seinen Marktvorsprung als führender und vielfältiger Content-Anbieter nutzen. Für eine Weiterentwicklung interaktiver Anwendungen ist das ein weiterer bedeutender Erfolgsfaktor.

6. Ausblick

Abschließend möchte ich mich mit der Frage beschäftigen, wohin der Trend im interaktiven TV geht. Sieben Punkte für die Zukunft:

- Nach allem, was oben gesagt wurde: Ich glaube nicht, dass es eine einzelne Killer-Applikation geben wird. Aus den bisher verwirklichten Geschäftsmodellen, der Marktentwicklung und dem technischen Stand der Nachbarländer lässt sich ableiten, dass es ein Bündel von Applikationen sein muss, um interaktives Fernsehen voranzutreiben. Dieses wird jedenfalls Zusatzinformationen, Wetterdienste, einfache Spiele, Shoppingangebote enthalten. Nicht zuletzt werden (SMS-)Chatforen eine große Rolle spielen, denn sie eröffnen den Zuschauern die Möglichkeit, „on air“ mit Gleichgesinnten zu kommunizieren.

- Die erfolgreichen Anwendungen der Zukunft werden allesamt einfach und verständlich sein müssen, komplizierte Inhalte oder spürbar aufwändige Technik werden sich nicht durchsetzen.

- Der kommende Standard wird MHP sein. Da er alle interaktiven Anwendungen unterstützt, besteht über seine Einführung ein weitgehender Konsens.

- Eine vollkommene Konvergenz der Medien ist zwar technisch möglich, entspricht aber nicht den Nutzungsgewohnheiten der Medienkonsumenten. Diese werden je nach Nutzungsart das jeweils passende Medium in Anspruch nehmen. Lean-back-Nutzung, also bequeme Unterhaltung, wird wie bisher vor dem Fernseher stattfinden. Für Lean-forward-Anwendungen wie z. B. Informationsbeschaffung oder Datenbankrecherchen zieht der Nutzer den Computer vor. Und mobile Angebote werden schließlich dem Mobiltelefon vorbehalten bleiben.

- Eine große Rolle wird in Zukunft die interaktive Werbung übernehmen. Sie erlaubt neue innovative Werbeformen und eine viel gezieltere Ansprache des Verbrauchers bis hin zur Verknüpfung mit Shoppingangeboten. Ein herausragendes Beispiel dafür, was alles möglich ist, bieten jetzt schon Internetfirmen wie Amazon oder Ebay. Es ist gut vorstellbar, dass Produktproben oder gar Bestellungen in nicht allzu ferner Zukunft direkt per Knopfdruck auch vom Fernsehsessel aus möglich werden.

- Als Content-Anbieter haben TV-Sender einen gewaltigen Marktvorsprung und werden diesen auch bewahren. Sie genießen den Vorteil der großen Cross-Promotional Power und sind in der Lage, alle drei Nutzungsgewohnheiten der Zuschauer (lean-back, lean-forward, mobil) bedienen zu können. Nur Fernsehen als Massenphänomen schafft es, große Brands hervorzubringen und zu etablieren. Brands, die das Zugpferd für weitere interaktive Nutzungen sein können.

- Schließlich ist eines sicher: Die einst vorausgesagte digitale Revolution kommt nicht. Was wir erleben werden, ist eine digitale Evolution. Wie schnell die künftige Entwicklung auch immer sein wird, das digitale Fernsehen kommt bestimmt und mit ihm ein interaktiver Fernsehmarkt mit einer Fülle neuer Anwendungen. Diese werden das herkömmliche Fernsehen lediglich ergänzen, aber nicht ersetzen können. Fernsehen wird auch morgen noch Fernsehen und unverzichtbar sein. Auch und gerade durch RTL.

Literatur

Bornemann, J.-U. (2004): Das digitale Programmangebot werbefinanzierter Fernsehveranstalter. *Reihe Arbeitspapiere des Instituts für Rundfunkökonomie an der Universität zu Köln*, Heft 184.

Gleich, U. (ARD Forschungsdienst) (1999): Digitales und interaktives Fernsehen: Nutzererwartungen und Akzeptanzchancen. In: *Media Perspektiven*, o. Jg., S. 430–436.

Heinemann, C. (1998): *Werbung im interaktiven Fernsehen.* Wiesbaden: Deutscher Universitäts-Verlag.

Höing, M. (1998): Marktübersicht interaktives Fernsehen – 25 in- und ausländische Systeme im Vergleich. In: B. Stockmann (Hg.). *Werbung im Fernsehen: Das aktuelle Nachschlagewerk für die Fernsehwerbung (19. Aktualisierung).* München: Verlag Reinhard Fischer.

Noam, E. (1996): *Cyber-TV: Thesen zur dritten Fernsehrevolution.* Gütersloh: Verlag Bertelsmann Stiftung.

iP international Marketing (2003): *Television 2003: International Key Facts.* Köln, Paris.

Screen Digest (2003): Interactive Television in Europe: UK and France lead the way. *Screen Digest,* 9, S. 265–272.

Stipp, H. (2001): Der Konsument und die Zukunft des interaktiven Fernsehens. In: *Media Perspektiven*, o. Jg., S. 369–377.

Zimmer, J. (2000): Interaktives Fernsehen – Durchbruch via Internet? In: *Media Perspektiven*, o. Jg., S. 110–126.

4. Nutzungsmuster

Das hyperaktive Publikum – noch immer eine Illusion
Ein Essay, „revisited“

Prof. Dr. Klaus Schönbach

Der Zuschauer und das Bedürfnis nach Interaktivität: ein Blick in die USA

Dr. Horst Stipp

Das hyperaktive Publikum – noch immer eine Illusion. Ein Essay, „revisited"

Klaus Schönbach

Professor Dr. Klaus Schönbach ist Inhaber des Lehrstuhls für Allgemeine Kommunikationswissenschaft der Universität Amsterdam.

1. Hyperaktiv?

In meinem Aufsatz „Das hyperaktive Publikum: Essay über eine Illusion" aus dem Jahre 1997[1] plädierte ich für mehr Realismus. Zumindest für Gelassenheit wollte ich werben, wenn es um die Bedeutung von Interaktivität im Umgang mit Medien geht. In den 90er Jahren sahen uns die Prognosen unseres Medienverhaltens ja vor allem aktiv, sogar - *hyperaktiv:* Bald werde niemand mehr sinn- und ziellos vor dem Fernseher sitzen oder einfach so in einer Zeitung herumblättern – Letzteres schon deshalb nicht, weil es so etwas wie eine Zeitung nicht mehr geben werde, sondern stattdessen eine elektronische „Daily Me" (Nicholas Negroponte, 1995). Sie biete dann genau nur das, was ich auch tatsächlich lesen will und verschone mich mit all der Politik, die ich sowieso nicht interessant finde. Auch Spielfilme ließen wir bald so ausgehen, wie wir uns ganz persönlich ihr Happyend vorstellten. Nachrichtensendungen im Fernsehen seien in Kürze überholt, weil im Internet ja aktuelle Ereignisse ohnehin auf Abruf verfolgt werden könnten. Bei Spielshows oder Quizsendungen schließlich spielten alle vom Fernsehsessel aus mit.

Der Tenor war also: Wir seien endlich nicht mehr auf vorgefertigte Ware angewiesen, müssten nicht mehr warten, bis eine Zeitschrift erscheint, ein Nachrichtenprogramm gesendet wird. Jeder sein eigener Programmdirektor, ja sogar Regisseur, Endredakteur und Archivar. Insgesamt ein ungeheurer Zuwachs an Freiheit – durch Interaktivität. Interaktivität würde nämlich bedeuten, Informations- und Unterhaltungsangebote aus beliebig kleinen Elementen und spontan selbst zusammenzustellen, in sie einzugreifen, ja sie zu verändern. *Digitales* Fernsehen, vor allem aber das *Internet* böten die neuen Freiheiten.

Soweit es das dazu nötige Angebot nicht schon in den 90ern gab, so ist es in der Zwischenzeit entstanden oder weiter ausgebaut worden. Praktisch jede Tageszeitung hat inzwischen eine Online-Ausgabe. Es wäre schon seit geraumer Zeit ein Leichtes, sie zur „Daily Me" zu machen – einfach, indem man individuelle Nutzergewohnheiten registriert und beim Artikelangebot berücksichtigt. Newssites im Internet enthalten wirklich immer wieder auf den neuesten Stand gebrachte Nachrichten zu allem, was auf der Welt geschieht. Bei *9Live* z. B. können die Zuschauer bei Quiz- und Spielshows tatsächlich stundenlang vom Sessel aus mitspielen. *Premiere* bot vor Jahren schon seinen Zuschauern an, sich bei Formel-1-Rennen zwischen acht Kameraeinstellungen zu entscheiden. In Großbritannien sind schon 8 % der Haushalte auf digitales Fernsehen abonniert, das auch einen Rückkanal per Fernbedienung enthält. Nur mit den interaktiven Spielfilmen, die mir die Wahl zwischen verschiedenen Handlungssträngen lassen, hapert es noch.

Hätten diese Angebote und technischen Möglichkeiten nicht längst zur Abdankung der alten „passiven" Medien wie z. B. Zeitung und Radio führen müssen und des traditionellen Fernsehens?

Merkwürdigerweise aber scheint die nicht eingreifende, nicht interaktive Mediennutzung zu florieren:

- Mehr als drei Viertel unserer Bevölkerung (im Jahre 2003 genau 78 %) lassen sich immer noch nicht davon abhalten, täglich eine (vorgefertigte) Zeitung zu lesen. Das ist kaum weniger als vor beispielsweise 15 Jahren. Auch die Zeit, die mit dem Lesen von Tageszeitungen pro Tag verbracht wird, liegt schon seit 1990 praktisch unverändert bei 30 Minuten.
- Die durchschnittliche Sehdauer des ganz normalen Fernsehens nimmt immer noch zu und war 2003 bei den ab 14-Jährigen schon bei drei Stunden und 19 Minuten pro Tag angelangt. 1997, im Jahr der Veröffentlichung des „hyperaktiven Publikums", war es noch fast eine halbe Stunde weniger (173 Minuten).
- Radiohören liegt 2003 mit 196 Minuten pro Tag um 19 Minuten höher als 1997 (177 Minuten).
- Von Tonträgern aller Art wurde 2003 pro Tag 24 Minuten notgedrungen passiv gelauscht; 1997 waren es 17 Minuten.
- Auch Zeitschriften müssen offenbar nicht um ihr Verschwinden bangen: Die Zahl der deutschen Publikumszeitschriften hat seit 1997 um 50 zugenommen und liegt 2003 bei 828.
- Auch in diesem Jahr werden es wieder um die 70.000 deutschsprachige Neuerscheinungen und Neuausgaben auf der Frankfurter Buchmesse sein. Und die Stiftung Lesen machte uns in ihrer letzten großen Lesestudie (2000) darauf aufmerksam: Die Zeit, die Bundesbürger mit dem Lesen von fertig Gedrucktem verbringen, verändere sich im Durchschnitt kaum.
- Die Zahl der Kinos in Deutschland hat sich zwischen 1997 und 2002 um ungefähr 600 auf über 4.700 erhöht. Im Jahre 1997 gingen pro Woche 2.4 Millionen Deutsche ab 14 Jahren ins Kino, um Filme zu sehen, in die man nicht eingreifen kann. 2003 waren es 2,9 Millionen – also eine halbe Million mehr.

Das ist im Sinne vieler Prognosen der 90er Jahre alles *passives* Medienverhalten, das eigentlich verschwinden sollte. Sicher sind unsere *Wahlmöglichkeiten* dabei in den vergangenen Jahren gewachsen: Die Zahl der Fernsehkanäle und Zeitschriften z. B. hat im

Durchschnitt zugenommen. Ein „Videorecorder" wie TiVo lässt uns keine einzige Serienfolge mehr verpassen. Der passive Umgang mit den einmal gewählten Angeboten aber ist offenbar nicht geschrumpft – im Gegenteil. Sicher waren 2003 etwas mehr als die Hälfte (51 %) der ab 14-jährigen Deutschen wenigstens einmal in vier Wochen auch im Internet online. Aber: Surfen im Internet, und damit in der Tat (manchmal) Interaktivität, verdrängt passive Mediennutzung in Deutschland noch immer nicht, sondern kommt offenbar hinzu, übrigens auch simultan: Vor allem Jüngere hören beim Internetten Radio und sehen sogar fern.

Vorsicht also vor der allzu schnellen Bereitschaft, alles Interaktivität zu nennen, was nicht Apathie ist. Ist der schnelle Senderdurchlauf mit der Fernbedienung, die Unschlüssigkeit vor der Wand mit den 400 Zeitschriften im Bahnhofskiosk, die Wahl zwischen 1.000 DVDs im Videoshop und 5.000 Büchern in der Buchhandlung interaktiv? Wenn nicht jede Rückmeldung schon als Interaktion gelten soll (natürlich merkt ein Verlag, dass sich eine Zeitschrift nicht verkauft und reagiert darauf), sondern kontinuierliche Wechselwirkungsprozesse dafür konstitutiv sind, dann sind das zwar alles Aktivitäten, aber sicher nicht die prophezeite Inter- oder gar Hyperaktivität.

Und welche Interaktivität finden wir im Internet? Auch sie ist in den seltensten Fällen die erhoffte Interaktivität des „Wir basteln uns eine Zeitung" oder des neugeschnittenen Spielfilms. Der jährlich aktualisierte „Online Reichweiten Monitor" macht deutlich, welche Aufgaben das Internet hingegen typischerweise erfüllt: Weit an der Spitze stehen E-Mails. Sie werden mit deutlichem Abstand gefolgt vom Recherchieren in Suchmaschinen und Webkatalogen. Weniger als ein Fünftel der Online-Nutzer erledigt noch Bankgeschäfte via Internet und sendet bzw. empfängt SMS-Nachrichten über das Netz. Ebenfalls weniger als ein Fünftel ruft „Weltnachrichten" ab.

Das Internet ist also für die meisten nichts anderes als ein schneller und bequemer Postdienst, die „Gelben Seiten", ein Telefonersatz und etwas, was wir im Wissenschaftsjargon ein „Recherchemedium" nennen. Das ist ein Medium zum schnellen Abfragen, ein Archiv von Unterhaltung, Spiel und Information. Die Interaktivität des Internets ist also eine der (schriftlichen) Konversation mit anderen Menschen, des Spielens, Lernens, Einkaufens und des Reagierens auf Archivinformationen, denen wir dann weiter nachgehen wollen. Ohne Zweifel viel schneller und bequemer als jemals zuvor. Aber ich kann hier auch heute noch wenig Ersatz für das Zeitunglesen oder Fernsehen erkennen.

Na gut, aber sind die Daten über die Internetnutzung nicht nivellierende Durchschnitte? Wie sieht es z. B. spezifisch mit den Online-, den Internetausgaben von *Tageszeitungen* aus? Die müssten jetzt doch wenn schon nicht das gesamte passive Medienverhalten, dann wenigstens die gedruckte Zeitung zum Verschwinden bringen? Auch hier lässt sich schon einmal trefflich darüber streiten, wie interaktiv der Umgang mit einer Online-Zeitung wirklich ist. Sie ist ja ein Informationsangebot, das viele einfach nur auf die neuesten Meldungen „scannen".

Unsere eigene umfangreiche Untersuchung in den Niederlanden zeigt jedenfalls keinerlei Verdrängungserscheinungen durch elektronische Zeitungen. Wir hatten Ende 2002 zwei repräsentative Stichproben miteinander verglichen: 400 Leser von Online-Zeitungen und 600 Personen, die Online-Zeitungen noch gar nicht nutzen. Dazu muss man wissen, dass die Online-Leserschaft immer noch aus Leuten besteht, die im Durchschnitt jünger und höher gebildet sind und sich stärker für Politik, Wirtschaft und Kultur interessieren. Wenn man das in Rechnung stellt, gibt es kein einziges Medium, das von dieser Gruppe wirklich seltener oder kürzer genutzt wird. Das heißt, gedruckte Zeitungen leiden nicht unter Online-Zeitungen, aber auch Zeitschriften nicht. Fernsehen, Anzeigenblätter und selbst Teletext werden nicht vernachlässigt. Das Radio schließlich erlebt sogar eine neue Blüte auch bei den niederländischen Onlinern: Es lässt sich offenbar beim Surfen so gut nebenbei hören. Und: Für alle Bereiche aktueller Information (von der Politik über Unfälle und Prominente bis zur Wirtschaft und Kultur) finden die Online-Leser stets die Tageszeitung und das Fernsehen nützlicher.

Auch die so genannte Internetgeneration, die 14- bis 17-Jährigen, gibt das Lesen von Zeitungen und Zeitschriften bisher durchaus nicht auf. Das Allensbacher Institut für Demoskopie stellt den Jugendlichen jährlich die Frage: „Es gibt ja Themen, über die man sich etwas näher und umfangreicher informieren möchte ... was machen Sie normalerweise, um Informationen zu bekommen?" In den vergangenen vier Jahren antworteten konstant etwas mehr als zwei Drittel der jungen Leute: „Ich lese Berichte in der Zeitung." Natürlich wurde das Internet für sie seit 1999 eine immer wichtigere Informationsquelle. Es hat aber der Zeitung auch in dieser Gruppe offenbar nichts weggenommen, sondern kam einfach hinzu.

Einen kleinen Blick in die digitale Zukunft erlaubt uns schließlich Großbritannien. Der Rückkanal des digitalen Fernsehens wird dort, wenn überhaupt, zum Spielen genutzt. Etwa ein Viertel der Personen mit einem solchen Anschluss tun das schon mal. Weit abgeschlagen folgt dann der Einsatz als TED (im Jahre 2003 14 %). Jeweils weniger als ein Zehntel der Digital-Fernseher kaufen etwas, versenden eine E-Mail oder reagieren auf einen Fernsehspot. Ist es das, was in den 90er Jahren als die wunderbare Welt des interaktiven Fernsehens gefeiert wurde? Kein Wunder, dass PriceWaterhouseCoopers in einer Prognose bis zum Jahre 2006 überaus vorsichtig ist, was die Nutzung des Breitband-Internets in den USA angeht: „Video-Messaging", Spiele, Fernüberwachung und „Pay-per-View" sehen die Marktforscher als die wichtigsten Anwendungen der neuen Technik.

2. „Lob der Faulheit"

Vielleicht ist es gar nicht so erstaunlich, was sich hier in den vergangenen Jahren (nicht) abgespielt hat. Denn was sich offenbar nicht ändert, sind wir selbst. Die schwärmerischen Vorhersagen darüber, wie wir mit der neugewonnenen Freiheit umgehen werden, basieren immer noch auf einer höchst zweifelhaften Annahme. Sie lautet: Wenn eine bisher nie dagewesene Fülle an Informationen nur so flexibel und bequem wie möglich zugänglich ist – und zwar für alle, dann bricht endgültig die Informationsgesellschaft der Freien und Gleichen an. Wenn damit gemeint sein sollte, dass wir eigentlich spätestens jetzt kein vorgefertigtes Medienprodukt mehr akzeptieren dürften, dann ist das bei näherem Hinsehen ein Mythos. Er fußt auf „technischem Determinismus" und auf dem Glauben an die unbegrenzte Manipulierbarkeit des Publikums – zu seinem eigenen Nutzen natürlich: Segensreiche Folgen entstehen gleichsam automatisch, wenn man dem Publikum nur viel Internet für wenig Geld vor die Nase hält.

Ich sehe hier immer noch, auch sieben Jahre nach dem Essay über das „hyperaktive Publikum", einen gravierenden Denkfehler. Das Publikum wendet sich ja seit altersher den Medien nicht zu, weil es sie gibt, sondern weil sie etwas Nützliches können. Propheten der Hyperaktivität hätten also nur dann Recht, wenn es ein zu starres, unveränderliches Angebot gewesen wäre, das so viele Menschen faul vor dem Fernseher herumhängen ließ und sie daran hinderte, ihr eigener Regisseur zu sein. Und in der Tat müsste das Publikum spätestens jetzt so aktiv wie erwartet sein, wenn seine bisherige Passivität lediglich eine Folge unbequemer „Benutzeroberflächen" war.

Der erdrückend große Anteil nicht eingreifender Mediennutzung aber bestätigt: Immer noch besteht ein wesentlicher Anreiz dafür, warum wir überhaupt fernsehen und lesen, warum wir Radio und CDs hören, gerade in der *Passivität* dieser Tätigkeiten. Nochmals: Diese Passivität ist oft keineswegs mit Apathie gleichzusetzen. Natürlich hören wir manchmal Musik und sehen fern, ohne etwas Verwertbares davon zu erwarten. Die Tätigkeit an sich verursacht hinreichend Befriedigung; sie bedarf keines über sie hinausreichenden Zweckes. Ablenkung ohne größeren geistigen und körperlichen Aufwand oder Abschirmung vor zudringlichen Mitmenschen reichen als Funktionen völlig aus. Aber daneben gibt es selbstverständlich auch die „gebannte" Passivität, mit einer Aufmerksamkeit verbunden, die uns auf dem Rand unseres Fernsehsessels sitzen lässt.

Beide Arten des Nichteingreifens (die andächtige und die lässige) werden aber, denke ich, nicht zähneknirschend erduldet, solange es leider noch nicht das interaktive Fernsehen und die Fernbedienung mittels Zuruf gibt. Passivität ist vielmehr für große Teile unseres alltäglichen Informationsverhaltens, vor allem aber unserer Unterhaltung, geradezu unabdingbar. „Display"-Medien – Medien also, die uns Fertiges anbieten – kommen nämlich einer ganz wesentlichen Publikumseigenschaft entgegen: Das Publikum ist ja durchaus nicht dumm, wohl aber gezielt faul, oder etwas vornehmer ausgedrückt: instrumentell. Es weiß, welche Art von Information und Unterhaltung es im Prinzip will. Allerdings möchte es sich weder Informationen noch Unterhaltungsangebote immer zusammensuchen oder sogar selbst herstellen müssen.

Machen wir uns keine Illusionen: Auch sich *informieren* zu wollen hat meist etwas Passives. Ziel ist oft, sich einen Überblick zu verschaffen, sich überraschen zu lassen, mit Nachdenkenswertem, ja Aufrüttelndem versorgt zu werden. Die Betonung liegt dabei ganz bewusst auf „versorgt zu *werden*". Dafür ausgebildeten Personen und vertrauenswürdigen Institutionen wird diese Aufgabe überlassen: Sie sammeln die entsprechenden Informationen, treffen eine Vorauswahl, erzählen Geschichten, ordnen ein und interpretieren. Das ist geradezu das Wesen eines „Display"-Mediums wie der Zeitschrift oder des Fernsehens – eines Mediums nämlich, für das nicht *wir,* sondern Kompetentere recherchieren; dessen Informationen nicht *wir* ordnen, sondern Redakteure; zu dem nicht *wir*

Hintergründe suchen, sondern Experten. Die Überraschungen, die sie für uns oft bereithalten, werden nicht als störend empfunden, sondern sind Teil der Freude am passiven Medienkonsum.

Zum Selbst-Zusammensuchen und -Erklären aber zwingt das Internet – allerdings seltener (wie wir wissen), als es sein Image verheißt. Nochmals: Gerade deshalb ist es ein vorzügliches Archiv und eine wunderbare Informationsquelle für Daten, die keiner weiteren Erklärung bedürfen, wie für das Kinoprogramm, Urlaubswetter, Bahnverbindungen, Stadtpläne und Kleinanzeigen. Sie ist es auch für Menschen, die Daten ohne weitere Einordnung verwenden können: Börsianer, die Kurse nachschlagen wollen; Sportfans, die den Stand der Bundesligatabelle suchen; Studenten, die Informationen für ein Referat recherchieren.

„Meta"-Medien unter den „Display"-Angeboten hingegen wie die Tageszeitung oder „Meta"-Medienangebote wie die Fernsehnachrichten liefern für ihr passives Publikum noch ein Weiteres fertig mit: Sie vermitteln zugleich, womit *die Gesellschaft* sich gerade beschäftigt – einerseits mit deren Problemen, aber andererseits auch damit, was andere Menschen gerade unterhaltsam oder modisch finden. Die *Tagesschau* ist ein solches Angebot oder *Der Spiegel,* aber auch *Bravo* und die Lokalzeitung. Sie werden auch deshalb nicht durch „Daily Mes" ersetzt werden, durch individuell zusammengestellte Informationsmenüs, weil sie ihrem Publikum zusätzlich die Wirklichkeit der *anderen* beschreiben sollen. „Newsgroups" im Internet sind dazu keine Alternative.

Das heißt aber auch: Passive *Unterhaltung* und vor-ausgewählte *aktuelle Information* werden sich als Funktionen der herkömmlichen Massenmedien weiterhin gut behaupten können. Mehr Gelegenheit zur Interaktivität wird also nach wie vor nicht zum Ende des gebannten, aber auch entspannten Medienkonsums führen: Jeder von uns wird öfter einfach ein professionell gefilmtes Fußballspiel, eine zuverlässige Nachrichtensendung oder einen Spielfilm sehen und dabei durchaus bequem sein wollen – im Sinne von: „Lasst mich in Ruhe!", aber auch im Sinne von: „Überrascht mich!", oder auch: „Erklärt mir bitte die Welt! Sagt mir, was zu tun ist!"

Deshalb wird sich der Umfang ganz konventioneller Mediennutzung – des Fernsehens, Radio- und CD-Hörens, des Sehens von Filmen im Kino oder auf DVD, des Lesens von Zeitungen, Zeitschriften und Büchern – auch weiterhin nicht oder zumindest nicht wesentlich verringern. Dass die entsprechenden technischen Signale in Zukunft ausnahmslos online vermittelt werden mögen, ändert daran nichts. Natürlich lässt sich die Druckausgabe einer Zeitung auch elektronisch übertragen und kann zusätzlich ein Portal im Internet anbieten. Und dass auch andere Signale online und mittels derselben „Endgeräte" vermittelt werden, hindert Menschen nicht, sorgfältig zwischen deren Funktionen zu unterscheiden.

Es gibt für mich auch immer noch keinen Anlass zu glauben, dass sich passiver Medienkonsum gleichsam auswachse. Ist sich berieseln zu lassen oder gefangen zu sein von Vorgefertigtem nur der resignative Ausweg einer Generation, die das Pech hat, nicht mit Computern aufgewachsen zu sein? Diesem Argument bin ich in den letzten Jahren immer wieder begegnet. Nur diejenigen seien auf Dauer noch passive Mediennutzer, die die „neuen Sehgewohnheiten" nicht teilten, denen der PC zu kompliziert, das Internet ein Buch mit sieben Siegeln ist.

Glaube ich nicht: Auch der souveräne Surfer braucht „Display"-Medienangebote, also zunächst einmal einen kompetent vorsortierten Überblick über das Tagesgeschehen, von dem aus dann selbstverständlich nach vertiefender Information gesucht werden kann. Immer noch denke ich auch: Eine Unterhaltung, bei der ständig zu entscheiden wäre, wie die Geschichte weitergehen soll, ist für viele keine mehr. Und das hat mit Lebensalter nichts zu tun.

Vielleicht aber verbirgt sich hinter dem Argument, die junge Generation sei einfach viel schneller im Umgang mit computerisierter Information und deshalb für langweilige Zeitungen oder altmodische Nachrichtensendungen des Fernsehens nicht mehr zu gewinnen, ein anderes, dann allerdings wahrhaft besorgniserregendes: Diese Generation interessiere sich gar nicht mehr für Überblicke, für das, was den anderen Sorgen oder Freude macht, ja selbst nicht mehr für vorgefertigte Unterhaltung, weil sie nur noch mit sich selbst beschäftigt sei. Das will ich mal lieber nicht fürchten müssen.

3. Immer selektiver

Ändert sich also in Wirklichkeit nichts? Doch, natürlich: Soweit die herkömmlichen Medien Funktionen für ihr Publikum bedienen, die das Internet besser erfüllt, werden sie tatsächlich unter den neuen Angeboten leiden. Bestimmte *Service*-Aufgaben traditioneller Medien werden sicher auf die Dauer ausgelagert: Wetter-Daten, Kinoprogramme, aber auch Kleinanzeigen. Telefonbücher wurden ja schon im Frankreich der 80er Jahre durch Minitel verdrängt. Bibliotheken mit echten Büchern sind für reine Rechercheaufgaben nicht mehr nötig. Denn – wie schon gesagt – Informationen, die weder einer fachkundigen Interpretation noch einer Auswahl und Einordnung durch andere bedürfen, liefern die Online-Dienste einfach punktgenauer und ohne Wartezeiten.

Und ein deutlich vielfältigeres Medienangebot wird zu noch mehr Selektivität im Publikum führen. Wählerisch sein wird nicht nur möglich, sondern auch notwendiger. Das steht durchaus nicht im Widerspruch zur gleichzeitigen Ausdehnung des Medienkonsums, die wir in den vergangenen Jahren fanden. Aus der letzten großen Lesestudie der Stiftung Lesen wissen wir ja schon, dass im Durchschnitt nicht weniger gelesen wird. Was sich aber sehr wohl schon in den 90er Jahren verändert hat, ist der Lese*stil*. Lesen ist heute selektiver, in gewisser Weise auch anspruchsvoller geworden. Bücher werden nicht unbedingt zu Ende gelesen, Zeitschriften und Zeitungen nicht bis zur letzten Seite durchgeblättert. Was nicht gefällt oder interessiert, wird immer gnadenloser abgebrochen.

Auch beim Radio beobachten wir es schon lange: Ob es nun 163 Radioprogramme in Deutschland waren wie 1990 oder doppelt so viele (323) wie 2003, macht für die Anzahl der vom durchschnittlichen Hörer „gestern" tatsächlich auch mal eingeschalteten Programme wenig aus: 1990 waren das 1,3 Programme und 2003 1,5. Für das Fernsehen gilt das Gleiche: Die Untersuchungen von Horst Stipp, dem Direktor der Abteilung Sozial- und Entwicklungsforschung der NBC, zeigen Erstaunliches – oder auch gerade nicht: In amerikanischen Haushalten mit 36 Fernsehkanälen werden pro Woche im Durchschnitt 13 davon wenigstens einmal länger als zehn Minuten am Stück eingeschaltet. Bei 120 Kanälen sind es sage und schreibe nur drei mehr – 16. Kein Anlass also zu fürchten, dass die Fernsehzuschauer oder Radiohörer hoffnungslos ertrinken im „Informationsüberfluss". Sie reagieren mit einer scharfen Auswahl, deren Umfang weitgehend unabhängig zu sein scheint von der Fülle des Angebots.

Was jedoch dabei geschieht: Die tatsächlich eingeschalteten Programme entsprechen immer stärker den Wünschen des Publikums, Kompromisse z. B. in der Auswahl der Fernsehsendungen oder in der „Musikfarbe" des Radiosenders werden immer weniger nötig. Deshalb zahlt es sich z. B. für Tageszeitungen aus, das Fernsehen, aber auch das Internet gerade *nicht* zu imitieren. Unsere Untersuchungen in Deutschland, Schweden und den USA zeigten immer wieder, dass diejenigen Zeitungen am erfolgreichsten sind, die den angeblich „neuen Sehgewohnheiten" eben nicht hinterherlaufen, die Leser nicht mit kurzen Versatzstücken von Information bombardieren, sie mit Fotos und optischem Schnickschnack erschlagen oder sie mit unterhaltsamer Verpackung reizen wollen. Stattdessen ist die Pflege der „USPs" eines Mediums das Zauberwort für seinen Erfolg geworden.

Wir werden also nicht immer aktiver im Umgang mit Medien, nur weil wir es könnten. Stattdessen werden wir immer genauer unterscheiden, wofür welches Medium besonders geeignet ist. Und vielleicht finden wir es hin und wieder auch mal schön, (inter-)aktiv zu sein.

---

1 Schönbach, K. (1997). Das hyperaktive Publikum: Essay über eine Illustion. *Publizistik, 42, S. 279–286. In einer ersten Version veröffentlicht unter dem Titel „Lob der Faulheit" in Vision & Wirklichkeit: Prognosen, Perspektiven und Positionen zur aktuellen Zukunft der Marketing Kommunikation;* Beilage der *Süddeutschen Zeitung,* 16.05.1994, S. 58–60.

Der Zuschauer und das Bedürfnis nach Interaktivität: ein Blick in die USA

Horst Stipp

Dr. Horst Stipp ist Vice President Primary & Strategic Research, NBC, New York.

Im Jahre 1995 wurden die Begriffe „Interaktivität" und „interaktiv" in eine Zwangsjacke gesteckt und auf eine eng definierte Bedeutung reduziert. Dieser Beitrag ist ein Versuch, die Begriffe aus ihrer unverdienten Zwangsjacke zu befreien, die nicht dem Verständnis der Zuschauer entspricht. Dabei wird gezeigt, wie meine Sendergruppe (National Broadcasting Company, New York) diese Fragen vor allem anhand von Daten analysierte, die zeigen, wie die Konsumenten die Medien nutzen.

1. Die Entwicklung einer beschränkten Definition

Mitte der 90er Jahre waren „Elektronische Datenautobahn", „Konvergenz" und „Interaktivität" die großen Schlagworte – zunächst in den USA, dann aber auch bald in Deutschland und Europa. Angesehene Technologie-Propheten wie Nicholas Negroponte schrieben von einer neuen, vom Computer bestimmten Zukunft (Being Digital, 1995). Sie sahen die etablierten Medien als technisch veraltet und in jeder Beziehung dem Computer unterlegen an. Die Interaktivität wurde als einer der Hauptgründe für die Überlegenheit des Computers angesehen: Fernsehen, aber auch andere Medien, seien nicht „interaktiv" und Interaktivität sei „passiver" Nutzung grundsätzlich überlegen.

Das Postulat von der Überlegenheit der interaktiven Computertechnik wurde nicht nur von den Vertretern der Computerfirmen und den an der New Economy interessierten Geschäftsleuten, sondern auch von den meisten Print-Journalisten akzeptiert und verbreitet. So wurde auch in Deutschland der Begriff „couch potato" bekannt, der so schön den Gegensatz zwischen dem modernen, aktiven Computernutzer und dem „passiven" Fernsehkonsumenten beschreibt.

In diesen Diskussionen über Computer und die Entwicklung der Medien wurde bald mehr oder weniger bewusst der Begriff „Interaktivität" auf technologisch bestimmte Computerfunktionen beschränkt. Nach der neuen High-Tech-Sprachregelung ist daher das Fernsehen nicht interaktiv, sondern passiv, und Fernsehnutzung kann nur dann interaktiv sein, wenn der Fernseher mit digitalen, von der Computertechnik entwickelten

Funktionen ausgestattet wird. Die in den 90er Jahren weit verbreitete Annahme, dass das Fernsehen sich schnell zum interaktiven „iTV“ entwickeln müsste, um mit dem Computer konkurrieren zu können, war eine Konsequenz dieser beschränkten Definition der „Interaktivität“.

Gefördert wurde dieses restriktive Verständnis von „Interaktivität“ dadurch, dass man sich auf Grund der Faszination mit den so genannten „neuen“ Medien und der „Datenautobahn“ viel mehr für das Potenzial der Medientechnik interessierte als für die Bedürfnisse und das Interesse der Nutzer. Mit anderen Worten, es wurde meist gefragt: „Was bieten die neuen Medien den Rezipienten?“, und in der New Economy waren nicht die Wünsche der Kunden, sondern Technikeuphorie die vorherrschende Grundlage für Business-Pläne. Es herrschte das Motto: „We will build it and they will buy“. Die Perspektive der Nutzer und die Analyse der psychologischen Aspekte der Interaktivität wurden vernachlässigt und durch eine technologisch bestimmte Betrachtungsweise ersetzt. Daher war eine weitere Konsequenz dieses Konzepts von Interaktivität, dass die Bedürfnisse der Fernsehzuschauer von den meisten „Experten“ überhaupt nicht mehr wahrgenommen und richtig verstanden wurden. Wie in *Media Perspektiven* 1998 beschrieben, wurden zwar auch „Daten“ über Konsumentenpräferenzen zitiert, sie waren aber durchweg falsch oder wurden fragwürdig interpretiert. Zum Beispiel wurden auf Kongressen in den USA wie auch in Deutschland oft Daten präsentiert, die belegen sollten, dass Computerbesitzer ihren Fernsehkonsum schon drastisch gesenkt hätten. Sowohl Nielsen Media Research in den USA als auch die GfK in Deutschland hatten aber festgestellt, dass dem nicht so war.

2. Erste Konsumentenforschung über Interaktivität bei Fernsehzuschauern

Traditionsgemäß hat die Zuschauerforschung der Fernsehnetworks in den USA, die ja fast alle kommerzielle Sender sind, einen sehr hohen Stellenwert. Es ist für kommerzielle Sender eben eine Überlebensfrage, das Zuschauerverhalten und den Publikumsgeschmack so gut wie möglich zu verstehen.

Die Diskussion um die neuen Medien und die Computer-Interaktivität prognostizierte deutliche Gefahren für das traditionelle Fernsehen. Daher initiierte NBC schon in den 90er Jahren ein Forschungsprogramm, um die Einstellung der Fernsehkonsumenten zu den neuen Medien zu verstehen und um Anhalte dafür zu bekommen, ob sich ein großer Teil der Zuschauer den interaktiven Medien zuwenden und daher auch computerähnliche Interaktivität beim Fernsehen verlangen würde. Befragt wurden Fernsehzuschauer, die auch aktive Nutzer von Computern waren. Im Gegensatz zu den meisten akademischen und kommerziellen Forschungsprojekten dieser Zeit, die den Computer in den Mittelpunkt stellten, bezog sich unsere Fragestellung in erster Linie auf die Interessen der Fernsehkonsumenten. (Es handelte sich dabei um ein internes Projekt; die Daten werden hier zum ersten Mal veröffentlicht.)

Abbildung 1 stellt ein wichtiges Ergebnis dieser Forschung dar. Sie zeigt, wie die Befragten die Eigenschaften des Fernsehens und des Computers verstanden. Die Daten spiegeln die Tatsache wider, dass zu dem Zeitpunkt dieser Forschung (1995) viele PC-Nutzer noch „Anfänger“ waren. (Der Computer wird als „challenging“ und auch als „confusing“ beschrieben.) Trotzdem haben spätere Untersuchungen gezeigt, dass diese Ergebnisse heute im Wesentlichen noch gelten:

- Obwohl dem Computer und dem Fernseher eine Reihe gemeinsamer Funktionen zugesprochen werden, betrachten die Nutzer diese beiden Medien durchaus differenziert. Dabei erfolgt die Differenzierung nicht auf Grund technischer Merkmale, sondern auf Grund der Nutzung und Gratifikationen für den Nutzer.
- Sowohl die Computer- als auch die Fernsehnutzung können (und sollten) „unterhaltsam“ („entertaining“) sein. Beim Computer steht aber die Informationsbeschaffung, beim Fernsehen die Unterhaltung im Mittelpunkt.

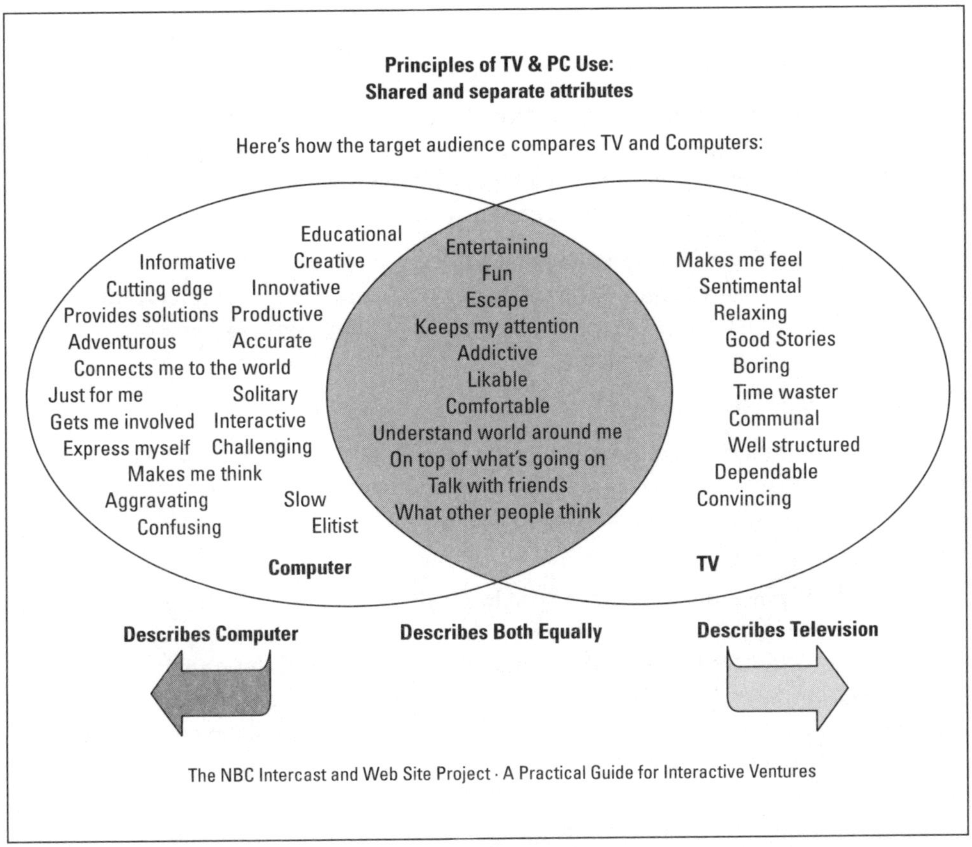

Abbildung 1: Akademische Perspektiven zur Medieninteraktivität und Definition von „Interaktivität“

- Die Interaktivität steht nicht im Mittelpunkt der Beurteilung durch die Konsumenten. Sie ist zwar ein Teil der Beurteilung und wird natürlich dem Computer zugesprochen, Interaktivität ist aber ist kein zentraler Aspekt der Beurteilung des Computers. Der angebliche Mangel der Interaktivität beim Fernsehen taucht bei der Beurteilung auch nicht auf.

Wir haben die Ergebnisse dieser Studie damals so interpretiert, dass wir keine Konkurrenz zwischen Computer und Fernseher zu erwarten haben und dass Computer-Interaktivität zunächst kein Motor der Fernsehentwicklung sein wird (Stipp, 1998).

Die Entwicklung der letzten Jahre hat bestätigt, dass die meisten Zuschauer befriedigende Medien- und Fernseherlebnisse ohne computerbestimmte Interaktivität bevorzugen.

Wir führten nicht nur eigene Untersuchungen durch, wir wandten uns auch an Medienwissenschaftler, um zu sehen, ob man an den Universitäten diese Fragen über die Zukunft der Mediennutzung empirisch untersucht oder theoretisch behandelt hat.

Wir stellten fest, dass die meisten Medienwissenschaftler sich auch mehr für den potienziellen Einfluss neuer Technologien auf die Nutzer, als für deren Bedürfnisse und Reaktionen auf die neuen Medien interessierten.

Der deutsche Medienwissenschaftler Peter Vorderer hat die akademische Diskussion über die Fragen der Medien-Interaktivität analysiert. Er kritisiert enge technologische Definitionen, die nicht die gesamte Palette der Interaktionen erfassen, und fordert eine bessere, umfassende Definition von „Interaktivität“:

„Clearly, interactivity is not something that either exists or does not exist. Instead there is a continuum that acknowledges different degrees of interactivity: continuous interaction with the media being at one extreme and having the potential only to start or stop a reception at the other extreme.“ (Vorderer, 2000, S. 25)

Und weiter:

„... there is no interactivity independent of the user but rather interactive ways of using the media ... it is the user who makes a program interactive. Without a doubt, the level of interactivity is limited by the potential of the media but it is not determined by it.“ (Vorderer, 2000, S. 26)

Im letzten Teil seiner Ausführungen spricht Vorderer dann vor allem von der passiven Nutzung des Fernsehens. Das ist aber ganz deutlich ein Resultat der Tatsache, dass der Fokus des hier zitierten Aufsatzes die Kritik an den in den 90er Jahren auch bei Akademikern weit verbreiteten These ist, dass das Fernsehen dem Computer ähnlich werden müsse, um erfolgreich zu bleiben. Vorderer stellt mit Recht dagegen, dass die im Vergleich zum Computer eher „passive“ Nutzung des Fernsehens für die meisten Zuschauer sehr befriedigend ist.

3. Interaktive Couch Potatoes

Die beschriebene NBC-Studie zeigte, dass computer-ähnliche Interaktivität beim Fernsehen dem Konsumenten nicht unbedingt Vorteile bietet. Weiterhin verdeutlichen die gerade zitierten theoretischen Überlegungen von Vorderer (2000), dass Interaktivität als Kontinuum angesehen werden sollte.

Andere Untersuchungen bei NBC, vor allem Tests der Programmforschung, aber auch andere Projekte, die generelle Einstellungen und Verhaltensweisen der Zuschauer erforschen, bestätigten diese Befunde. Sie zeigen, dass die angeblich so passiven Couch Potatoes ein differenziertes Innenleben haben und oft mit dem Fernseher und den Fernsehinhalten interagieren:

- Die meisten Zuschauer sehen fern, um sich zu entspannen, sind aber dabei meist durchaus „interaktiv" – wenn man „Interaktivität" nicht technologisch, sondern psychologisch definiert und die emotionalen Prozesse beim Zuschauer berücksichtigt.
- Viele Zuschauer lehnen computer-ähnliche iTV-Anwendungen ab, weil sie diese als „kompliziert" ansehen, sich dadurch verunsichert fühlen und nicht noch etwas lernen wollen, um „besser" fernzusehen. Konvergenz von Computer und Fernsehen wird von den meisten Zuschauern nicht als „simple" und „fun" empfunden.

Daraus ergaben sich für uns drei wichtige Schlussfolgerungen:

- Erstens: Die meisten Zuschauer lehnen iTV nicht ab, weil sie nur „passiv" fernsehen wollen. Diese weit verbreitete Schlussfolgerung, die nach der Krise des New Economy-Booms weithin akzeptiert wurde, ist falsch. Der Grund für die mangelnde Resonanz an iTV-Anwendungen wurde nicht erkannt, weil man die Bedürfnisse der Konsumenten – wie beschrieben – mit falschen, technologisch bestimmten Ansätzen erforschte, wenn überhaupt.
- Zweitens: Interaktivität beim Fernsehen muss nicht mittels technischer „Konvergenz" erfolgen, da große Teile der Zuschauerschaft die Verquickung von Computertechnik und Fernsehen negativ bewerten.
- Drittens: Man sollte das Interesse der Konsumenten an verschiedenen Spielarten von Interaktivität beim Fernsehen sorgfältig untersuchen, um verbraucherfreundliche Wege zu finden, dieses Interesse zu befriedigen.

Die generelle Schlussfolgerung dieser Forschung ist aber sicherlich, dass man den Konsumenten in den Mittelpunkt stellen muss, um profitable interaktive Anwendungen zu entwickeln. Dabei ergeben sich auch hier, wie bei praktisch jeder Art der Konsumentenforschung, zwei Fragen: Welche Verbraucher will ich ansprechen, und was wollen diese Verbraucher?

Die Konsumentenforschung zeigt, nicht überraschend, dass es verschiedene Gruppen mit unterschiedlichen Bedürfnissen gibt. Die kleinere Gruppe sind vor allem jüngere und computererfahrene Verbraucher, die bereit sind, gelegentlich Fernsehen und Computertechnik zu verbinden. Die größere Gruppe sind auch heute noch Verbraucher, die Computertechnik beim Fernsehen nicht wollen, weil sie solche Technik als zu kompliziert ansehen. Für sie muss Interaktivität „low tech“ sein und als unkompliziert empfunden werden.

Ferner zeigt die Forschung, wie schon erwähnt, dass beim Fernsehen für die meisten Nutzer die Unterhaltung im Mittelpunkt steht. Interaktivität sollte daher, im Gegensatz zum Computer, nicht unbedingt auf „Kontrolle“ abzielen. Interaktivität soll den Unterhaltungswert erhöhen.

4. Erfolgreiche interaktive Dienste im Fernsehen

In der Praxis haben sich die Ergebnisse der hier beschriebenen Konsumentenforschung bestätigt: In den USA wie in Deutschland und Europa sind in den letzten Jahren eine ganze Reihe erfolgreicher interaktiver Fernsehdienste ohne Konvergenz und ohne Computertechnik entwickelt worden. Diese Dienste ermöglichen dem Zuschauer zu wählen, mitzuspielen und mitzuraten, einzukaufen und zu wetten.

- Shopping-Networks sind die wohl erfolgreichsten interaktiven Dienste. Solche Networks gibt es in den meisten Staaten, in den USA gibt es sogar drei: QVC, Home Shopping Network und ShopNBC. Einige Kabel und Satellitensysteme bieten „one-stop“ High-Tech-Interaktivität beim Fernsehen an, aber schätzungsweise werden 99 % aller Bestellungen durch das Telefon oder durch eine getrennte Website gemacht. Zudem bevorzugen viele Kunden das persönliche Gespräch und möchten nicht nur ein paar Tasten drücken.
- Ob „Pop Idol“, „American Idol“, „StarAcademy“, „Deutschland sucht den Superstar“ oder wie die Casting-Show auch heißt: In jedem Land wählt man gern Favoriten. Dabei ist bei vielen Anrufern die Technik schon recht fortgeschritten – aber es ist die Telefontechnik beim Handy; es geht durchaus ohne Computer-TV-Konvergenz.
- Bei Sendern wie 9Live macht das altmodische Telefon oder das neue Handy das Fernsehen interaktiv. Viele Beobachter waren überrascht, dass so ein Konzept erfolgreich sein könnte, weil sie sich, wie gesagt, nur mit den Bedürfnissen der „early adopters“ beschäftigt hatten. Das Zuschauer-Segment, das sich für solche TV-Spiele interessiert, war weithin ignoriert worden.
- Geraten wurde in vielen Ländern auch beim „Millionär“. In diesem Fall könnte man allerdings die Grenzen des Publikum-Interesses hinsichtlich der Interaktivität sehen: Nach Brancheninformationen geht man davon aus, dass weniger als 5 % der Zuschauer zum Computer gingen, um bei der TV-Sendung gleichzeitig mitzuspielen.
- Kann man auch junge Computer- und Videogame-Fans ohne Konvergenz im Fernsehen ansprechen? In Deutschland sieht man am Beispiel GIGA, dass das durchaus möglich ist. Hier zeigt sich, das auch dieses Konsumenten-Segment verschiedene Medien, einschließlich TV, je nach Lust und Laune nutzt, ohne ein Medium aufgeben zu wollen, wie manchmal behauptet wird.

5. „Interaktivität" ohne technologische Zwangsjacke

Wir haben hier versucht, eine Analyse von schon fast als „historisch" anmutenden Daten über die Entwicklung interaktiver Fernsehanwendungen durchzuführen. Dabei haben wir festgestellt, dass viele Praktiker und auch viele Wissenschaftler in den 90er Jahren einer gewissen Technologie-Euphorie verfallen waren und die Bedürfnisse der Konsumenten ignorierten oder falsch interpretierten. Zunächst führte das dazu, dass man Millionen in Produkte investierte, für die sich die Konsumenten überhaupt nicht interessierten. Dann führten diese negativen Erfahrungen zu einem übertriebenen Pessimismus in Bezug auf das Konsumenteninteresse an interaktiven Anwendungen überhaupt.

Inzwischen sind viele der technologischen Hürden, die die technische Konvergenz in den 90er Jahren kompliziert und teuer machten, überwunden. Die Frage nach Konsumenteninteresse an Konvergenz und computergesteuerten interaktiven Anwendungen ist jetzt wieder sehr aktuell. Werden dabei die Fehler der 90er Jahre wiederholt werden?

Die meisten Praktiker haben durch bittere Erfahrungen erkannt: Die Präferenzen der Konsumenten haben einen entscheidenden Einfluss auf die Weise, in der die technischen Möglichkeiten ausgeschöpft und welche Produkte erfolgreich sein werden. Die New Economy des letzten Jahrzehnts zeigte eines ganz deutlich: Nur die Anbieter, die „Interaktivität" ohne technologische Zwangsjacke definieren und die Bedürfnisse der verschiedenen Konsumentengruppen sorgfältig analysieren, werden erfolgreich sein.

Literatur

Negroponte, N. (1995): *Being Digital.* New York: Knopf.

Stipp, H. (1998): Wechselwirkungen zwischen Computer- und Fernsehnutzung. In: *Media Perspektiven*, o. Jg., Frankfurt/Main, S. 76–82.

Vorderer, P (2000): Interactive Entertainment and Beyond. In: Zillmann, D. & Vorderer, P.: *Media Entertainment.* Mahwah, N. J.: Lawrence Erlbaum.

5. Soziale Aspekte des interaktiven Fernsehens

Interaktives Fernsehen: Neue Communities oder atomisierte Gesellschaft?

Norbert Bolz

Prof. Dr. Norbert Bolz ist Professor für Medienwissenschaft am Institut für Sprache und Kommunikation, TU Berlin.

Wer vernünftige Prognosen über die Zukunft des Fernsehens entwickeln möchte, muss sich vier Fragen stellen:

1. Was hat den Erfolg des Mediums Fernsehen bisher begründet und wo liegen seine Stärken? Das beantworte ich in einem Rückblick auf die klassische Welt der guten Unterhaltung.
2. Wie haben sich die Kundenerwartungen bzw. die Rezeptionsgewohnheiten verändert? Auf diese Frage antwortet Abschnitt 2 dieses Beitrags: „Der Aufstand der Couch Potatoes".
3. Welche neuen technischen Möglichkeiten rechtfertigen einen veränderten Begriff vom Fernsehen? Um diese Frage zu beantworten, konzentriere ich mich auf den Titel-Begriff Interaktivität – und zwar mit dem Anspruch einer „Kritik" im klassischen Sinn des Grenzenziehens. Ich frage also nach den Möglichkeiten und Grenzen von Interaktivität im Fernsehen und begründe, warum nur ihre Light-Version Erfolg verspricht.
4. Wie sieht die heutige Gesellschaft aus, in der das Fernsehen seine neue Funktionsbestimmung finden muss? Die Antwort auf diese Frage orientiere ich an der alten soziologischen Unterscheidung zwischen Gemeinschaft und Gesellschaft – aus aktuellem Anlass! Denn alle Welt spricht wieder von Communities. Ich zeige, welche Funktion sie in der und für die moderne Gesellschaft haben.

1. Die klassische Welt der guten Unterhaltung

Wer mit Genuss fernsieht, ist der produktiven Gesellschaft ein Dorn im Auge, denn er hat die puritanische Angst vor der Zeitvergeudung abgestreift. Fernsehen dispensiert vom Handeln und erlöst von der Zeit. Man spürt das vor allem bei den Unterhaltungssendungen: Einschalten, um abzuschalten – man muss keine Anschlusskommunikation leisten.

Unterhaltung setzt man gemeinhin mit Zertreuung, Vergnügen und Ablenkung gleich. Dass Entertainment und Ennui, Unterhaltung und Langeweile zwei Seiten derselben Medaille sind, weiß die Kulturkritik seit Pascal – heute oft in der positiven Wendung, zur Ökonomie der Aufmerksamkeit gehöre die Kunst der Zerstreuung. Das hier zugrunde liegende Argument ist einfach: Langeweile ist der Wunsch nach einem Begehren (Phillips, 1998) und Zerstreuung ist eine Form der Langeweile. Insofern entspricht gute Unterhaltung präzise der Verzweiflung der Langeweile. Wer sich zerstreut, flieht vor sich selbst.

Wenn wir die kulturkritische durch eine psychologische Perspektive ersetzen, ergibt sich folgendes Bild: Unterhaltung liegt als „Erregungshomöostase“ (Zillmann & Bryant, 1985) zwischen Stress (zu viel Stimulation) und Langeweile (zu wenig Stimulation). In der rundum versicherten Welt der Moderne suchen wir deshalb nach Gefahr, denn diese versetzt uns in Aufregung – und das bereitet Lust. Doch die Gefahr darf nicht wirklich gefährlich werden, sie muss im Als-ob verbleiben. Was wir eigentlich suchen, sind also „safe dangers“ (Scitovsky, 1992), gefahrlose Gefahren. Und die gibt es vor allem im Film.

Was für den vormodernen Menschen Fortuna war, ist für den modernen Menschen die Spannung: selbsterzeugte Ungewissheit. Spannung liegt als kontrollierter Kontrollverlust zwischen der Vertrautheit des Banalen und der Unvertrautheit des Komplexen. Ein spannender Film trainiert uns also im Umgang mit Ungewissheit. Werner Früh hat diesen kontrollierten Kontrollverlust zu Recht ins Zentrum seiner Unterhaltungstheorie gestellt. Fernsehen übt ein, wie man aktive durch passive Kontrolle ersetzen kann: Man kann nichts tun, aber man kann voraussehen, was geschieht.

Unterhaltung hat neben der Spannung noch zwei weitere Attraktoren: Nonsens und Geschwätz. Massenmedien weiten den Klatsch-Mechanismus auf Fremde aus. Das heißt, Celebrities und Politiker werden von den Zuschauern als wichtige Gruppenmitglieder behandelt. Ob ich das Tun und Treiben von Dieter Bohlen und Gerhard Schröder nun in der ARD oder in den People Magazines verfolge – stets arbeite ich am „updating“ meiner „social map“ (Dunbar, 1997). Insofern entspricht die Unterhaltungsformatierung aller Ereignisse im Fernsehen nicht nur unseren tiefsten Wünschen, sondern auch einer sozialen Notwendigkeit. Konsum von Klatsch ist das Genießen der Unterwürfigen – und zugleich die Form, in der sie soziale Intelligenz ausbilden.

Im Zeitalter des Media Bashing vergisst man leicht, dass Fernsehen einmal eine großartige Erfindung für die Massen war. Man versammelte sich allabendlich vor dem elektronischen Lagerfeuer und wurde Zeuge der Weltsensationen: die Bilder vom Mond, der Schrecken von Vietnam, der Thrill von Durbridge, das Tor von Libuda. Die Straßen waren dann leergefegt und das Gesehene wurde zum verlässlichen Anknüpfungspunkt für Schulgespräche.

Der Fernseher wurde abends eingeschaltet – draußen auf den Straßen sichtbar als magisches blaues Leuchten; drinnen in den Wohnzimmern ein faszinierendes Bombardement von Lichtimpulsen, das uns die Anstrengung von Familiengesprächen gnädig erlassen hat. Und der erste, der darüber nachdachte, was hier eigentlich geschieht, kam zu dem Schluss: Das Medium selbst ist die Botschaft. Das erklärt auch heute noch, warum wir die Tagesschau sehen, fast alles sofort wieder vergessen und uns dennoch gut informiert fühlen. Denn die eigentliche Botschaft von Nachrichten ist Allgegenwart, eine Art abstrakter Weltzeitgenossenschaft. Tag für Tag wird der Welthorizont für uns abgetastet und alles Auffällige in bewegten Bildern gezeigt.

Gerade auch an der Kultsendung der deutschen Aufklärung, der „Tagesschau", kann man erkennen, dass Fernsehen ein Ritual ist. Die Zuschauer, die sich zu informieren glauben, genießen den Komfort des Rituals. Wir sagten ja bereits: Man schaltet ein, um abzuschalten. Das Fernsehen neutralisiert die Umwelt, um dann eine Eigenwelt zu konstruieren. Zum Nullmedium (im Sinne Hans Magnus Enzensbergers) gehört Action (im Sinne Erving Goffmans). Doch was ist damit gewonnen? Riten ermöglichen die Anpassung an emotionale Problemlagen. Sie geben jedem Problem eine Ausdrucksform.

Ereignisse und Persönlichkeiten sind Eigenwerte des Fernsehens, die das Chaos der Welt wie Strange Attractors ordnen. Das erklärt, warum das Fernsehen so beliebt ist, obwohl alle über das schlechte, niveaulose Programmangebot klagen. Unterm Licht der Kathodenstrahlröhre herrscht das Gesetz der *secret consumption.* Hier kann ich mir ein Bild von der Welt machen; hier gibt es noch Unmittelbarkeit und Dramatik. Hier bin ich Mensch, hier darf ich's sein. Und genau das wird uns ja von den sozialen Systemen, in denen wir funktionieren, vorenthalten. Jeder spürt schon lange, was Soziologen wie Niklas Luhmann heute explizit formulieren: dass der Mensch ein Umweltproblem der Gesellschaft ist. Und gerade deshalb kommen wir nicht von den Medien los. Zumal das Fernsehen lockt, noch in den dümmsten Sendungen, unwiderstehlich mit dem geheimen Konsum des Humanum.

Seit es Privatfernsehen gibt, sehen wir nicht mehr dieselben Sendungen. Doch gleichgültig, welchen Sender wir einschalten – überall erwartet uns Gerhard Schröder. Nicht dass er uns etwas zu sagen hätte. Fernsehen ist der schlichte Körperkult der Prominenz. Und die gemeinsame Beziehung auf Prominente hält die Gesellschaft zusammen. Wer etwa seinen Sonntagabend der ARD opfert, erlebt alles, was unsere moderne Welt im Innersten zusammenhält. Zunächst der „Tatort" als unwiderstehliche Propaganda der Political Correctness, der, wie alle Fernsehserien, den „sociopleasure of morality" (Tiger, 2000) bietet: Man kann zusehen, wie Gerechtigkeit geschieht. Und dann „Christiansen" – Talk als Kult unserer Staatsreligion. Früher hat man das richtige Verhalten in der Polis gelernt; heute genügt es, den Fernseher einzuschalten.

Doch in Talkshows werden nicht nur Prominente ausgestellt; sie befriedigen auch die Ausdrucksbedürfnisse moderner Subjektivität. Wichtiger als die Information ist die Beteiligung an Kommunikation: Reden wir miteinander! Das bestätigt Kants Theorie der kommunikativen Lust genauso eindrucksvoll wie Schleiermachers Begriff der „Wettergespräche“ und Konrad Lorenz’ Konzept der „Putzgespräche“. Talk heißt Klatsch und Tratsch. Und Klatsch ist die Art von Konversation, in der es um Standards und Werte geht. Sie trennt innen und außen.

Klatsch und Talk sind, wie Robin Dunbar sehr schön gezeigt hat, Grooming, also verbale Fellpflege. Schimpansen kraulen sich; wir schwätzen miteinander. Beides hat denselben sozialen Sinn: den Gruppenzusammenhalt zu sichern. Im Medium von Klatsch und Tratsch beobachten wir die soziale Komplexität unserer Welt und trainieren so unsere soziale Geschicklichkeit. Wer hat was mit wem? So dient der Talk der Welt einem permanenten „updating“ unserer „social map“. Statt also, wie es die Vertreter der Gutenberg-Galaxis ganz selbstverständlich unterstellen, die Massen zu verblöden, funktioniert Fernsehen als Schule der sozialen Intelligenz. Was soll ich glauben? Was kann ich hoffen? Was darf ich begehren? Die Antworten darauf gibt die gute Unterhaltung in den Massenmedien, die uns mit einem Set von Überzeugungen und Wünschen versorgen. Wir können also sagen: Das Fernsehen nimmt sich des „Menschen“ an, den die Gesellschaft aus sich ausgeschlossen hat. Und gerade weil die sozialen Systeme vom „Menschen“ allenfalls blockiert werden können, wird er als Fernsehpräparat zur evidenten Wirklichkeit. Das ist der praktische Humanismus des Fernsehens. Es leistet konkrete Lebenshilfe bei der Flucht aus der Komplexität.

Die moderne Gesellschaft kann mit dem Menschen nichts anfangen – und noch weniger mit der klassischen Familie. Deshalb findet man überall Angebote, die eine Art Outsourcing des Familiären bieten. Und nirgendwo gelingt das überzeugender als in der täglichen Soap. Doch die gute Unterhaltung belässt es hier nicht bei Formaten wie Lindenstraße und GZSZ. Bei S. Kracauer (1966) kann man lesen, dass der Film die ganze Welt als virtuelles Zuhause zeige. Das trifft gerade auf die vielgeschmähten Hollywood-Filme zu; und das liegt daran, dass dort in aller Naivität die Mythen, Sagen und Legenden von 2500 Jahren abendländischer Kulturgeschichte daraufhin abgetastet werden, ob sie brauchbare Stories abgeben. Hollywood ist ein Selektionsmechanismus zur Optimierung von Mythen. Sie werden von den Jugendlichen nach Modellen der Selbstinszenierung abgesucht. Man könnte geradezu von einer Menschwerdung des Menschen im Medienkonsum sprechen.

Der Mythos ist ein begriffsloses Denken und deshalb in der Strukturierung unserer sozialen Realität viel wirkungsvoller als die gutgemeinten Projekte der Aufklärung. Inszenierbarkeit und Erzählbarkeit des Mythos statt Werte und Normen, Theorien und Gesetze. Und für die Zuschauer, die heute gut unterhalten werden wollen, gilt nichts anderes als damals für die Stammesversammlung am Lagerfeuer. Wir sollten tatsächlich diesen Gedanken riskieren, dass die abendliche Versammlung vor dem magisch flackernden Bildschirm eine postmoderne Neuausgabe der Urhorde vor dem Lagerfeuer ist. Auch die elektronische Urhorde will sich von der Außenwelt abwenden. Auch die Nachrichten aus aller Welt dienen nur einer totalen Faszination, die in völlige Zerstreuung umschlägt. Hier geht es nicht um Kausalität aus Freiheit, sondern um Handlung als „enactment“ eines „skripts“. Zu Deutsch: Die Handlung schafft den Handelnden. Aus Mythos wird „plot“, aus Praxis wird „action“.

Vorm Fernseher und im Kino haben wir gelernt, was uns keine Schule und kein Elternhaus beibringen konnte: So also geht man mit Frauen um; so funktioniert die Welt; das ist Glück! Das war und ist die Welt der Stars, die Geburt der großen Gefühle von Ruhm und Ehre – und natürlich der demokratische Mythos des Erfolgs. Was man von Film und Fernsehen derart lernen kann, nennen Anthropologen „behavioral literacy".

2. Der Aufstand der Couch Potatoes

Emanzipation ist ein großes Wort und man sollte es eigentlich nur gebrauchen, wenn es Menschen gelingt, Sklavenfesseln abzustreifen. Aber genau das geschieht heute auf der Ebene der neuen Medien. Was den Fernsehzuschauer bisher konkret versklavt hat, war der Zwang der Werbung. Um den Spielfilm oder die Sportschau zu sehen, musste ich bisher Werbeblöcke ertragen. Heute genügt es, eine Viertelstunde später einzuschalten, um die Werbung souverän zu überspringen. Denn mein neuer Fernseher ist längst auch ein Computer. Er speichert die Sendung auf einer Festplatte und eliminiert die Werbespots. Während die Sendung noch läuft, lässt sie mein neuer Fernseher neu beginnen – und ich genieße die Bundesliga unbelästigt von Telekom oder Krombacher.

Doch das ist nur einer von vielen technischen Schritten, mit denen wir uns vom Zeitalter der klassischen Massenmedien entfernen. Die Entwicklungsrichtung ist klar: Wir wollen nicht mehr nur passive Informationsverarbeiter sein, sondern aktiv in die Medienwirklichkeit eingreifen. Und „aktiv" heißt im Zusammenhang mit Medien immer „interaktiv". Dass Massenmedien prinzipiell nicht interaktiv sein können, ist zwar eine Grundüberzeugung solider Medienwissenschaft. Aber die Praxis ist hier klüger als die Theorie. Der Wunsch nach aktiver Mediennutzung ist heute so groß, dass er die Medientechniker und Programmmacher dazu zwingt, einen stabilen Schein von Interaktivität zu erzeugen. Die „lieben Zuschauer" machen mobil und wollen mitreden.

Natürlich können die Empfänger einer Sendung nicht in der gleichen Weise über die Programmgestaltung mitentscheiden wie ein Familienmitglied über den Speiseplan der kommenden Woche. Millionen sitzen an den Geräten, und schon der Versuch, die konkreten Vorschläge von hundert Zuschauern ernst zu nehmen, würde einen Sender rasch ins Chaos stürzen. Interaktivität fürs Volk muss also anders organisiert werden, und wir kennen das Grundprinzip natürlich schon lange: multiple choice. Wir haben die Möglichkeit, unter vorgegebenen Alternativen zu wählen – nicht aber: eigene Alternativen zu formulieren. Deshalb rückt der Akt der Selektion ins Zentrum der Aufmerksamkeit. Entscheidend ist nicht, was man wählt, sondern dass man wählt.

Wenn man sich das klar macht, versteht man auch, warum neue Formate wie Star Search so gut funktionieren. Wenn Deutschland den Superstar sucht, geht es gar nicht um die Daniels, Alexanders oder Jessicas, sondern darum, dass die Zuschauer sich selbst in ihrer Macht genießen: Wir entscheiden! Ob die quäkende Stimme aus Bottrop einen Plattenvertrag bekommt oder wieder spurlos im Ruhrgebiet verschwindet, hängt von der akkumulierten Macht der Zuschauer ab. Deshalb gibt es eigentlich gar nichts Aufregenderes für einen „interaktiven" Fernsehzuschauer, als die talentlose Niete zum Superstar zu erhöhen. Jeder andere hätte es genauso werden können – wenn ich und meinesgleichen es gewollt hätten. Die Suche nach dem Superstar ist also eine Schöpfung aus Nichts, die man bisher Gott vorbehalten hat. Im Grunde feiert sich der Zuschauer dabei selbst.

Der erste und größte Medientheoretiker, Marshall McLuhan, behält also Recht: Das Medium ist die Botschaft (McLuhan, 2002). Und was ist die Botschaft der interaktiven Medien? Die Couch Potatoes legen die Kartoffelchips beiseite, erheben sich vom Sofa und emanzipieren sich vom passiven Medienkonsum. Der Begriff Couch Potatoe sollte ja zum Ausdruck bringen, dass sich der Fernsehzuschauer in einer Welt der unbegrenzten Zumutbarkeiten eingerichtet hat und willenlos akzeptiert, was die Fernsehgewaltigen ihm als Programm vorsetzen. Verschärft wurde diese Erfahrung durch das Privatfernsehen, das erstmals deutlich machte, dass die Programme lediglich Entschädigungen für die Zumutung der Werbung sind. Doch Privatfernsehen bedeutete auch: viele Programme. Die lassen sich aber nur mit einer Fernbedienung bewältigen. Seither gibt es Channel-Hopping, die Freiheit des Zappens, das ja vor allem Wegzappen ist. Und damit beginnt der Aufstand der Couch Potatoes.

Man muss nicht euphorisch werden, um einen kulturprägenden Unterschied zu sehen zwischen der alten Fernsehwelt der öffentlich-rechtlichen Anstalten, in der ein, zwei Sender das ganze Volk bestrahlten (Durbridge-Effekt), und der neuen Fernsehwelt des Zappens und der Interaktivität, in der jeder einzelne Zuschauer sein eigenes Programm selektiert und kombiniert. Damit läuft heute aber auch die klassische Kulturkritik ins Leere, die immer von unmündigen, passiven Zuschauern ausgeht, denen finstere Mächte der Kulturindustrie eine genussvolle Gehirnwäsche verpassen. Das gilt übrigens auch für die zynische Umkehrung dieser Kulturkritik in Hans Magnus Enzensbergers Theorie des Nullmediums. Enzensberger war ja der Meinung, das Fernsehen sende eine Null-Botschaft, die der Zuschauer deshalb genieße, weil er von Bedeutungen gerade verschont werde wolle. Das ist eine pfiffige Idee – aber sie hat ihre beste Zeit schon hinter sich. Natürlich wird es auch weiterhin Millionen geben, die abends einschalten, um abzuschalten. Doch Glotzen ist nur noch eine Option unter anderen.

Solange man noch von der Vorstellung des passiven Konsumenten ausgeht, versteht man nichts von der neuen Medienwirklichkeit. Auch das Fernsehen – scheinbar das Medium sündhafter Trägheit – trägt heute zu einer Kultur der neuen Oralität bei. In archaischen Zeiten war unsere Kultur schon einmal oral, aber in den engen Grenzen eines Stammes. Das war die Welt der Stimme. Die Zeit der Zivilisation war dann literal geprägt, d. h., Kultur war Print-Kultur, und die dominierende soziale Wirklichkeit war die Stadt. Das war die Welt des Buches. Heute formiert sich erneut eine orale Kultur (Telefonie und Television) – nun aber nicht mehr in tribalem, sondern in globalem Maßstab. Genau das meinte Marshall McLuhan (2002) mit seiner berühmten Formel „global village". Das ist die Welt der elektronischen Netzwerke.

Dieser Übergang von einer literalen zu einer neuen oralen Kultur wird ganz deutlich dadurch angezeigt, dass wir heute den entscheidenden Akzent nicht mehr auf Information, sondern auf Kommunikation setzen. Wer in Zukunft fernsieht, gehört zur Handy-Generation, die ganz selbstverständlich erwartet, dass alle Technik ihrer Mobilität und Kommunikation dient. Technisch entspricht dem die digitale Integration der Medien. Seit Computer alle möglichen Mediendaten vereinheitlicht haben, gibt es die neuen Alleskönner, mobil und multimedial: das Handy, mit dem man fotografieren, faxen und mailen kann. Und das setzt Maßstäbe auch für die älteren Medien wie das Fernsehen.

Es wäre aber ein Missverständnis zu glauben, dass die Mobilmachung der Medienwirklichkeit den klassischen Massenmedien den Garaus machen würde. Vielmehr zeigt sich, dass Fernsehen und Radio auf der einen Seite und computergestützte Medien auf der anderen Seite strikt aufeinander angewiesen sind. Beide haben nämlich Probleme, die sie nicht aus eigener Kraft lösen können. Das Internet hat das Problem, dass alle Adressen radikaldemokratisch gleichwertig sind, d. h., dass sich alle Angebote einem erbarmungslosen Kampf um Aufmerksamkeit ausgesetzt sehen. Die Massenmedien haben das Problem, dass die Trägheit ihres Apparats den Kontakt mit dem Zeitgeist unterbricht. Internet und Massenmedien brauchen sich also gegenseitig. Die interaktiven Medien zeigen den Massenmedien die Kunden der Zukunft. Und die Massenmedien werben für das Angebot der interaktiven Medien.

Und damit sind wir bei der wirtschaftlichen und politischen Dimension der neuen Medienwirklichkeit. Seit das Fernsehen nicht mehr von einem „Kulturauftrag" faselt, sondern um Kunden konkurriert, kann man deutlicher erkennen, wie die technische Entwicklung der Medien mit den Kundenerwartungen in der Wirtschaft des 21. Jahrhunderts und dem Selbstverständnis demokratischer Bürger harmoniert. Der Zuschauer rückt ins Zentrum der Medieninszenierung. Man kann es auch so sagen: Die auf den Märkten heute selbstverständliche Kundenorientierung hat jetzt auch die Massenmedien erreicht. Man hat endlich begriffen, dass der Medienkunde selbst das eigentliche Produkt einer Sendung ist. So wird Fernsehen zum Event. Das ist das eine.

Zum andern entsprechen die Massenmedien dem wachsenden Wunsch der Bürger nach politischer Partizipation. Formen direkter Demokratie werden wieder attraktiv. Das ist natürlich nur mit den Medien und in den Medien möglich. Man denke nur an die wachsende Bedeutung der Meinungsumfragen, die mittlerweile den Rahmen für alle politischen Entscheidungen abgeben. Natürlich hat dieses Mehr an Unmittelbarkeit seinen Preis. Besonnenheit und Geschmack haben in unserer Kultur kaum mehr eine Chance. Doch ist das ein Grund für Kulturkritik? Auch wenn es weh tut: Wir müssen lernen, mit Geschmacklosigkeiten zu leben. Denn Geschmack diskriminiert – und das ist in Massendemokratien unerträglich. Deshalb haben demokratische Kulturen den Geschmack durch die öffentliche Meinung ersetzt, die von den Medien inszeniert wird.

Und wir müssen lernen, mit politischer Kurzsichtigkeit zu leben. Denn Macht kann man in Massendemokratien, d. h. Mediendemokratien, nur erhalten, wenn man jede Entscheidung mit den Emotionen der Bürger abstimmt. Diese Abstimmung findet tagtäglich in den Medien statt. Man denke nur an die Gesundheitsreform. Täglich gibt es neue Ideen, die in der Medienwirklichkeit überleben – oder eben nicht. Der politische Bürger befindet sich also genau in der gleichen Situation wie der Fernsehkonsument; er bekommt Programm-Angebote und kann darüber abstimmen. Auch Politik in Massendemokratien ist multiple choice. Wir müssen also keine „republikanischen" Anstrengungen auf uns nehmen und uns mit substanziellen Diskussionsbeiträgen an der Politik beteiligen. Es genügt, Fischer gut zu finden oder Stoiber schlecht. Ulla Schmidt – „dieser Politiker ist mir unbekannt". Auch die Mediendemokratie bleibt formal; und das ist gut so.

3. Die Light-Version der Interaktivität

Das Internet und das Fernsehen präsentieren Information als Fetisch und Kommunikation als Kult – man denke nur an Talkshows und Chatrooms. Nicht was, sondern dass geredet wird, zählt. „Information at your fingertips" ist kein Programm der Aufklärung, sondern Magie unter neuen Medienbedingungen. Die jüngste Kultformel lautet natürlich „Interaktivität". Ja, man könnte sagen: Interaktivität ist ein Fetisch der Multimedia-Gesellschaft. Bei Lichte betrachtet handelt es sich aber meist nur um „multiple choice". Und übrigens: Echte Interaktivität ist, wie jede Aktivität, anstrengend. Dass wir Push- durch Pull-Medien ersetzen werden, ist wohl nur eine Illusion, die einer idealistischen Anthropologie entspringt.

Wenn wir die Medienlandschaft nüchtern betrachten, dann zeigt sie ein pluralistisches Gesicht, dessen charakteristische Züge sich genau benennen lassen: Multimedialität, Medienverbund, Mobilität, Interaktivität, Virtualität. Sehen wir näher zu.

3.1 Multimedialität

Ob man nun von Hypertext, Hypermedia oder Multimedia spricht – stets geht es um ein Kommunikationsangebot, das den sensorischen Reichtum des Fernsehens, die Informationstiefe der Zeitungen/Magazine und die Interaktivität des vernetzten Computers miteinander verknüpft. Multimedia ist also nicht einfach die Fortsetzung des Fernsehens mit digitalen Mitteln. Man könnte eher umgekehrt sagen: „The key to the future of television is to stop thinking about television as television." (Negroponte, 1996). Vor allem Bilder werden immer wichtiger, weil sie schneller, kompakter und komplexer sind als Sprache. Unserer modernen Welt ist nur noch Pattern Recognition gewachsen; lineare Analyse ist viel zu träge. Text kann mit der Beschleunigung unserer Welt nicht mehr Schritt halten. Ein Blick muss genügen – wie im Straßenverkehr.

3.2 Medienverbund

Die Digitalisierung aller Daten hat es zum ersten Mal in der Kulturgeschichte möglich gemacht, alle Darstellungsmedien miteinander zu verknüpfen. Die alten Medien werden deshalb von den neuen nicht verdrängt, sondern in übergreifende Funktionszusammenhänge eingefügt. Man darf deshalb vermuten, dass gerade die alten Medien in Zukunft ein neues Selbstverständnis entwickeln werden. Zu erwarten ist also kein Medienkanibalismus, sondern ein fröhlicher Medienmix. Man kann die Medien nämlich ganz anders nutzen, als Medienpädagogen sich das vorstellen – z. B. sich durch Zeitunglesen zerstreuen („Bild"), in Büchern träumen und sich durch Fernsehen informieren. Vielleicht stimmte die alte Hackordnung noch nie. Der Mediengebrauch wird zur bedeutsamen Wahl, weil im Umgang mit Medien die „Pull"-Elemente an die Stelle der „Push"-Elemente treten können; man lässt sich weniger „berieseln", sondern wählt ein „persönliches" Programm aus. Das ist wohl auch der Grund, warum Multimedia der Faszinationsbegriff unserer Gegenwart werden konnte. Hier geht es um einen Brückenschlag zwischen technischer Perfektion und Qualität des Inhalts.

3.3 Mobilität

Mit dem Handy und den Laptops hat sich die fortgeschrittenste Kommunikationstechnologie zum ersten Mal von festen Standorten emanzipiert. Das Büro ist nun überall, wo mein Modem ist. Mit Beginn der Moderne spalten sich Arbeit und Heim. Büro hieß bisher: Trennung von Leben und Arbeit, Aktenförmigkeit. Die Multimedia-Gesellschaft dagegen zielt auf das One Person Office. Früher ging man ins Büro – heute loggt man sich ins Netz ein. Man arbeitet zu Hause und zwar @home – und man ist überall zu Hause: als Technonomade. So emanzipiert sich die Arbeit vom Arbeitsplatz – die soziale Umwelt der face-to-face-Interaktion schrumpft. Mobilität heißt aber auch „availability", allzeit bereit! In Amerika ist damit schon deutlich die ethische Forderung verknüpft, immer verfügbar zu sein. Hier deutet sich ein Stand-by-Modus der Existenz an.

3.4 Interaktivität

Die uns durch Presse und Fernsehen vertrauten Formen der Massenkommunikation schließen jede Interaktion aus. Dagegen steht heute das Internet als Infrastruktur einer interaktiven Weltkommunikation. Das ist möglich, weil wir heute Anwesenheit durch kommunikative Erreichbarkeit ersetzen – also durch die reine, von allen Fesseln der Anwesenheit befreite Interaktionsmöglichkeit. Für eine Kultur, die sich selbst mit Begriffen wie „Informationsgesellschaft" beschreibt, steckt hier aber ein massives Problem. Denn je interaktiver ein Medium ist, desto marginaler wird die Information. Die Botschaft lautet im Extremfall nur noch: Wir kommunizieren. Michael Schrage vom MIT hat das Problem so formuliert: „Real interactivity isn't about giving people more content to choose from, it's about letting people create their own content."

3.5 Virtualität

Von der klassischen Telekommunikation bis zum Cyberspace gilt: Nur noch technisch vermittelte Kommunikation in die Ferne gelingt – dagegen wird der Nächste und die Nähe zum Problem. Virtuelle Nachbarschaft lässt sich offenbar leichter kultivieren und stabilisieren als der Kontakt mit dem „realen" Nachbarn im Mietshaus. William Knoke (1996) schwärmt zwar zu Recht von der unbegrenzten Flexibilität einer Placeless Society, aber das heißt im Klartext natürlich auch: Wir steuern in eine entortete Gesellschaft.

Es gibt keine gemeinsamen Medien mehr. Unterschiedliche Wertsysteme werden von unterschiedlichen Medien bedient. Zu welcher Generation man gehört, hängt heute davon ab, in welcher Informationskultur man aufgewachsen ist. Und daraus folgt: „Die Jugend" gibt es nicht mehr. Schlechte Zeiten also für das Targeting des Marketing! Mediengenerationen haben keine homogene Altersstruktur oder Sozialstruktur. Sage mir, welche Medien du nutzt, und ich sage dir, zu welcher Generation du gehörst. Die Zersplitterung „der Jugend" ist wohl der wichtigste Effekt des Medienpluralismus.

Attraktiv ist für die Jugendlichen vor allem die Möglichkeit, in den offenen Strukturen des Internets ein Netzwerk der Minderheiten zu etablieren. Die Netzwerk-Kultur steht in klarem Gegensatz zur sozialen Hierarchie. In offenen Netzen treffen sich frei assoziierte Individuen – und sie bilden Gesellschaft als Hypertext, in dem sich jedes Individuum immer wieder neu „schreiben" kann. Das ist keine einheitliche Kultur, sondern ein Netzwerk von speziellen Interessen- und Wissensgruppen. Die Newsgroups erinnern an das ewige Gespräch der Romantik, das sich um sich selbst dreht.

In offenen Netzen gibt es verschiedene Stufen der Anonymität. Die Vorteile liegen auf der Hand: Wenn man anonym bleiben kann, kann man ohne Gesichtsverlust seine Meinung ändern. Man kann aber auch Rollen tauschen, ja das Geschlecht wechseln. Das ist das verlockendste Angebot der Netzkommunikation: Man darf ein anderer sein! Wir haben es hier mit kaleidoskopartiger Individualisierung durch Netzidentität zu tun. Offene Netze erlauben es mir, mich selbst zu erfinden – immer wieder neu.

Der interaktive Internetsurfer war lange Zeit das strahlende Gegenbild zum degenerierten Couch Potatoe vor der Glotze. Doch das Bild hat einen Schönheitsfehler. Interaktivität ist nämlich die Zumutung, ständig aktiv zu kommunizieren, ja konstruktiv zu „gestalten". Dahinter steckt die Marketingfiktion vom souveränen, nimmermüden Kunden, der weiß, was er will. Aber schon das, was sich hinter den meisten Interaktivitätsangeboten faktisch verbirgt, nämlich Multiple Choice, lehrt etwas ganz anderes: Wir können sagen, was uns nicht passt oder langweilt, aber meistens nicht, was wir wollen und wie es besser sein könnte.

Beim Fernsehen scheint die Sache klar zu sein: Die Fernbedienung ist Zauberstab und Waffe der Kritik zugleich – mehr braucht man nicht. Und das Spottwort von RTL-Thoma bewahrheitet sich auch heute noch oft genug: Den Zuschauern genügt die Interaktivität mit dem Kühlschrank. Wer will wirklich während eines Europapokalspiels zwischen verschiedenen Kameraeinstellungen wählen oder gar zwischen tragischem und Happyend des Liebesfilms entscheiden? Service und Bequemlichkeit fordern doch etwas ganz anderes. Ich will gut bedient und nicht mit der Wahl gequält werden.

Und damit sind wir beim Webcasting, also der neuen Synthese von TV und Internet. Die „Tätigkeit" Fernsehen wird hier zum Modell des Umgangs mit der digitalen Datenfülle – push statt pull. Man hat endlich begriffen, dass der „freie Zugang" zu den Daten, die Fülle der Optionen und die Designfreiheit des Users nicht nur verlockend und faszinierend, sondern auch anstrengend und desorientierend sind. Da bringt Webcasting die gewünschte Entlastung; ich muss nicht suchen, was mich interessieren könnte, sondern empfange maßgeschneiderte Daten-Sendungen aus dem Netz. Die Arbeit der Interaktivität überlässt das Webcasting also meinen Dienern, den Software-Robotern. Sollen doch Agenten für mich arbeiten; warum soll ich denken – meine Software ist ja intelligent. Dazu passt die Invasion der Mikrocomputer auf dem Schauplatz der Alltagsgegenstände. Things that think, wie man am MIT sagt.

Und ganz nebenbei umgeht der passive Internetzuschauer auch noch das ärgerliche Paradox des Wissens, dass wir nämlich schon wissen müssen, was wir wissen wollen, bevor wir danach suchen können. Nun genügt ein Abo. Machen wir also Schluss mit der Diskriminierung der Couch Potatoes. Auch im Cyberspace gibt es das Recht auf Faulheit.

4. Die Gemeinschaft als Opium der Gesellschaft

Politik, Kirche, Wirtschaft und Massenmedien haben heute alle das gleiche Problem: „Die Masse" lässt sich nicht mehr ansprechen. Wachsende Markenuntreue, Wechselwählerei, Sektenreligiosität und Special-Interest-Lektüre sind gleichermaßen Ausdruck einer radikalen Individualisierung. Massenmedien hatten es immer schon mit unkontrollierbaren Adressaten zu tun. Aber heute gibt es offenbar überhaupt keine gemeinsamen Medien mehr. Unterschiedliche Wertsystems werden von unterschiedlichen Medien bedient. Demografische, politische und kulturelle Verwerfungslinien trennen verschiedene Informationswelten voneinander. Die bürgerliche Öffentlichkeit löst sich auf in die virtuelle Realität von Mediengemeinschaften. Jeder schaut heute in einen anderen Spiegel – z. B. in den *Focus*.

Das könnte zu der Diagnose verführen: Tod der Massenmedien. Denn Weltkommunikation vollzieht sich heute nicht mehr nach dem traditionellen Schematismus des Broadcasting. Vor diversifizierten, differenzierten Massenmedien, dem so genannten Narrowcasting, verwandeln sich die Konsumentenmassen in einen Cluster von Nischenlesern und -zuschauern. Heute spricht man sogar schon von Pointcasting, also einer Eins-zu-eins-Beziehung zwischen Sender und Empfänger. So drängt sich der Eindruck auf, dass sich der Informationsmarkt fortschreitend auflöst: von der Masse über die Zielgruppe zur Szene und schließlich zum Individuum.

Doch Individualisierung, die Auflösung der Zielgruppen in kaleidoskopische Marktsegmente, bedeutet nicht das Ende der Massenmedien, sondern eine enorme Steigerung ihrer Auflöse- und Rekombinationsfähigkeit. Am Ende des Prozesses steht nämlich nicht der Einzelne, sondern die Wahlgemeinschaft. Der Kunde, der Leser, der User – er ist heute „Mitglied zahlloser unsichtbarer, nicht erkannter Bruderschaften" (Rapp & Collins, 1992). Die bürgerliche Gesellschaft löst sich auf in eigensinnige Individuen und rekombiniert sich dann in Wahlgemeinschaften. „Communities of choice" ist eine treffende Formel Peter Druckers, die genau dies signalisiert: Gemeinschaft statt Gesellschaft. Solche Wahlgemeinschaften bilden postmoderne Stämme in der virtuellen Realität der Medien. Gemeinsame Mediennutzung schafft derart eine „organizational neighbourhood".

Gerade weil alle Zeichen auf Globalisierung und Weltkommunikation stehen, brauchen die Menschen kulturelle Reservate der Vielfältigkeit. Neue Tribalismen gleichen die Zumutungen der Weltgesellschaft aus. In diesem Sinne definiert Ted Polhemus (1994) den Streetstyle als „the gathering of tribes" – neue Stammesgemeinschaften kompensieren die Abstraktheit der Weltkommunikation. MTV-Chef Tom Freston sagte 1998 in einem Interview des *Spiegel* über das Kompensationsverhältnis von Globalisierung und Tribalisierung: „Viele Kids leben längst in zwei Welten, einer nationalen und einer internationalen. Dabei ähneln Hamburger Kinderzimmer denen in Mexico City. Hier wie dort hängen dieselben Poster an der Wand. Alle kennen Michael Jordan und Eros Ramazotti. Die Jugendlichen teilen diese dünne Patina von Oberflächlichkeiten. Aber während die Welt durch die Medien immer kleiner wird, wächst das Interesse an lokalen Identitätsstiftern." Das war sicher einer der Gründe für den spektakulären Siegeszug der MTV-Konkurrenten VIVA.

Wer in dieser Welt erfolgreich sein will, muss auf die neuen Stichworte hören: Community, Gemeinschaft, Nachbarschaft, Stamm. Sie zeigen an, dass man heute Kommunikation als Kult und Information als Fetisch verstehen muss. Kommunikative Lust hat mit Information nichts zu tun. Es geht um Geschwätz, Dabeisein – „Hallo, ich bin's ...". Kein Mensch strebt, Aristoteles zum Trotz, von Natur aus nach Wissen. Und außer einigen Geschäftsleuten und Wissenschaftlern will auch niemand ständig Informationen abrufen. Informationen verunsichern nämlich. Kommunikationen dagegen verleihen Sicherheit, und zwar gerade durch das Gegenteil von Information: Redundanz, Resonanz – kurz: Geschwätz.

Es ist die große kulturelle Verheißung der Zukunft, dass wir nach den Etappen der archaischen Tribal Brotherhood (Stammesgemeinschaft) und modernen Universal Otherhood (alle Menschen sind Brüder – aber als „Andere", Fremde) nun wieder vor einer neuen Gemeinschaftsform stehen: der von elektronischen Netzwerken getragenen Organizational Neighbourhood. Die eigentliche Bedeutung der Netzwerke liegt nämlich nicht in der Dimension des Information-Processing, sondern in der Bildung von Gemeinschaften. Nicholas Negroponte spricht im Blick aufs Internet sogar von einer „global social fabric". Damit verliert die „Nation" als identitätsbildende Instanz immer mehr an Bedeutung – zugunsten der globalisierenden, aber auch der tribalisierenden Kräfte.

Was verbindet Menschen, wenn geografische Grenzen, Geschichte (Tradition) und Nationalstaatlichkeit keine Rolle mehr spielen? Zygmunt Bauman spricht ironisch von „the new soft world of communities". Um diese schöne neue Welt zu verstehen, ist es wichtig, sich einen Zusammenhang zu verdeutlichen, der in englischer Sprache besonders prägnant darstellbar ist: community – communication – consumption – commitment – compassion. Dieser Zusammenhang entsteht in einer Reaktionsbildung, die für die moderne Gesellschaft charakteristisch ist. Das Ausgangsproblem lautet: Der „ganze Mensch" lässt sich nicht mehr in einer Gesellschaft unterbringen, die sich durch Rollen, Stellen, Funktionen und Kommunikationen definiert. Seither benutzt man die Unterscheidung Gemeinschaft/Gesellschaft, um dem Menschen doch noch einen sozialen Ort anzuweisen. Zur Gemeinschaft gehört der Zusammengehörigkeitsaffekt, der Gefühlswert. Man orientiert sich aneinander auf Grund eines Gemeinschaftsgefühls.

Der Soziologe Ferdinand Tönnies (1991) hat einmal gesagt: „Man geht in die Gesellschaft wie in die Fremde." Normale Prozesse der Vergesellschaftung laufen über zweckrationalen Interessenausgleich, Tausch und Kompromiss. Ganz anders die Community. In sie gelangt man durch Prozesse der Initiation; in die Gemeinschaft wird man aufgenommen. Der Begriff Gemeinschaft, hinter dem die Unterscheidung persönlich/unpersönlich steckt, signalisiert Nestwärme, Menschlichkeit, überschaubare Verhältnisse, Tradition, Zugehörigkeit. Und es gibt im Wesentlichen zwei Urmodelle von Gemeinschaft: die Familie (jeder trägt nach seinen Fähigkeiten bei) und das Team im Sport (ich bin nicht nur Teil des Teams, sondern das Team ist auch Teil von mir). Sie praktizieren Gemeinschaft als Selbstzweck – das Menschliche jenseits des Individuellen. Deshalb konnte Richard Sennett (2000) behaupten: „Menschliche Wärme ist unser Gott." Und in der Tat zeigt der amerikanische Kommunitarismus, der auch in Deutschland immer mehr Anhänger findet, deutliche Züge einer Ersatzreligion, die Intimität als Medium des Kommunalgefühls kultiviert.

Für die moderne Gesellschaft lauern hier zwei Gefahren. Zum einen verführt der Community-Begriff zu einer Intim-Perspektive auf Gesellschaft: Man legt an alles lokale Maßstäbe an und verklärt das heilige Ghetto. Zum anderen bedient der Kommunitarismus ein in der modernen westlichen Welt weit verbreitetes antiorganisatorisches Ressentiment: Man leidet an der Zumutung organisierter Entscheidungen. Deshalb ist heute überall von Bürgergesellschaft und „Citizenship" die Rede. Im Klartext heißt das, dass man sich an Öffentlichkeit beteiligen will, ohne Mitglied in Organisationen zu werden.

Ein klassischer Vertreter des Konzepts von „meaningful citizenship" ist Peter Drucker (1999). Es geht dabei um aktives „commitment and compassion", um freiwillige Bindung, um den Stolz des – leider auch unübersetzbar! – „making a difference in one's community". Um dieses neue Pathos der Communities zu verstehen, muss man zwischen ihrer traditionalen und ihrer modernen Form unterscheiden. Früher gab es nur die Gemeinschaft als Schicksal; heute lockt die community als commitment, d. h. als freiwillige Wertbindung.

Der soziologische Ausgangspunkt dieser Überlegungen ist die vor allem für die USA einschlägige These, dass der Megastaat das Citizenship und der Wohlfahrtsstaat die Freiwilligen-Tradition zerstört hat. Das kann nur auf dem sozialen Sektor kompensiert werden – nur da kann man beitragen, Verantwortung übernehmen und „Volunteer" sein. Zum Pathos der Gemeinschaft gehört der Bürger als Freiwilliger. Wohlgemerkt: Nicht die Bedürftigkeit der Notleidenden ist gestiegen, sondern das Bedürfnis, etwas zu tun für die Gemeinschaft; es geht um Sinnsuche. Die Community ist die Sinngesellschaft. Oder mit anderen Worten: Die Gemeinschaft ist das Opium der modernen Gesellschaft.

Literatur

Bauman, Z. (1997): *Postmodernity and its Discontents.* New York: New York University Press.

Bolz, N. (2001): *Weltkommunikation* (1. Auflage). München: Fink.

Bolz, N. (1999): *Die Wirtschaft des Unsichtbaren: Spiritualität – Kommunikation – Design – Wissen: Die Produktivkräfte des 21. Jahrhunderts.* München: Econ.

Drucker, P. (1999): *Management im 21. Jahrhundert.* München: Econ.

Dunbar, R. (1997): *Grooming, Gossip and the Evolution of Language.* London u. a.: Faber and Faber.

Enzensberger, H. M. (1999): *Mittelmaß und Wahn: gesammelte Zerstreuungen* (1. Auflage). 4. [Dr.] Frankfurt/Main: Suhrkamp.

Knoke, W. (1996): *Bold New World.* New York: Kodansha International.

Kracauer, S. (1966): *Theorie des Films. Die Errettung der äußerlichen Wirklichkeit.* Frankfurt/Main: Suhrkamp.

McLuhan, M. (2002): *Understanding Media : the extensions of man.* London u. a.: Routledge.

Negroponte, N. (1996): *Being Digital.* New York: Knopf.

Phillips, A. (1998): *On Kissing, Tickling and Being Bored.* Cambridge, Mass.: Harvard University Press.

Polhemus, T. (1994): *Streetstyle. From sidewalk to catwalk.* London: Thames & Hudson.

Rapp, S. & Collins, T. (1992): *Die große Marketing-Wende* (2. Auflage). Landsberg/Lech: Verlag Moderne Industrie.

Schrage, M. (1990): *Shared minds: the new technologies of collaboration* (1. Auflage). New York: Random House.

Scitovsky, T. (1992): *The Joyless Economy: the psychology of human satisfaction.* New York [u. a.]: Oxford Univ. Press.

Sennett, R. (2000): *Verfall und Ende des öffentlichen Lebens: die Tyrannei der Intimität* (11. Auflage). Frankfurt/Main: Fischer-Taschenbuch-Verlag.

Tiger, L. (2000): *The Pursuit of Pleasure.* New Brunswick u. a.: Transaction Publ.

Tönnies, F. (1991): *Gemeinschaft und Gesellschaft: Grundbegriffe der reinen Soziologie* (Neudr. der 8. Auflage von 1935), 3., Darmstadt: Wiss. Buchgesellschaft.

Zillmann, D. & Bryant, J. (Hrsg.) (1985): *Selective Exposure to Communication.* Hillsdale, New Jersey: Erlbaum.

Das interaktive Fernsehen und seine Zuschauer

Lutz Hachmeister und Christian Zabel

Dr. Lutz Hachmeister ist geschäftsführender Gesellschafter des Beratungsunternehmens HMR International.

Christian Zabel ist freier Autor und Medienberater unter anderem bei HMR International.

1. iTV – Retter in der Krise?

Interaktives Fernsehen ist der fliegende Holländer in den Branchendiskussionen über die Medienzukunft. Dem Begriff entsprechen ebenso ungefähre wie schillernde Ahnungen und Visionen, konkrete Gestaltungen und Materialisationen konnten bislang aber schlecht fixiert werden. Seit Beginn der 90er Jahre geistert interaktives Fernsehen (iTV) als Chiffre über Kongresse und Konferenzen; vielfach wurden die Umrisse im fahlen Nebel der Zukunft ausgemacht; angedockt in der Realität (deutscher) Wohnzimmer hat es jedoch kaum. Nachdem „Multimedia" und „Konvergenz" als Schlagworte der Medienentwicklung ein wenig aus der Mode gekommen sind und der Glaube an die heilbringenden Kräfte des Internets deutlichen Schaden genommen hat, wird nun auf die Neuerfindung eines „kommunikativeren" Fernsehens gehofft und gewettet. Unternehmensberatungen, Forschungseinrichtungen und interessierte Firmen liefern (wieder) schön nach oben zeigende Kurven, die das Ende der Odyssee ankündigen. Einer einfachen Geschäftslogik entsprechend, nach der eine hohe Marktdynamik mit ebenfalls erhöhtem Beratungsbedarf korreliert, skizzieren die Szenarien der Consultants immense Wachstumspotenziale von iTV.[1] Mit dem interaktiven Fernsehen steht, so die Prophezeiung, die Transformation des gesättigten TV-Marktes und der Aufbruch in eine neue Medien-Ära bevor.

Mehrere profane Entwicklungen in der TV-Industrie begründen die Faszination dieser Erlöserfantasie. Aus der digitalen Verteil- und Produktionsstruktur ergeben sich nun reale strategische Optionen für die Medienunternehmen. Multidirektionale, breitbandige Verteilkanäle sowie die Entwicklung entsprechender Sendeformen sind technisch und ökonomisch machbar bzw. bereits realisiert.

Auch die grundlegenden Veränderungen auf der Nachfrageseite haben das Interesse am interaktiven Fernsehen beflügelt. Die TV-Konzerne agieren seit Mitte der 90er Jahre zunehmend in gesättigten Märkten, wie das Beispiel des deutschen Fernsehmarktes zeigt.

Stieg etwa die durchschnittliche Sehdauer der Fernsehzuschauer zwischen 1979 und 1999 von 122 auf 198 Minuten, ließen sich in den letzten Jahren nur noch geringe Zuwachsraten erzielen (Buß & Darschin, 2004). Offenkundig ist das Zeitbudget der Bevölkerung für den Medienkonsum nicht beliebig erweiterbar und stößt allmählich an seine natürlichen Grenzen. Der endlichen Aufmerksamkeit der Zuschauer steht gleichzeitig eine explosionsartige Zunahme des Angebots gegenüber, die das Publikum weiterhin fragmentiert. Nach Zählung der Landesmedienanstalten waren 2003 202 Fernsehsender lizensiert – zuzüglich ausländischen Angeboten, die über Satellit zu empfangen sind (ALM, 2003). Erreichten die Top 5-Sender 1993 noch 76,2 % der Zuschauer ab drei Jahren, kamen sie zehn Jahre später auf nur noch 59,6 %.

Die Werbekrise in der Folge der geplatzten Internet-Börsenblase hat zudem deutlich gemacht, dass das klassische, blind auf Nachfrage-Wachstum vertrauende Medien-Modell in der Krise ist. Damit hat sich auch die „Business Rationale", die zentrale strategische Herausforderung der Medienunternehmen entscheidend verändert: „The Marketing challenge is to persuade people to pay more, not necessarily to watch more." (PricewaterhouseCoopers, 2000, S. 14) Die Idee liegt dabei nahe, dies durch eine Aufwertung des bisherigen Produktes „Fernsehen" erreichen zu wollen, indem der kostenlose Konsum, den der Zuschauer mit der Aufmerksamkeit für Werbebotschaften entlohnt, durch zusätzliche, einzeln zu bezahlende Angebote ersetzt wird. Bei Anwendungen, wo dies nur schwer bzw. gar nicht möglich ist (z. B. bei elektronischen Programmführern), hofft man wenigstens, die Loyalität der Zuschauer deutlich zu erhöhen – und diese verstärkte Kanalbindung soll dann helfen, den TV-Sender aus der stark gestiegenen Zahl der Kanäle herauszuheben (Henley Centre, 2003).

Allerdings zeigen die Erfahrungen der USA seit Mitte der 90er Jahre, dass die Materie offensichtlich deutlich komplizierter ist, als auf Grund der hübschen Berater-Grafiken vermutet werden darf. So soll alleine das „Full Service Network" von Time Warner, das 500 Fernsehkanäle, Video- und Warenkauf sowie einiges mehr über die Fernbedienung ermöglichen sollte, in nur anderthalb Jahren drei Milliarden US-Dollar gekostet haben – ohne auf nennenswerte Nachfrage gestoßen zu sein.[2] Auch die zahlreichen deutschen Pilotprojekte von Telekom, o.tel.o und Co. konnten außer hohen Kosten nicht viel vorweisen und wurden, Beispiel Bertelsmann Broadband Group, oftmals sang- und klanglos abgewickelt.[3] Das Resümee dieser Versuche fällt vernichtend aus: „The two-way technology has been labelled the biggest flop since New Coke." (Swann, 2003)

Wenn sich nun – wie z. B. in Großbritannien, den USA und Frankreich – interaktive Applikationen langsam durchzusetzen beginnen, erscheint es ratsam, sich vor der Euphorie technologielastiger Visionen wie Noams „Cyber-TV", Negropontes „Being Digital" oder den Beschreibungen des „Information-Superhighways" zu hüten.[4] Der Zuschauer, oder besser: der Nutzer, spielt in diesen Ausblicken keine wirkliche Rolle – er ist nur das allzeit bereite Objekt der Begierde, kein bewusster Akteur. Im Vertrauen auf einen ökonomisch-technologischen Determinismus wird davon ausgegangen, dass der soziale Aspekt der Mediennutzung einfach überformt werden kann. Wie die teuren Experimente gezeigt haben, reicht eine vorwiegend angebotsorientierte Betrachtung des interaktiven

Fernsehens allerdings nicht aus. Vielmehr muss zunächst gefragt werden, wer die Nutzer sind, welche Rolle die neuen Offerten für die Zuschauer haben und wie sie rezipiert werden. Diesen Aspekten soll im Folgenden nachgegangen werden. In einem ersten Schritt wird dazu der Begriff des interaktiven Fernsehens abgegrenzt. Dann wird untersucht, wer die Nutzer von iTV sind. Schließlich sollen erste Aufschlüsse über die Einflussfaktoren der Nutzung solcher Angebote gegeben werden. Die Erkenntnisse beziehen sich dabei in erster Linie auf Fernsehmärkte, in denen interaktive TV-Anwendungen stärker entwickelt sind als in Deutschland, da hier iTV den Massenmarkt noch nicht erreicht hat.

2. Definition: interaktives Fernsehen

Die Schwierigkeiten der Pilotprojekte und das offensichtliche Unvermögen, die Interessen der Zuschauer vorauszuahnen, spiegeln sich bereits auf der theoretischen Ebene in der fehlenden Verständigung über zentrale Begriffe wider. So konnten van Dijk und de Vos anhand einer Befragung internationaler Produzenten von Formaten für das interaktive Fernsehen nachweisen, dass – je nachdem, ob die Producer aus der klassischen TV- oder der neueren Internetbranche stammten – den Formatentwürfen ganz unterschiedliche Annahmen über das Verhalten der potenziellen Konsumenten zugrunde lagen. Kreative mit Internet-Erfahrung sahen den iTV-Zuschauer als aktiven User, der an einer breiten Auswahl an Handlungsoptionen interessiert sei, während TV-Produzenten das Klischee der „Couch Potato" im Kopf hatten (van Dijk & de Vos, 2001). Es wird sofort klar, dass je nachdem, welche der beiden Prämissen eher zutrifft, ganz unterschiedliche Anwendungen erfolgreich sein sollten und andere nicht. Eine Abgrenzung des Begriffs „Interaktives Fernsehen" erscheint daher sinnvoll, zumal der Ausdruck in seiner Zusammensetzung einen implizit paradoxen Charakter aufweist.

Bereits der zentrale Ausdruck der Interaktivität wirft erhebliche definitorische Probleme auf. 1988 beschrieb Sheizaf Rafaeli den Begriff als „underdefined concept ... with high face validity, but only narrowly based explication, little consensus on meaning, and only recently emerging empirical verification of actual role" (Rafaeli, 1988, S. 111) – dem kann auch heute noch zugestimmt werden. So besitzt selbst der „passive" Fernsehkonsum – ganz im Geiste der Cultural Studies – interaktive Elemente, da der Zuschauer über das Medium Fernsehen übermittelte Texte interpretiert. Zwar hat sich die Forschung heute darauf verständigt, als iTV Fernsehanwendungen zu definieren, die über das bloße Interpretieren eines Stroms an Broadcast-Bildern hinausgehen (Toscan & Jensen, 1999) – jedoch bleibt nach wie vor recht unklar, welche Charakteristika solche Applikationen auszeichnen sollen.

Dabei hat es sich auch nicht als hilfreich erwiesen, dass in der kommunikationswissenschaftlichen Forschung Interaktivität oftmals als Spezialfall der sozialen Interaktion aufgefasst wurde, nämlich als Mensch-Maschine bzw. Mensch-Maschine-Mensch-Interaktion. Diese Definition im Rahmen des funktionalen Sender-Nachricht-Empfänger-Modells führt oftmals zu einer Verengung auf die Frage, ob ein Medium (technisch gesehen) interaktiv ist (van Dijk & de Vos, 2001). Zudem wird damit die Situation der direkten face-to-face-Kommunikation als nachahmenswertes Ideal definiert – dies muss aber nicht zwangsläufig optimal für eine medial vermittelte Kommunikation sein (Kiousis 2002; Hanssen, Jankowski & Etienne, 1996). Jensen plädiert daher dafür, die Konzepte Interaktion und Interaktivität zu trennen (Jensen, 1999). Darauf aufbauend definiert Kiousis Interaktivität

„as the degree to which a communication technology can create a mediated environment in which participants can communicate (one-to-one, one-to-many, and many-to-many) both synchronously and asynchronously and participate in reciprocal message exchanges (third-order dependency). With regard to human users, it additionally refers to the ability of users to perceive the experience to be a simulation of interpersonal communication and increase their awareness of telepresence." (Kiousis, 2002, S. 379)

Neben technischen Kriterien (Geschwindigkeit, Auswahl an Optionen, die dem Nutzer zur Verfügung stehen, Ansprache verschiedener Sinne) ist hier der Kontext der Kommunikation zentral: Inwieweit beziehen sich die ausgetauschten Nachrichten aufeinander und inwiefern können die Nutzer ihre soziale Präsenz mitteilen bzw. inwiefern sehen sie sich in eine virtuelle Umgebung versetzt? Dabei kann auch von Interaktivität gesprochen werden, wenn die einzelnen Elemente schwach ausgeprägt sind (Downes & McMillan, 2000).

Will man nun das Konzept der Interaktivität auf das Fernsehen anwenden, so ist dem polyvalenten Charakter des Fernsehens Rechnung zu tragen. Es ist zunächst „Materialobjekt" (Hans Traub), also ein technisches System, über das mittels einer asymmetrischen Verbindung audiovisuelle Inhalte über eine Distanz vom Sender zu einer relativ großen Zahl an Empfängern übermittelt werden. Als „Formalobjekt" fungiert das Fernsehen zum einen als audiovisuelles Netz, als Weltkommunikation im Sinne einer permanenten Globalreportage, die die externe Welt erfahrbar macht. Zum anderen besteht Fernsehen aus einzelnen Programmen, aus publizistischen Werken, die ediert und vor allem kohärent programmiert werden.

Führt man die kommunikativen Anforderungen und die inhaltlichen Aspekte zusammen, so lassen sich vier verschiedene iTV-Aktivitäten unterscheiden, die ansteigende Anforderungen an die Interaktivität stellen.

<table>
<tr><th>Art der Aktivität</th><th>Erfordert</th><th>Applikation (Beispiele)</th></tr>
<tr><td>Auswahl von Programmen und Kanälen</td><td>(Digitales) Fernsehen ohne Rückkanal</td><td>▪ Kontrolle des Zugriffs (z. B. über Conditional Access Systems)
▪ Elektronische Programmführer
▪ Aufnahme, Wiedergabe oder Zusammenstellung des Programms (z. B. per Personal Video Recorder)</td></tr>
<tr><td rowspan="3">Auswahl aus Menüs und Transaktionen</td><td>Multilateralität
▪ mindestens zwei Akteure
▪ zwei Aktionen zur Auswahl
▪ Bezugnahme der Aktionen der jeweiligen Akteure aufeinander</td><td rowspan="3">▪ Video-on-Demand
▪ Customization, z. B.
Wahl der Kameraperspektive
Auswahl des narrativen Plots
Wiederholung von Programmen
Zusatzinformationen
Kanäle für Hintergrund-informationen
▪ E-Commerce (Güter und Dienstleistungen)</td></tr>
<tr><td>Synchronität und Zeitverteilung
Abgestuft nach:
▪ der Zahl der Aktionen pro Zeiteinheit
▪ Verteilung der Dauer der Aktionen zwischen den Akteuren</td></tr>
<tr><td rowspan="2">Kontrolle über die Aktionen
Abgestuft nach:
▪ Grad der Gleichheit zwischen den Interaktionspartnern bei der Wahl von Aktionen
▪ Reaktionsgeschwindigkeit
▪ Inhalt und Form der Kommunikation</td></tr>
<tr><td>Produktion von Information</td><td>▪ Gesteuerte Teilnahme an Programmen
▪ Votings
▪ Mitspielen in Quizzes
▪ Reaktionen auf bzw. Kommentare zu Programmen
▪ Beitrag zu Programmen/Kanälen
▪ Produktion eigener Programme</td></tr>
<tr><td>Austausch/ Kommunikation</td><td>Verstehen der Aktionen
Abgestuft nach:
▪ Grad des Verstehens der Bedeutung von Aktionen/des Kontextes der Kommunikation durch die Gegenseite
▪ Geschwindigkeit der Adaption an ändernde Kontexte/Bedeutungen</td><td>▪ Kommunikation über bzw. parallel zu TV-Programmen
▪ Zuschauer-/Nutzer-Communities
▪ Kommunikation über TV</td></tr>
</table>

Tabelle 1: Formen der Interaktivität
Quelle: Eigene Darstellung auf Basis von van Dijk & de Vos (2001, S. 451 ff.)

- **Auswahl von Programmen und Kanälen:** Die einfachste Form interaktiver Anwendungen bezieht sich in erster Linie auf digitales Fernsehen.[5] Der Hauptaspekt liegt hier auf der Erweiterung der Programmwahl; ein großes Angebot kann dabei bereits als interaktiv erlebt werden, auch wenn im strengen Sinne kein Informationsaustausch zwischen dem TV-Sender und dem Zuschauer stattfindet. Diese Form der „lokalen Interaktivität" kommt ganz ohne Rückkanal aus (Merkel, 2003). Ein Beispiel ist der elektronische Programmführer, bei dem der Zuschauer wie beim Bildschirmtext aus einem breiten Broadcast-Angebot auswählt, ohne dass er dabei mit dem Sender in Kontakt tritt. In diese Kategorie fällt auch der Personal Video Recorder oder Conditional Access Systems, wobei hier unter Umständen zusätzliche Geräte von Nöten sind.

- **Auswahl aus Menüs und Transaktionen:** Auf dieser Stufe schickt der Zuschauer ein Signal an den Sender zurück, so dass von einer Zwei-Wege-Kommunikation gesprochen werden kann. Allerdings dominiert immer noch eine Logik des Auswählens: Der Sender kontrolliert, welche Alternativen dem Zuschauer zur Verfügung stehen. Innerhalb dieser – zum Teil recht komplexen Menüs – besitzt der Nutzer nur begrenzte Artikulationsmöglichkeiten; zumeist bleibt ihm nur die Übermittlung einer binären Information (Akzeptanz/Ablehnung). Beispiele hierfür sind etwa die Wahl der Kameraperspektive bei Formel-1-Rennen oder das Anfordern zusätzlicher Informationen über den „Red-Button" an der Fernbedienung.
- **Produktion von Information:** Bei dieser Aktivität beeinflussen die vom Zuschauer abgeschickten Signale die Substanz des Programmangebots. Dies ist z. B. bei Votings der Fall, wo der iTV-Nutzer den Inhalt der jeweiligen Sendung beeinflussen kann, auch wenn seine Kontrollmöglichkeiten immer noch begrenzt sind. Ein höheres Niveau wird hingegen bei Anwendungen erreicht, die der Zuschauer kommentieren kann oder bei denen er selbst aktiver Teil der Sendung wird (z. B. Audience-Participation-Shows, Call-Ins etc.). In perspektivischer Sicht könnte auch die Herstellung eigener Programme bzw. das Anbieten eigener, persönlicher Kanäle in diese Kategorie fallen.
- **Austausch/Kommunikation:** In dieser Form der Aktivität verwandelt sich die Zwei-Wege-Interaktivität in einen multilateralen Informationsaustausch. Das Fernsehen ist „nur" noch der Kanal, über den verschiedene Kommunikatoren Informationen austauschen. Neben virtuellen Gemeinschaften sind prinzipiell auch die fernsehbasierten SMS-Chats (z. B. auf Viva Plus) in der Lage, diese Funktion zu erfüllen.

Diese Definition des interaktiven Fernsehens ist bewusst nicht auf Fragen des technischen Systems fokussiert. So wird unter iTV oft nur die digitale „One-Screen"-Lösung verstanden, bei der der Zuschauer per Set-Top-Box und Rückkanal (meist das Kabelnetz) mit dem Anbieter in Verbindung steht und die Anwendungen über die Fernbedienung abgerufen werden können. Allerdings umfasst iTV auch den Bereich der crossmedialen Interaktivität: Der Rückkanal muss nicht zwangsläufig mit dem Empfangsweg identisch sein, Telefon- und Handynetze sowie das Internet können diese Funktion ebenso erfüllen. Bereits mit der ARD-Sendung „Der goldene Schuß" hielt diese Form der Interaktivität Einzug ins deutsche Fernsehen. Die Telefonabstimmungen in TV-Shows oder SMS-Chats im Fernsehen sind weitere Beispiele für interaktives Fernsehen, das nicht über ein integriertes System funktioniert. In der vorgestellten iTV-Definition sind konzeptionell auch andere Empfangsgeräte wie Mobiltelefone oder Handhelds enthalten – diese sollen im Folgenden allerdings aus Gründen der Übersichtlichkeit ignoriert werden.

3. Nutzer des interaktiven Fernsehens

Bereits aus der Definition des interaktiven Fernsehens wird deutlich, dass die Auswahl an technisch machbaren Applikation fast unbegrenzt ist. Die zitierten Fehlschläge haben dabei gezeigt, dass eine technologisch orientierte Angebotspolitik, die nicht auf Bedürfnisse der Konsumenten abzielt, zum Scheitern verurteilt ist (Lauff, 2002). Es reicht eben nicht, für eine möglichst hohe „technische Reichweite" und „Haushalts-Penetration" zu sorgen, wie jüngst die deutschen Kabelnetzbetreiber Ish & Co lernen mussten. Vielmehr muss geklärt werden, wer welche Angebote nutzt und vor allem, warum. Die Antwort auf diese beiden Fragen erscheint als notwendige Basis für die Entwicklung erfolgreicher iTV-Applikationen, für die die Zuschauer auch zu zahlen bereit sind, wie das Beispiel des Internet-Booms gezeigt hat: „The Internet bubble burst not because experts were too optimistic in their forecasts of consumer adoption (they generally under-predicted adoption) but because most revenue models were wrong." (Hammond, 2004)

3.1 iTV-Zuschauer, Nutzer eines emergenten Mediums

Interaktives Fernsehen ist, zumindest im Fall des per Set-Top-Box mit einem Rückkanal versehenen, digitalen Angebotes, eine recht neue Medienform und international gesehen erst noch dabei, den Massenmarkt zu erschließen. So sind in Großbritannien als internationalem Vorreiter zwar bereits 40 % der Haushalte „digital",[6] in den meisten europäischen Ländern liegen die Vergleichswerte aber deutlich niedriger, oftmals im Bereich von unter 20 % (siehe Tabelle 2). Die Aufstellung bezieht sich dabei auf die Verbreitung digitaler TV-Angebote und damit auf die Möglichkeit, Set-Top-Box-gestützte Interaktivität zu nutzen. Interaktivität über eine rein analoge Infrastruktur (z. B. Call-In) wird nicht berücksichtigt.

Großbritannien	USA	Frankreich	Italien	Spanien	Schweiz	Deutschland	Österreich	Polen	Griechenland
37,2 %	20,0 %	15,1 %	13,8 %	12,5 %	10,6 %	10,4 %	9,1 %	5,6 %	0,7 %

Tabelle 2: Marktpenetration digitaler TV-Angebote in ausgewählten Ländern (2002)
Quelle: Limmer (2003, S. 306), IP (2003, S. 457)

Entsprechend der immer noch geringen Verbreitung in den einzelnen Märkten (mit Ausnahme Großbritanniens) ist auch die Bedeutung des Begriffs „Interaktives Fernsehen" kaum bekannt, zumal eine griffige, publikumsnahe Definition fehlt. So können nach einer Ipsos-Umfrage in den USA 50 % der Bevölkerung den Ausdruck überhaupt nicht einordnen; 39 % haben ihn bereits gehört, kennen aber seine Bedeutung nicht (Ipsos, 2004). Ähnlich ist das Bild in Deutschland, wo nur jeder Vierte überhaupt etwas mit dem Begriff „Interaktives Fernsehen" anfangen kann (TNS Emnid, 2003).

In dieser Situation ist nach der Diffusionstheorie von Innovationen zu erwarten, dass „Early Adopters", also dem neuen Angebot besonders zugeneigte Personen, iTV zur Zeit überproportional nutzen (Rogers, 1995). Diese Gruppe muss allerdings nicht zwangsläufig repräsentativ für die Nutzerdemografie zu einem späteren Zeitpunkt sein, wenn das interaktive Fernsehen den Massenmarkt erreicht hat. So ist bei der Einführung des Internets beobachtet worden, dass zunächst technisch aufgeschlossene, jüngere und formal höher Gebildete das neue Medium überproportional nutzten, andere Bevölkerungsgruppen erst später nachrückten.[7] Der Vorreitermarkt Großbritannien bestätigt dies auch für das interaktive Fernsehen: Die Erfahrungen mit dem DVB-T-Angebot Freeview zeigen z. B., dass Nutzer, die erst relativ spät auf das digitale Medium umsteigen, tendenziell älter sind (Continental Research 2003, Enders Analysis, 2003).[8]

Im Hinblick auf die Early-Adopter-Problematik bietet es sich daher an, für die Beschreibung der Nutzer von iTV statt auf den kaum entwickelten deutschen Markt auf den weiter fortgeschrittenen britischen zu schauen, auch wenn die beiden Länder in ihren sozialen und kulturellen Rahmenbedingungen nicht vollständig vergleichbar sind. Hier lassen sich grob vier soziodemografische Gruppen unterscheiden (Continental Research, 2003):

- **„Front Runners":** Diese Zuschauergruppe, die ca. 8 % der britischen Erwachsenen ausmacht, ist überwiegend männlich und hat ein überdurchschnittliches Einkommen. Sie ist mit neuen Technologien sehr vertraut (starker Gebrauch von Internet und Online-Shopping), 55 % haben bereits digitales Fernsehen; besonders stark werden interaktive Spiele und Voting-Angebote genutzt.

- **„Move with the Times":** 34 % der britischen Bevölkerung fällt in diese Kategorie. Diese Zuschauer sind tendenziell eher männlich und formal höher gebildet als der Durchschnitt. Der Internet-Konsum liegt über dem nationalen Mittel; 56 % der Gruppe haben digitales Fernsehen und nutzen überdurchschnittlich stark interaktive Spiele.

- **„Laggards":** Ein Drittel der Bevölkerung, meist aus Gruppen mit niedrigerem formalen Bildungsgrad, sind nur unterdurchschnittlich mit dem Internet vertraut. Hier empfangen nur 45 % digitales Fernsehen; iTV wird vor allem genutzt, um Radio zu hören oder um Zusatzinformationen zu laufenden Programmen abzurufen.

- **„Quill Pens":** Diese Gruppe umfasst 27 % der erwachsenen Briten, die sich aus überwiegend älteren, weiblichen Zuschauern mit niedrigem formalen Bildungsgrad zusammensetzt. Internet und andere „modernere" Technologien (z. B. Videorekorder) werden kaum genutzt, nur 40 % der Haushalte empfangen digitales Fernsehen, vor allem um – wie bei den „Laggards" auch – Radio zu hören bzw. um Zusatzinformationen zu erhalten.

Akzeptieren die skizzierten vier Nutzertypen mehr oder weniger stark die neuen digitalen, interaktiven Angebote, so gibt es auch eine Gruppe der „Digitalverweigerer". Seit Beginn des digitalen Zeitalters in Großbritannien 1998 bezeichnen sich ca. 20 % als „Digital Refuseniks". Diese wollen keine zusätzlichen Angebote benutzen, die über das analoge Fernsehen hinausgehen, was erhebliche Probleme für die geplante Abschaltung des analogen Sendebetriebs aufwirft. Die Hälfte dieser „Digital-Verweigerer" ist über 65 Jahre alt; 40 % leben alleine und verfügen über relativ niedrige Einkommen; auch das formale Bildungsniveau liegt unter dem nationalen Schnitt. Über die Hälfte führt als Hauptgrund für die Ablehnung die Kosten eines zusätzlichen Angebots an; zudem betonen 39 % der „Refuseniks", nicht an mehr Kanälen interessiert zu sein.

3.2. Akzeptanz von iTV-Angeboten

In Anlehnung an die unter Punkt 2 gegebene Definition von Interaktivität lassen sich zwei Gruppen von Applikationen unterscheiden: Zum einen sind dies Anwendungen, die erlauben, darüber zu bestimmen, welche Programme wann gesehen und wie sie bezahlt werden.[9] Zum anderen können die Zuschauer selbst Einfluss auf die Programme nehmen bzw. diese selbst zusammenstellen (Barwise, Brodin & Canhoto, 2002). In die erste Kategorie fallen vor allem drei Angebote, die in den verschiedenen Märkten mittlerweile stark gefördert werden.[10]

- **Video-on-Demand** (VoD) wird insbesondere in den USA aggressiv vorangetrieben (Cameron, Hasker & Segel, 2003). Hier hat der Zuschauer die Möglichkeit, gegen Bezahlung einzelne Filme direkt vom Programmanbieter zu beziehen. Kagan Associates bzw. Forrester Research erwarten, dass 2005 zwischen 20 und 28 Millionen amerikanische Haushalte VoD nutzen können (Stipp, 2003, S. 472). Als Treiber könnte sich hier – ähnlich wie seinerzeit bei Canal+ in Frankreich – das Erotikangebot entwickeln. „The Erotic Network" gewann in den USA nach dem Start seines On-Demand Service im April 2003 1,2 Millionen Kunden hinzu und hatte Ende Mai 2003 rund 6,7 Millionen Abonnenten. Auch das deutsche Kabelunternehmen Ish geht in die gleiche Richtung und offeriert seit Ende 2003 zwei Near Video-on-Demand-Angebote, darunter das Erotik-Angebot „xotix".
- Bei den **digitalen Videorekordern** (PVR) besteht das Geschäftsmodell einerseits im einmaligen Verkauf der Box, zum anderen sind die Geräte in der Regel mit einem Abonnement der Zuschauer gekoppelt, deren Boxen so automatisch Updates zu den Programmschemata der Sender erhalten – Voraussetzung dafür, dass die PVRs das Sendungsangebot durchsuchen können. Bis dato bleiben die tatsächlichen Verkaufszahlen erheblich hinter den Prognosen zurück. Aktuell sind in den USA ca. eine Million TiVos[11] verkauft worden. In Großbritannien sind die Verkaufszahlen noch bescheidener: Marktführer BSkyB hatte Ende 2003 erst 121.000 Kunden mit seinem Sky+ Angebot unter Vertrag. Umfragen zeigen, dass die Zahlungsbereitschaft für ein solches Angebot vor allem unter jüngeren Zuschauern vorhanden ist. Während in Großbritannien 47 % der 15- bis 24-Jährigen bereit sind, sich für 100 Pfund einen PVR zu kaufen und eine monatliche Abogebühr von zehn Pfund zu zahlen, sind dies bei den über 65-Jährigen nur 17 %. Ein weiterer wichtiger Faktor für die Akzeptanz dieses Angebots scheint die zur Verfügung stehende Auswahl an empfangbaren Kanälen zu sein – je mehr Kanäle gesehen werden können, desto größer ist das Interesse an einem digitalen Videorekorder (mediaedge:cia, 2003).

- Als dritte wesentliche Form interaktiven Fernsehens hat sich der **Elektronische Programmführer** (EPG) etablieren können. Dies überrascht angesichts der Fülle an empfangbaren Kanälen in digitalen Haushalten kaum. Je jünger die Zuschauer sind, je größer die Auswahl an Programmen ist und je mehr die Personen täglich fernsehen, desto stärker ist die Nutzung des EPGs (Kang, 2003).

Während diese, vor allem auf die Programmwahl gerichteten interaktiven Anwendungen in verschiedenen Märkten Fuß fassen konnten, sind interaktive Fernsehformate, mit denen der Zuschauer Sendungsinhalte beeinflussen kann, vor allem in europäischen Märkten erfolgreich. Allerdings haben sich auch hier viele der Hoffnungen, die in aufwändige Angebote gesteckt wurden, nicht erfüllt und sind weit hinter den Erwartungen zurückgeblieben. Als zentraler Erfolgsfaktor hat sich dabei die Integration der Angebote in die TV-Programme erwiesen, was im Wesentlichen durch die Art der Nutzung begründet ist (siehe Kapitel 5). Ansatzweise lassen sich dabei elf unterschiedliche Gruppen von Anwendungen unterscheiden:

Typ der Anwendung	Anbieter (Beispiel)	Land	Angebot	Akzeptanz	Dominierendes Erlösmodell
„Videospiele"	TPS	Frankreich	Playjam	+++	Pay per Play
	TV Cabo	Portugal	TV Cabo interactiva		
	Echostar	USA	Playin' TV		
	BBC/Freeview	Großbritannien	Fightbox	+	
Chat/Dating	Canalsatellite	Frankreich	Live1, TchatcheTV	+++	Beteiligung an SMS-Umsätzen/Telefonanrufen
	9Live	Deutschland	Neue Liebe, Neues Glück		
	VivaPlus	Deutschland	Weekend-Lover		
	SkyDigital	Großbritannien	Txt-me.tv, Mobile Crazy TV		
Programmbegleitendes Quiz/Puzzles	TPS/ Bandiagra	Frankreich	Qui veut gagner des millions?	++	Teilnahmegebühr/keine direkten Erlöse
	GSN	USA	diverse Quizformate		
	BBC	Großbritannien	Test The Nation		
Call-In/Voting	RTL, ProSieben, SAT.1	Deutschland	Deutschland sucht den Superstar, Popstars, Star Search etc.	+++	Beteiligung an SMS-Umsätzen/Telefonanrufen
	9Live und andere	Deutschland	Diverse Quiz-/ Rätselformate, Astrologieberatung		

	TQS	Kanada	ADISQ-Musikgala (2003)		
	ABC	USA	Daytime Emmy Awards		
Programm-begleitende Zusatzinformationen	BBC One	Großbritannien	Colosseum – Rome's Arena of Death	++	Keine direkten Erlöse; Erhöhung der Zuschauerloyalität
	ZDF	Deutschland	ZDFvision, ZDFdigitext		
	diverse Kabelsender	USA	Nascar InCar Racing		
Wetten/ Glücksspiel	CanalSatellite/Equidia	Frankreich	PMU Interactive Betting Service	++	Partizipation an Wetteinsätzen bzw. Gebühren
	SkyDigital	Großbritannien	Avago		
	Diverse	USA	Betasyouwatch-casino		
Information/ Web	BBC	Großbritannien	BBCi 24/7 service	++	Keine direkten Erlöse, eventuell Abonnement; Erhöhung der Zuschauerloyalität
	Charter Communications	USA	i-Weather		
	ZDF.vision	Deutschland	Tour de France etc.		
Radio	Freeview	Großbritannien	Diverse Stationen	+++	Keine direkte Erlöse
Interaktive Werbung	SkyDigital	Großbritannien	Dedicated Advertising-Locator Spots unter anderem von Whiskas, Nicorette	+	Bezahlung durch Werbekunden
	ABC	USA	Interaktive Werbekampagne für Volvo und andere		
Teleshopping	Diverse	Deutschland, Frankreich, USA, Japan und andere	QVC, HSE etc.	++	Beteiligung am Warenumschlag
	Sky Digital	Großbritannien	Bid-up.tv (interaktiver Auktionskanal)	+	
„PC-Applikationen"	Sky Digital	Großbritannien	Demon, Talk21 (E-Mail), Sky Travel (Reiseorganisation), Halifax/HSBC (Homebanking)	+	In der Regel keine direkten Erlöse; eventuell Partizipation an Transaktionsumsätzen

Tabelle 3: Interaktive Anwendungen im internationalen Überblick
* quantitative Nutzung durch den Zuschauer
Quelle: Eigene Erhebung HMR International, Stand: Januar 2004

- **„Videospiele“:** In diese Kategorie fallen alle Spiele, die über die interaktive Umgebung der Set-Top-Box genutzt werden können. In der Regel umfassen die Angebote neben einfachen „Jump and Run“/Arcade-Games auch Karten- oder Kombinationsspiele sowie Quizformate. Zudem können die Teilnehmer (wie bei dem BBC-Format „Fightbox“) gegeneinander antreten. Diese Offerten sind von angebotenen TV-Programmen weitgehend abgekoppelt; die Set-Top-Box fungiert hier eher als einfache Videospielkonsole. Die Nutzerzahlen sprechen dafür, dass dies eine der vielgesuchten „Killer-Applikationen“ neben den programmwahlorientierten Angeboten sein könnte. So haben nach einer britischen Umfrage im August 2003 23 % der britischen Digitalhaushalte mindestens einmal ein Spiel gespielt (Continental Research, 2003); unter den Sky- und Kabelabonnenten nutzten im April 2003 rund 22 % solch einen Service mindestens einmal pro Woche, weitere 21 % wenigstens einmal pro Monat.[12] Etwa 80 % dieser Nutzer sagten, dass sie mit diesem Angebot zufrieden bzw. sehr zufrieden seien (BMRB International, 2003). Auch in absoluten Zahlen ist die Akzeptanz des Angebots imposant: Das britische Sky gab an, dass sein Spieleangebot SkyActive seit Gründung rund 13 Millionen Mal genutzt wurde; zur Zeit würden rund 1,5 Millionen Spiele pro Monat gespielt (SkyMedia, 2003).

- **Chat/Dating:** In diese Kategorie fallen die Angebote, bei denen – im Wesentlichen per SMS – verschiedene TV-Zuschauer miteinander kommunizieren können: Die abgeschickten Nachrichten werden während eigens dafür eingerichteter Sendungen auf dem Bildschirm eingeblendet. Die Attraktivität der Chat- und Dating-Applikationen ist dabei eng mit dem Fernsehangebot verknüpft, da so die Möglichkeit besteht, soziale Präsenz zu zeigen.

- **Programmbegleitende Quizzes/Puzzles:** Bei programmbegleitenden Quizzes und Puzzles hat der Zuschauer die Gelegenheit, sich parallel oder zeitlich unabhängig zum ausgestrahlten Programm aktiv an den gestellten Aufgaben zu beteiligen. Paradebeispiel sind sicherlich die interaktiven Anwendungen zu „Wer wird Millionär?“, das von der formatgebenden Firma Celador aggressiv weiterentwickelt wurde und auch in Deutschland von RTL angeboten wird. Gerade in Begleitung zu der durch das jeweilige TV-Format erzeugten Aufmerksamkeit reagieren viele Zuschauer auf solche Angebote positiv. So erzielte die BBC mit „Test the Nation“ im Jahre 2003 durchschnittlich 0,9 Millionen Nutzer (Pleasants, 2003); rund 20 % der britischen Digital-Haushalte haben bereits auf ein solches Angebot zurückgegriffen (BMRB International, 2003).

- **Wetten:** Neben reinen Spielen wird das interaktive Fernsehen auch als virtuelles Wettbüro genutzt. Während die Branchenbeobachter zunächst skeptisch waren, ob sich diese Applikationen mit ihrer aufwändigen Registrierungsprozedur gegenüber dem Internet behaupten können würden (Goodall, 2001), haben sich entsprechende Angebote in Großbritannien und Frankreich mittlerweile durchgesetzt – wobei es sich eher um einen kleinen Nutzerkreis handelt, der auf das Angebot aber sehr intensiv zurückgreift. So gaben 2003 nur 1 % der britischen Digitalkunden an, jemals per iTV gewettet zu haben (Continental Research, 2003), allerdings konnte allein Anbieter Sky bereits auf acht Millionen „iBets“ verweisen (Skymedia, 2003). In Frankreich, wo der iTV-Ableger des Pferdewettanbieters PMU bereits länger auf Sendung ist, setzten die beiden Satellitenbouquets Canalsatellite und TPS schon im Jahre 2001 über 90 Millionen Euro im Jahr nur mit Wettangeboten um. Einen ähnlichen Erfolg verzeichnet auch der britische Bingo-Glückspielsender „Avago“, bei dem per Fernbedienung elektronische Bingo-Karten erworben werden können. Das eigentliche Fernsehprogramm besteht dann daraus, dass die Präsentatoren des Senders fortlaufend Gewinnnummern ziehen. Insgesamt hatten sich Ende 2003 bereits 100.000 Spieler registrieren lassen.

- **Call-In/Voting:** Mittlerweile kann der Zuschauer in zahlreichen Ländern per Telefonanruf, SMS oder über die Set-Top-Box den Ablauf bzw. das „Ergebnis“ einer Fernsehsendung mitbestimmen. Spätestens seit deutsche Casting-Formate auf breite Aufmerksamkeit gestoßen sind, hat sich dieser Bereich auch hierzulande als attraktive Anwendung etabliert. Das Interesse steht und fällt mit der Attraktivität des Formats und kann daher nicht als eigenständiges, dauerhaftes Angebot begriffen werden. Großbritannien nimmt in diesem Sektor eine Vorreiterrolle ein, wie zwei Beispiele aus der jüngeren Programmgeschichte zeigen. Bereits während der „Big-Brother“-Wahl 2001 zählte Channel 4 über 5,3 Millionen Stimmen, die via Set-Top-Box abgegeben wurden und Umsätze von mehr als zwei Millionen Britische Pfund generierten. Insgesamt wurden damals über 22,5 Millionen Meinungsäußerungen per Telefon, SMS und iTV registriert. Formate wie „Fame Academy“ oder die „MTV Music Awards“ erzielten eine ähnliche Zuschauerbeteiligung. Auch in Deutschland stieß das Voting-Konzept in Verbindung mit diversen Casting-Formaten auf große Resonanz. So stimmten nach Angaben von Pro7 allein im Finale der dritten Popstars-Staffel 3,5 Millionen Zuschauer für eine der beiden Finalbands. Überraschenderweise konnte das in Großbritannien ebenfalls sehr erfolgreiche „Pop Idol“ in den USA diesen Erfolg nicht wiederholen: Hier wurden insgesamt nur eine Million Stimmen gezählt – und das in der gesamten ersten Staffel.
  Neben diesen Event-orientierten Angeboten haben sich auch Call-In-Konzepte durchgesetzt, die auf eine kleine, aber sehr aktive Zuschauerschaft setzen (ähnlich wie bei den interaktiven Wettangeboten). Der deutsche TV-Sender 9Live z. B., bei dem Zuschauer durch das Beantworten einfacher Quizfragen Geldpreise gewinnen können, erreichte im Jahr 2003 zuletzt nur eine Einschaltquote von 0,3 % – gleichzeitig wurde die Nummer der Gewinnhotline durchschnittlich über 20 Millionen Mal gewählt – pro Monat.

- **Zusatzinformationen:** Die Anreicherung der bisherigen TV-Erfahrung durch die Möglichkeit, zusätzliche Informationen erhalten zu können, war bereits in den ersten Konzepten des interaktiven Fernsehens enthalten (vgl. etwa Noam, 1995). Hierbei kann der Zuschauer durch Drücken des „Red Button“ an der Fernbedienung kleine Infotexte auf dem Bildschirm einblenden bzw. auf andere Inhalte verwiesen werden. Dieser „Teletext der Zukunft“ (Stipp 2001, S. 375) debütierte 2001 erfolgreich, als die BBC erstmals die Übertragung des Wimbledon-Turniers um zusätzliche Informationen (Begegnungen, Ergebnisse etc.) erweiterte. Über zwei Millionen Zuschauer nutzten damals dieses Zusatzangebot. Ähnliche hohe Zustimmungswerte erzielten die interaktiven Features der ebenfalls von der BBC gezeigten Urzeit-Dokumentation „Walking with Beasts", bei der 750.000 Zuschauer das Angebot nutzten, was einem Anteil von ca. 26 % der gesamten „digitalen Seherschaft" entspricht. Allerdings dürfen die stolzen Zahlen nicht darüber hinwegtäuschen, dass das Anfordern von Zusatzinformationen noch nicht zum täglichen Gebrauch gehört: Nur rund 37 % der britischen digitalen Haushalte nutzen die Möglichkeiten des Enhanced Television – und 63 % damit nicht (Continental Research, 2003).

- **Werbung:** In die Entwicklung interaktiver Werbung werden sehr große Hoffnungen gesetzt, zumal gerade das interaktive Fernsehen durch disruptive Technologien wie den digitalen Videorekorder das klassische Modell der Spotwerbung gefährdet (Mercer Management Consulting, 2003). Die bisherigen Ergebnisse sind aber eher enttäuschend. Nur rund 5 % der britischen Haushalte, die dazu in der Lage sind, reagieren auf interaktive Werbung, um Zusatzinformationen über die beworbenen Produkte zu erhalten. Im Gegenzug betonen die Plattformbetreiber aus verständlichen Gründen, dass diejenigen, die auf solche Angebote eingehen, überdurchschnittlich verdienen und formal höher gebildet sind und die Antwortrate höher ist als bei Direct-Response-TV-Spots (Sky Active, 2003).

- **Shopping:** Ähnlich gering wie die Nutzung interaktiver Werbeangebote ist auch die absolute Nachfrage nach iTV-Shops. Für den britischen Markt gehen Schätzungen von 7 % bzw. 9 % der Digital-Haushalte aus, die bereits einmal Produkte per Fernbedienung erworben haben (Continental Research, 2003; BMRB International, 2003). Allerdings ist auch hier darauf hinzuweisen, dass ein recht kleiner, dafür aber aktiver Kundenstamm ausreichend sein kann, um einen profitablen Geschäftsbetrieb zu gewährleisten. So verkauft QVC in Großbritannien bereits 12 % seiner Waren über diesen Weg. International haben sich bis jetzt aber eher – in Analogie zu dem beschriebenen Call-In-Sektor – die klassischen Teleshopping-Kanäle durchgesetzt, bei denen die Zuschauer per Telefon Waren bestellen können. So kam QVC 2002 in den USA bereits auf 4,4 Milliarden US-Dollar Umsatz. Auch in Deutschland erwirtschafteten die drei Shopping-Kanäle HSE, QVC und RTL Shop 2003 bereits etwa 600 Millionen Euro.

- **„PC-Applikationen":** Auf das geringste Interesse unter den interaktiven TV-Angeboten stoßen offensichtlich Anwendungen, die in ihrer Anmutung dem PC entlehnt sind. Dazu zählt zum einen die Möglichkeit, E- Mails per iTV zu verschicken oder zu empfangen; zum anderen können auch Home-Banking-Angebote hierunter zusammengefasst werden. Diese Dienste werden deutlich häufiger über den PC in Anspruch genommen als per iTV (BMRB International, 2003). In den USA liegt das Nutzerinteresse sogar noch deutlich darunter, was Branchenbeobachter auf die stärkere Verbreitung von PCs in amerikanischen Haushalten zurückführen, die somit eine bequemere Alternative darstellen.

4. Determinanten der iTV-Nutzung

Die bisherigen Beschreibungen der Nutzer bzw. der nachgefragten Angebote beantworten noch nicht die zentralen Fragen, weshalb manche Applikationen genutzt werden und warum sich viele der hochfliegenden Pläne nicht haben realisieren lassen. Um hier eine Antwort geben zu können, empfiehlt es sich zunächst, den Kontext der Fernsehnutzung näher zu betrachten, um die rein quantitative Betrachtung um eine feinere qualitative Ebene zu bereichern (Jankowski & Hanssen, 1996).

4.1 Das Fernsehen, ein passives Medium

Das Fernsehen wird im Allgemeinen als passives, so genanntes „Lean-Back"-Medium aufgefasst – der Zuschauer sei nicht interessiert, sich aktiv in den Programmfluss einzubringen. Dies wird durch die immer noch typische Situation verdeutlicht, in der TV-Programme konsumiert werden.

- **Das Wohnzimmer als Genius Loci der TV-Nutzung.** Im europäischen Durchschnitt dominieren immer noch Haushalte, die nur über einen Fernseher verfügen: Lediglich 42 % besitzen zwei oder mehr Geräte, in Deutschland sind es sogar „nur" 32 % (Franz, 2003, S. 464).[13] Und dieses eine TV-Set steht in der Regel im Wohnzimmer. Nach einer Untersuchung des Henley Centre haben z. B. nur 4 % der britischen Haushalte ihren Fernseher nicht im Wohnzimmer platziert. Verfügt die Familie über mehrere TV-Geräte, so sind diese vor allem im Schlaf- bzw. im Kinderzimmer zu finden (Henley Centre, 2001). Nach einer qualitativen Untersuchung der Mediennutzung im Wohn-/Essbereich, die die Unternehmensberatung teleconomy 2002 in Großbritannien durchführte, wird 88 % der Zeit, die Familien gemeinsam verbringen, im Wohnzimmer erlebt. Dies geschieht vor allem während des Abends bzw. des Vorabends, also dem Zeitraum, in den auch der Hauptteil des Fernsehkonsums fällt (teleconomy, 2002). Das Wohnzimmer als „ten-foot space", bei dem aus einer recht großen Distanz ein Programm verfolgt wird, stellt nun aber andere Anforderungen als das Arbeitszimmer als „three-foot space": „The first, somewhat larger space refers to environments such as the traditional livingroom found in most homes and site of most communal activity. Here, a low resolution display unit such as a conventional television set can suffice for playing primarily entertainment applications. The ‚three-foot space' refers to the home-office found in an increasing number of residences. Here, much more interactivity is required from applications as well as higher resolution images than in the ‚ten-foot space'" (Jankowski & Hanssen, 1996, S. 7).
- **Gemeinschaftliche Nutzung des Fernsehens.** Die ethnografischen Beschreibungen des TV-Konsums als gemeinschaftliche Tätigkeit, bei der in der Regel mehrere Personen das Programm rezipieren und das Gesehene eventuell als Anlass dient, um miteinander zu kommunizieren, scheint auch in Zeiten zunehmender Single-Haushalte

bzw. Verbreitung von Zweit-Fernsehern immer noch aktuell zu sein. So kommen Donnat und Gwenaël in ihrem Vergleich der TV-Nutzung in französischen Haushalten 1986 und 1998 zu dem Schluss, dass gut 55 % des gesamten Fernsehkonsums in Gemeinschaft geschieht. Auch wenn die Einzelnutzung im Betrachtungszeitraum stark zugenommen hat – nicht zuletzt wegen der zunehmenden Zahl an Single-Haushalten – so hat auch die gemeinsam vor dem Fernseher verbrachte Zeit ebenfalls zulegen können (Donnat & Gwenaël, 2003). Das Fernsehen scheint daher in der Tat ein sekundäres, soziales Medium zu sein (Barwise, Brodin & Canhoto, 2002), was auch für die „Lean-Back"-Haltung sprechen würde.[14] Selbst bei einer individuellen Nutzung ist der soziale Aspekt von großer Bedeutung, da Fernsehen als verbindendes Gesprächsthema fungieren kann, das auch gleichzeitig hilft, sich von seinen Mitmenschen abzugrenzen (Morley, 1986).

4.2 Das Fernsehen als Inhalt: Linearität und Führung

In dieser beschriebenen Fernseh-Situation, bei der eine oder überwiegend mehrere Personen aus einer größeren Distanz ein TV-Programm rezipieren, spielen Linearität und Führung als *inhaltliche* Aspekte des Mediums Fernsehen eine zentrale Rolle für die Nutzung von interaktiven Angeboten. Die Zuschauer können das klassische TV-Programm als „Fenster zur Welt" passiv verfolgen und bekommen ohne aktives Zutun einen Sendefluss geboten, in den sie sich einklinken können. Der psychologische und publizistische Mehrwert für den Zuschauer liegt in der Organisation der externen Welt durch die „ordnende" Hand eines anderen; diese frei Haus gelieferte globale Skizze bildet dann zugleich das Rohmaterial für eigene Kommunikationen, Deutungen und Projektionen (Hachmeister, 1994). Das geführte Programm nimmt dem Zuschauer dabei die Last einer (inter-)aktiven Informationszusammenstellung (wie etwa beim Surfen im Web) ab. Bereits die Erfahrungen mit den Videorekordern haben gezeigt, dass die Zuschauer nur begrenzt interessiert sind, Auswahl und Komposition der Inhalte selbst zu übernehmen. So stehen VCRs mittlerweile in der überwiegenden Zahl der westlichen Haushalte; die früheren Befürchtungen, dass damit das klassische Broadcast-Fernsehen abgelöst würde, haben sich jedoch nicht bewahrheitet. Die tatsächliche Nutzung der Aufnahmegeräte blieb stets sehr marginal, was neben offensichtlichen Bedien-Schwierigkeiten auch der mangelnden Bereitschaft, selbst die Aufgaben des Programmdirektors zu übernehmen, geschuldet ist (Barwise, Brodin & Canhoto, 2002).[15] Diese Vermutung einer „passiven" Fernsehsituation wird auch durch die stark ritualisierte TV-Nutzung unterstrichen: Die Entwicklung der Sehbeteiligung scheint weniger vom konkret angebotenen, aktiv gesuchten TV-Programm als durch begleitende Faktoren wie Tageszeit und Wochentag etc. bestimmt zu sein (Holtmann, 1999). Somit spricht einiges dafür, dass die Zusammenstellung des Programmflusses und die damit verbundene Führung des Zuschauers durch ein Sendeschema als zentrale Eigenschaft eines TV-Programms gelten kann (Becker & Geisler, 1998).

Die Führung der Zuschauer, die dem oben beschriebenen psychologischen Mehrwert geschuldet ist, impliziert daher, dass sich auch interaktive Angebote in das Broadcast-Angebot einfügen müssen. iTV wird in diesem Sinne als erweitertes Fernsehangebot und nicht als genuin interaktives Medium wahrgenommen. So zeigen Befragungen britischer Haushalte, dass interaktive Dienste vor allem in Werbepausen genutzt werden, bzw. dann, wenn der Zuschauer zur Zeit kein interessantes Broadcast-Angebot entdecken kann. Dies erklärt auch das starke Interesse an den oben beschriebenen „Videospielen", die geeignet scheinen, solch einen „Micro-Boredom" zu überwinden. Insgesamt überschreitet die Nutzungsdauer interaktiver Anwendungen selten die zehn Minuten-Grenze (Henley Centre, 2001). Das Anbieten von Zusatzinformationen oder das Verfassen von SMS-Nachrichten erfüllt die Ansprüche dieser „Quick Interactivity" (Barwise, Brodin & Canhoto, 2002).

Die Bedeutung des Einfügens in den Sendefluss wird auch bei den interaktiven Programmführern deutlich. Das britische digitale Teletext-Angebot Cee-fax konnte sich erst durchsetzen, als die Zuschauer die Zusatzinformationen als Teilbild erhalten konnten, so dass sie in der Lage waren, währenddessen das gewählte Fernsehprogramm weiter zu verfolgen (Somerville, 2003). Beim Design von EPGs wird dies mittlerweile auch als Notwendigkeit anerkannt.[16]

Neben der Zusammenstellung des Programms als Organisationsprinzip auf der Makroebene befördert die inhärente Logik, die Linearität der TV-Inhalte die Attraktivität des Fernsehangebots. Auch mit der Verbreitung des Internets ist das Bedürfnis nach einem linearen Text keineswegs einer vollständigen Hypertextualität gewichen (Rasmussen, 1999). Zahlreiche Entscheidungsmöglichkeiten bereichern zwar die erlebte Interaktivität, stören aber zugleich die Entwicklung eines „mutual discourse", da klassische, narrative Ansätze des Geschichtenerzählens wie sie etwa aus der Filmtheorie bekannt sind, behindert werden (Hanssen, Jankowski & Etienne, 1996). Interaktive Angebote sind von daher anstrengender zu erleben als die rein linearen TV-Programme, die durch ihren Aufbau über eine inhärente, leicht zu verfolgende Logik verfügen. iTV-Applikationen verlangen daher ein höheres Engagement, da die Zuschauer die nicht-linearen Inhalte selbst kontextualisieren müssen. Dies dürfte gerade in Bezug auf eine Nutzung durch mehrere Personen von Bedeutung sein. Eine nicht lineare Textabfolge, wie sie etwa durch Auswahl aus verschiedenen Menüs oder durch Hyperlinks entsteht, versteht nur derjenige ohne größere Probleme, der sie auch selbst zusammenstellt. Die anderen Zuschauer können die impliziten Vorgänge, die zu dieser oder jener Auswahl durch den ersten Nutzer geführt hat, allerdings nicht ohne weiteres nachvollziehen.

4.3 Das Fernsehen als technisches System: Bequemlichkeit ist Trumpf

Neben der inhärenten Logik von Linearität und Führung spielt aber auch die Frage der Bedienbarkeit eine entscheidende Rolle bei der Akzeptanz neuer interaktiver Anwendungen. So ist es anstrengender, den digitalen Videorekorder zu programmieren oder eine E-Mail zu lesen, als per Fernbedienung durch die Kanäle zu zappen.[17], „imprecise and unplanned activity and as such, was extremely relaxing for respondents." (Counterpoint, 2001, S. 12) Freeman und Lessiter ziehen auf Basis von 1.085 Interviews den Schluss, dass für die Zuschauer iTV genauso schwierig zu benutzen ist wie ein PC und das interaktive Fernsehen subjektiv als herausfordernder eingeschätzt wird, als einen Videorekorder zu programmieren (Freeman & Lessiter, 2001). Zum einen ist das TV-Gerät für einige Applikationen nicht sehr gut geeignet (z. B. um einen Text einzugeben), zum anderen stehen für einige der interaktiven Anwendungen besser geeignete und leistungsstärkere Geräte zur Verfügung. So sind Videospiele, die per Set-Top-Box angeboten werden, qualitativ nicht mit den Arcade- und Actiongames einer Videokonsole vergleichbar.

Doch nicht nur die Eignung der technischen Infrastruktur, sondern auch die individuellen Fähigkeiten und Kenntnisse der Nutzer sind ein weiterer limitierender Faktor bei der Akzeptanz von iTV. So zeigen sich viele Zuschauer mit der Komplexität interaktiver Angebote überfordert. Gerade ältere Nutzer, aber auch z. B. Kurzsichtige empfinden die Menüs diverser Anwendungen als „laborious and demanding". Insbesondere die stark dem Computer entlehnte Menüführung diverser iTV-Portale stellt hohe kognitive Anforderungen, vor allem an Bevölkerungsgruppen, die bisher wenig Erfahrungen mit PCs sammeln konnten.[18] So wird geschätzt, dass rund vier Millionen Briten – etwa 9 % der Bevölkerung – vom digitalen Fernsehen ausgeschlossen werden (DTI & The Generics Group, 2003). Bereits relativ einfache Anwendungen, die durch Druck auf den „Red Button" ausgelöst werden können, überfordern einen Gutteil der Zuschauer. So haben nach unterschiedlichen Umfragen nur zwischen 37 % und 60 % der britischen Digitalkunden jemals interaktive Zusatzangebote genutzt (SkyMedia, 2003; Continental Research, 2003).

Die Bedeutung der technischen Komplexität zeigt sich auch und gerade bei der Benutzung des Rückkanals: Hier hat sich international das einfache und vor allem leicht handhabbare Telefon durchgesetzt, das sich zumal als „Always On"-Medium gut für die oben skizzierte „Quick Interactivity" eignet. Dabei bleibt Bequemlichkeit Trumpf: So findet etwa knapp die Hälfte der Handynutzung im Wohnzimmer statt, obwohl den allermeisten Haushalten auch ein günstigeres Festnetztelefon zur Verfügung steht (Henley Centre, 2003). Die einfache Feststellung „Interactivity has to be learned" (van Dijk & de Vos, 2001, S. 462) trifft wohl auch hier zu. Auf andere Geräte wiederum, die diesen Ansprüchen nicht ohne weiteres genügen (weil sie erst hochgefahren werden müssen etc.) greifen die Zuschauer weniger zurück: So stehen nach Angaben der Unternehmensberatung Gartner in 44 Millionen amerikanischen Haushalten PC und TV-Gerät im gleichen Raum; gleichzeitig gibt es aber keine nennenswerte Kopplung der beiden Angebote (Swann, 2003 b).

5. iTV: Evolution, keine Revolution

Das interaktive Fernsehen erscheint im Hinblick auf die beschriebenen Facetten der iTV-Nutzung konzeptionell als Erweiterung des klassischen TV-Angebots. „The finding that consumers see iTV as enhanced television rather than primarily an interactive medium is strongly reflected in their states reasons for adoption“ (Barwise, Brodin & Canhoto 2002, S. 3). Als wichtigstes Argument für die Akzeptanz des interaktiven Fernsehens fungiert dabei aus Zuschauersicht – international gesehen – die Erweiterung der Programmauswahl. So ist der Anteil digitaler Haushalte in Ländern wie Deutschland, der Schweiz, Belgien oder den Niederlanden, die alle über ein recht umfangreiches, frei empfangbares analoges Fernsehen verfügen, geringer als in den stärker digitalisierten Ländern wie Großbritannien oder Frankreich, wo dem Großteil der Bevölkerung nur eine Handvoll terrestrisch ausgestrahlter Programme zugänglich ist (Franz, 2003). Die Akzeptanz etwa der bereits kurz beschriebenen elektronischen Programmführer ist in diesem Zusammenhang eine logische Folge, da sie die Verwaltung der hinzugewonnenen Vielfalt erleichtern.[19] In Verbindung mit einer größeren Auswahl schätzen die Zuschauer auch eine erhöhte Kontrolle über den Inhalt.[20] Digitale Videorekorder, das Anzeigen von Zusatzinformationen sowie Video-on-Demand geben dem Zuschauer dabei die Möglichkeit, in Grenzen auf das starre Programmschema zu reagieren – ohne selbst ein eigenes erschaffen zu müssen: Linearität und Führung als Eigenschaften des Fernsehens bleiben auch in der digitalen Welt von Bedeutung.

Darüber hinaus erscheinen iTV-Anwendungen, die nicht direkt auf die Programmwahl ausgerichtet sind, eher als willkommene Erweiterung eines TV-Angebots, nicht aber als „must have“ per se (Continental Research, 2003). Information und Unterhaltung als Kernkompetenzen des Fernsehens sind auch für die iTV-Nutzung entscheidend. So darf die in Deutschland vor dem Hintergrund der Krise des klassischen Werbefernsehens angebotsseitig induzierte Euphorie für den so genannten T-Commerce nicht darüber hinwegtäuschen, dass sich auch hier das Zuschauerinteresse zunächst auf ein Unterhaltungs- bzw. Informationsbedürfnis bezieht und nicht auf die Transaktion an sich, wie z. B. die Erfahrungen mit Call-In-Formaten zeigen. Die Daten lassen auf eine überwiegend akzidentielle Nutzung der angebotenen Interaktivität schließen: Der Großteil der Zuschauer konsumiert zum übergroßen Teil die Quizsendungen rein passiv. Die Seher wählen eher selten die eingeblendeten Telefonnummern; die meiste Zeit verbringen sie damit, das Fernsehangebot zu rezipieren. Und selbst bei den technisch höher entwickelten Formen der Interaktivität wie etwa Set-Top-Box-gestützten Applikationen spielen massenkommunikative Aspekte eine ausschlaggebende Rolle. Dies gilt z. B. für den Bereich des Gamblings wie Damian Cope, Managing Director des „Gaming Channel“, einem der führenden britischen Glücksspielanbieter betont: „Most television viewers/punters want, and expect, entertainment – truly interactive (ideally presenter-led) games with a variety of different formats, all of which allow them to feel ‚part of the show‘, with the additional incentive that they could win a cash prize. Most would not, however, think of themselves as traditional gamblers.“ (Cope, 2004)

Fazit

Der knappe Überblick über die Nutzung des interaktiven Fernsehens durch seine Zuschauer hat verdeutlicht, dass die hohen Erwartungen an ein hyperaktives Publikum, das alle technisch möglichen Anwendungen auch tatsächlich nutzt, der sozialen Realität nicht entsprechen konnten. Die erfolgreichen interaktiven Angebote entwickeln Bestehendes konsequent weiter und versuchen nicht, die Gewohnheiten der Zuschauer im Namen eines zu entwickelnden Super-Mediums zu brechen. Statt zum Information-Highway zu werden, trägt auch iTV „nur" zu einer „multitude of dedicated paths for information and communication purposes" (Jankowski & Hanssen 1996, S. 7) bei.

Der grundlegende Antagonismus zwischen Fernsehen und Interaktivität bleibt dabei unauflösbar und schafft zugleich das Spannungsfeld, in den die Nutzung von iTV konzeptionell, soziologisch und psychologisch verortet ist. Mit zunehmender Interaktivität lösen sich die massenmedialen Aspekte des Fernsehens auf; in der Perspektive ist damit zu fragen, ob iTV als Unterfall der Online-Kommunikation aufgefasst oder als Besonderheit des Fernsehens begriffen werden kann. Im Hinblick auf die bisherigen Erfahrungen erscheint es dabei angebracht, die Betonung des Begriffes „interaktives Fernsehen" nicht so sehr auf das Adjektiv zu legen, sondern interaktive Anwendungen ausgehend von der Broadcast-Logik des Fernsehens zu entwickeln. Dies bedeutet, dass Auswahl und Kontrolle der Inhalte gewünscht und gesucht werden; darüber hinaus ist die Bereitschaft vorhanden, im begrenzten Rahmen selbst aktiv zu werden – sofern das Ausmaß des Engagements überschaubar bleibt. Dabei folgen die Zuschauer nicht immer der technisch elegantesten Version; das Angebot wird vielmehr den eigenen Fähigkeiten und dem eigenen Nutzerkontext angepasst. Die vorherrschenden Rahmenbedingungen bestimmen nur teilweise, wie iTV genutzt wird – das Publikum kontextualisiert das Angebot im Aneignungsprozess des zunächst fremden Mediums auch neu (Rasmussen, 1999). Das Fernsehen als technisches Kern-Medium verfügt dabei offensichtlich – wie Buch, Kino oder Zeitung auch – über eine funktionale Autonomie. Diese „Resistenz" führt dazu, dass traditionelle Nutzungsmuster und die mit ihnen zusammenhängenden kommunikativen Umwelten des klassischen „Rundfunk"-Fernsehens reproduziert und angepasst, aber nicht abgelöst werden.

---

1 Vgl. auch Jakobs (2001). Eine kritische Einschätzung der Studien für den US-amerikanischen Markt gibt Stipp 2001. Für den deutschen Markt vgl. Mercer Management Consulting (2003), Goldmedia (2003).

2 Schuler (2002). Time Warner ist kein Einzelfall; so investierte auch Pacific Bell bis 1996 eine Milliarde US-Dollar in interaktive Fernsehtechnik, ebenfalls ohne nennenswerte Resultate (Hamm, 2004).

3 Jakobs (2001). Eine Übersicht über die zahlreichen Pilotprojekte des interaktiven Fernsehens geben Swedlow (2001), Geppert (1998); für den deutschen Markt vgl. Fuchs (1999).

4 Vgl. Noam (1995), Negroponte (1995). Eine erste Beschreibung des Information-Superhighways gibt De Sola Pool (1983).

5 Allerdings könnte auch ein *umfangreiches* analoges TV-Angebot, wie es z. B. im deutschen TV-Kabel (noch) vorherrscht, in diese Kategorie fallen.

6 Ende 2003 konnten 41 % der Haushalte digitales, interaktives Fernsehen empfangen (Continental Research, 2003).

7 Horrigan identifiziert am Beispiel des Internets 31 % der Bevölkerung der USA als „tech elite", die neuen Anwendungen gegenüber sehr aufgeschlossen sind und diese verstärkt ausprobieren; die restlichen 69 % sind erheblich schwerer anzusprechen (Horrigan, 2003, für einen Überblick zur Entwicklung der internationalen Internet-Nutzung vgl. Cole et al., 2003).

8 In die gleiche Richtung weist das Beispiel des dänischen interaktiven DVB-T-Angebots TV2/North-Digital: Nach dem Sendestart 2002 setzte sich die Seherschaft zunächst zu 80 % aus Männern zusammen; über die Hälfte des Publikums war unter 44 Jahren alt (Bjoerner, 2003, S. 93 f.).

9 Interessanterweise wird neben der Vergrößerung der Auswahl an *TV-Programmen* auch ein erweitertes Angebot an *Radiokanälen* geschätzt: So nutzten nach einer Umfrage von Continental Research 2003 29 % aller „digitalen" Haushalte die Set-Top-Box, um Radio zu hören (Continental Research, 2003).

10 Vgl. für den amerikanischen Markt Stipp (2003).

11 TiVo ist nur ein Anbieter von PVRs, der Markenname wird aber zunehmend als Synonym für die Gerätegattung gebraucht.

12 Für die Angebote der französischen Satellitenplattform Canalsatellite ergaben sich im Jahr 2003 ähnliche Werte: Rund 21 % der Abonnenten nutzten die interaktiven Spieleanwendungen regelmäßig (Médiamétrie, 2003).

13 Deutlich über dem Durchschnittswert liegen Portugal mit 72 % und Großbritannien mit 62 %.

14 Natürlich beschreibt dies nur den vorherrschenden Typ der Fernsehnutzung und nicht den gesamten TV-Konsum. So kann das Fernsehen in der Daytime ganz andere Funktionen erfüllen, wenn es als Medium z. B. die tägliche Hausarbeit begleitet (Für eine Analyse dieser Nutzung aus kritischer Perspektive Modleski, 2002).

15 Die deutschen Bürger beschäftigen sich nach der Massenkommunikationsstudie 2000 mit Videokassetten durchschnittlich nur drei Minuten pro Tag, sehen aber 162 Minuten fern (Fritz & Klingler, 2003, S. 17).

16 Nach Bonnici wollen die Zuschauer nicht durch eine PC-artige Anwendung von dem „passiven" Fernsehvergnügen abgelenkt werden. In der Regel reiche es daher aus, die Informationen in einem kleinen Feld über dem laufenden Programm einzublenden. Auch bei Full-Screen-EPGs müsse der „ease of use" aber weiterhin erhalten bleiben (Bonnici, 2003).

17 Dies bestätigt auch Befragungen britischer iTV-Nutzer: „Watching digital television was felt to be a communal, social, ‚browsing', imprecise and unplanned activity and as such, was extremely relaxing for respondents." (Counterpoint, 2001, S. 12) Freeman und Lessiter ziehen auf Basis von 1085 Interviews den Schluss, dass für die Zuschauer iTV genau so schwierig zu benutzen ist wie ein PC und das interaktive Fernsehen subjektiv als herausfordernder eingeschätzt wird, als einen Videorekorder zu programmieren (Freeman & Lessiter, 2001).

18 Ironischerweise ist die Nutzung von iTV in Haushalten, die über keinen PC verfügen, im Durchschnitt höher als in vergleichbaren Haushalten mit Computer (Barwise 2002, van Dijk & de Vos, 2001).

19 Ein weiteres Argument für die Nutzung von iTV, das hier nicht näher betrachtet werden soll, ist die Bildqualität. Wie Stipp betont, ist durch die niedrigeren Preise von HDTV-Fernsehern und vor allem durch den Qualitätsvergleich mit der DVD, die brillantere Bilder als das „normale" Fernsehen liefert, ein Interesse an hochauflösenden TV-Geräten erzeugt worden (Stipp, 2003, S. 475; vgl. auch Barwise, 2002).

20 Hanssen, Jankowski und Etienne vermuten, dass eine ausgeglichenere Verteilung von Kontrolle zwischen Nutzer und interaktivem System positiv bewertet wird (Hanssen, Jankowski & Etienne, 1996, S. 71).

Literatur

ALM (Hg.) (2003): *Privater Rundfunk in Deutschland 2003. Jahrbuch der Landesmedienanstalten.* Berlin: Vistas.

Barwise, P., Brodin, K. & Canhoto, A. (2002): *UK Consumer Responses to iDTV. Report.* London: London Business School.

Becker, W., Geisler, R. (1998): *Medienökonomische Grundlagen der Fernsehwirtschaft. Bamberger Betriebswirtschaftliche Beiträge. Nr. 119.* Bamberg: Otto-Friedrich-Universität.

Bjoerner, T. (2003): The early interactive audience of a regional TV-Station (DVB-T) in Denmark. In: J. Masthoff, R. Griffiths & L. Pemberton (Hg.), *Proceedings of the European Conference on Interactive Television 2003* (S. 91–97). Brighton: o. Verl.

BMRB International (2003): *Is the Novelty of iDTV wearing off?* Präsentation auf der Future Media Conference 2003. London: London Business School.

Bonnici, S. (2003): Which Channel is that on? A Design Model for Electronic Programme Guides. In: J. Masthoff, J., R. Griffiths & L. Pemberton (Hg.). *Proceedings of the European Conference on Interactive Television 2003* (S. 49–57). Brighton: o. Verl.

Cameron, F., Hasker, S. & Segel, E. (2003): Fast-forwarding digital cable. In: *McKinsey Quarterly*, 2, S. 60–67.

Chilvers, D. (2001): *The development of interactive TV, London.* Präsentation auf der Future Media Conference 2001. London: London Business School.

Cole, J.et al. (2003): *The UCLA Internet Report. Surveying the Digital Future. Year three.* Los Angeles.

Continental Research (2003): *The development of interactive TV.* Präsentation auf der Future Media Conference 2001. London: London Business School.

Cope, D. (2004): *New Age Gamblers.* Verfügbar unter URL: www.itvi.org [19.02.2004].

Counterpoint (2001): *Digital Television – Consumers' Use and Perceptions: A Report on a Research Study.* Präsentation auf der Future Media Conference 2003. London: London Business School.

De Sola Pool I. (1983): *Technologies of Freedom.* Cambridge: Harvard University Press.

DTI & The Generics Group (2003): *Digital Television for All. A report on usability and accessible design.* Cambridge: The Generics Group.

Donnat, O. & Gwenaël, L. (2003): Télévision et contextes d'usages. Evolution 1986–1998. In: *Réseaux*, 21 (119), S. 63–95.

Downes, E. & McMillan, S. (2000): Defining Interactivity. In: *New Media & Society*, 2 (2), S. 157–179.

Enders Analysis (2003): *Freeview.* Präsentation auf der Future Media Conference 2003. London: London Business School.

Franz, G. (2003): Digitales Fernsehen: Herausforderungen für TV-Forschung und TV-Werbung. In: *Media Perspektiven*, 33 (10), S. 463–469.

Freeman, J. & Lassiter, J. (2001): *ITC-UsE. Ease of Use and Knowledge of Digital and Interactive Television: Results.* Verfügbar unter URL: http://www.ofcom.org.uk/ [05.04.2004].

Fritz, I. & Klingler, W. (2003): Zeitbudgets und Tagesablaufverhalten in Deutschland: Die Position der Massenmedien. In: *Media Perspektiven*, 33 (1), S. 12–23.

Fuchs, G. (1999): Interactive Television – a shattered dream? In: J. Jensen & C. Toscan (Hg.): *Interactive Television. TV of the Future or the Future of TV?* (S. 91–119), Aalborg: Aalborg University Press.

Geppert, D. (1998): *Interaktives Fernsehen als Promoter des Home-Shopping,* Dresden: Univ.-Diss.

Goldmedia GmbH (2003): *T-Commerce 2008 – Marktpotenziale für transaktionsbasierte Dienste im deutschen TV-Markt.* Berlin: Goldmedia.

Goodall, C. (2001): *Gambling and interactive TV.* Präsentation auf der Future Media Conference 2001. London: London Business School.

Hachmeister, L. (1994): Das Programm ist das Programm. Mentalitäten und Stereotype im medienpolitischen Feld. In: H. Monkenbusch (Hg.): *Fernsehen. Medien Macht Märkte.* (S. 38–62) Reinbek bei Hamburg: Rowohlt.

Hamm, A. (2004): Next virtual game center: your TV set. In: *San Jose Business Journal*, 1, 05.01.2004.

Hammond, K. (2004): *Predictions: Media revisited.* London: London Business School.

Hanssen, L., Jankowski, N. & Etienne, R. (1996) : Interactivity from the Perspective of Communication Studies. In: N. Jankowski & L. Hanssen (Hg.): *Contours of Multimedia* (S. 61–73) Luton: John Libbey Media.

Henley Centre (2001): *What do users do with interactive TV?* Präsentation auf der Future Media Conference 2001. London: London Business School.

Henley Centre (2003): *Stuck in the middle with you. Interactive TV today and tomorrow.* Präsentation auf der Future Media Conference 2003. London: London Business School.

Horrigan, J. (2003): *Consumption of Information Goods and Services in the United States.* Washington: Pew Internet & American Life Project.

IP Deutschland (1993): *Television 94. International Key Facts.* Frankfurt am Main: IP Deutschland.

IP Deutschland (2003): *Television 2003. International Key Facts.* Köln: IP Deutschland.

Ipsos (2004): *Is the interactive television buzz a bust?* New York: Ipsos.

Jakobs, H.-J. (2001): Der Orlando-Faktor. Eine Chiffre für die Zukunft des Fernsehens. In: Adolf Grimme Institut (Hg.): *Jahrbuch Fernsehen 2001*. Marl: Adolf Grimme Institut.

Jankowski, N. & Hanssen, L. (1996): Multimedia Come of Age. In: Ders./Ders. (Hg.): *Contours of Multimedia* (S. 1–21). Luton: John Libbey Media.

Jensen, J. (1999): The Concept of „Interactivity" in „interactive Television" and „Interactive Media". In: Ders./C. Toscan: *Interactive Television. TV of the Future or the Future of TV?* (S. 25–67) Aalborg: Aalborg University Press

Kang, M. (2002): Interactivity in Television: Use an impact of an interactive Program Guide. In: *Journal of Broadcasting & Electronic Media 46* (3), S. 330–345.

Kiousis, S. (2002): Interactivity: a concept explication. In: *new media&society 4* (3), S. 355–383.

Limmer, C. (2003): Fernsehempfang und PC/Online Ausstattung in Europa. In: *Media Perspektiven* 33 (7), S. 302–309.

Mediaedge:cia (2003): *Consumer attitudes to digital TV. Fresh insights from Insidedge Sensor.* Präsentation auf der Future Media Conference 2003. London: London Business School.

Médiamétrie (2003). *L'audience des chaînes du câble et du satellite sur la période septembre 2002-février 2003,* Levallois: Médiamétrie.

Mercer Management Consulting (2003): *Auslaufmodell werbefinanziertes Fernsehen? Entwicklungsperspektive des werbefinanzierten Fernsehens in Deutschland.* München: Mercer Management Consulting.

Merkel, K. (2003): *Interaktives Fernsehen mit MHP. Praxisbeispiele und Ausblick.* Präsentation auf den Medientagen München 2003. Verfügbar unter URL: http://www.medientage-muenchen.de/frame_html.html [05.04.2004].

Modleski, T. (2002): Die Rhythmen der Rezeption. Daytime-Fernsehen und Hausarbeit. In: R. Adelmann, J. Hesse & J. Keilbach (Hg.): *Grundlagentexte der Fernsehwissenschaft. Theorie – Geschichte – Analyse* (S. 376–387) Konstanz : UVK.

Morley, D. (1986): *Family Television: cultural power and domestic leisure.* London: Comedia.

Negroponte, N. (1995): *Being Digital.* New York: Knopf.

Noam, E. (1996): *Cyber-TV. Thesen zur dritten Fernsehrevolution.* Gütersloh: Bertelsmann Stiftung.

PriceWaterhouseCoopers (2000): *Consumers or Content? The Digital Dilemma. The European Digital Television Report 2000.* London: o. Verl.

Rafaeli, S. (1988): From New Media to Communication. In: R. Hawkins, J. Wiemann & S. Pringree (Hg.): *Advancing Communication Science: Merging Mass and Interpersonal Processes. Sage Annual Reviews of Communication Research* 16, (S. 110–135) Newbury Park/Beverly Hills: Sage.

Rasmussen, T. (1999): New Media Change. Sociological Approaches to the study of the new media. In: J. Jenssen & C. Toscan: *Interactive Television. TV of the Future or the Future of TV?* (S. 149–268) Aalborg: Aalborg University Press

Rogers, E. (1995): *Diffusion of Innovations.* NewYork: Free Press.

Schuler, T. (2002): AOL Time Warner. In: L. Hachmeister & G. Rager.: *Wer beherrscht die Medien? Die 50 größten Medienkonzerne der Welt.* 3. Aufl. (S. 35–47). München: Beck.

Sky Media (2003): *The Interactive Consumer,* Präsentation auf der Future Media Conference 2003. London: London Business School.

Somerville, E. (2003: *Revitalising BBCi's 24/7 services.* Präsentation auf der Future Media Conference 2003. London Business School.

Stipp, H. (2001): Der Konsument und die Zukunft des interaktiven Fernsehens. In: *Media Perspektiven*, 31 (7), S. 369–377.

Stipp, H. (2003): Entwicklung digitaler Fernsehtechniken in den USA. In: *Media Perspektiven*, 33 (10), S. 470–478.

Swann, P. (2003): What's the next big thing in TV technology? In: *Television Week*, 18.08.2003.

Swann, P. (2003b): The Truth about ‚two-screen' ITV. In: *Television Week*, 24.3.2003.

Swann, P. (2004): Interactive TV: Is it still Dead? In: *Television Week*, 12.01.2004.

Swedlow, T. (2001): *2000: Interactive Enhanced Television: A Historical and Critical Perspective.* Whitepaper comissioned by the American Film Institute-Intel Enhanced Television Workshop. Verfügbar unter URL: http://www.itvt.com/etvwhitepaper.html [12.02.2004].

TNS Emnid (2003): *Grundlagenstudie iTV.* Bielefeld: o. Verl.

Toscan, C. & Jensen, J. (1999): Introduction. In: Ders. & Ders. (Hg.): *Interactive Television, TV of the Future or the Future of TV?* (S. 11–25) Aalborg: Aalborg University Press.

Van Dijk, J. & De Vos, L. (2001): Searching for the Holy Grail. Images of interactive Television. In: *new media&society,* 3 (4), S. 443–465.

6. Recht

Die Gesetzgebung vor den rechtlichen Herausforderungen des interaktiven Fernsehens

Prof. Dr. Wolf-Dieter Ring

Interaktives Fernsehen in der juristischen Praxis

Prof. Dr. Johannes Kreile

Die Gesetzgebung vor den rechtlichen Herausforderungen des interaktiven Fernsehens

Wolf-Dieter Ring[1]

Prof. Dr. Wolf-Dieter Ring ist Präsident der Bayerischen Landeszentrale für neue Medien.

1. Technische Ausgangslage

Mitte der 90er Jahre wurde auf der Basis technischer Konvergenzvorstellungen eine Verschmelzung von Fernsehen und Online vorausgesagt. Es existierte die Vorstellung einer Einheitstechnik, in der alle Inhalte, Dienste, Netze und Endgeräte aufgehen sollten. Man ging teilweise vom Entstehen eines riesigen, interaktiven, voll digitalisierten Medienverbundsystems mit einer Unzahl von Kanälen, Programmformen und elektronischen Diensten aus (vgl. dazu Fidler, 1997; Hofmann-Riem & Vesting, 1994). Diese Vorstellungen der Verschmelzung von Fernsehen und Online bildeten auch die Grundlage für viele Pilotprojekte zum interaktiven Fernsehen (vgl. Beckert & Kubicek, 1999).

Neue technische Entwicklungen, vor allem aber die Digitalisierung der Fernsehtechnik von den Aufnahmestudios über die Ausstrahlung und den Empfang über Kabel, Satellit und Hausantenne (terrestrisch) bis zu den Endgeräten, ermöglichen eine Vielzahl verschiedenartiger Dienste im Bereich elektronischer Kommunikation. Die Digitalisierung ist damit eine zentrale Voraussetzung für die Realisierung von interaktiven Diensten, weil dadurch Fernsehinhalte praktisch wie Computerdateien genutzt, gespeichert und verarbeitet werden können. Zwar können einzelne interaktive Dienste über den Fernseher auch in der traditionellen, analogen TV-Welt realisiert werden, indem der Rückkanal über das Telefon hergestellt wird. Gerade der Erfolg solcher Geschäftsmodelle, die sich auf klassische Übertragungswege stützten, zeigt jedoch, dass dies nur Zwischenstufen auf dem Weg in eine vollständig digitalisierte Medienwelt sind. Zukünftig werden Texte, Bilder, Audio- und Videosignale digital übertragen und damit wird es eine ganze Reihe neuer Dienste auch über Übertragungswege, die bisher dem Rundfunk, also dem Hörfunk und dem Fernsehen vorbehalten waren, geben.

Entscheidend für die neuen technischen Möglichkeiten war vor allem der technische Fortschritt bei der Kompression mit Blick auf die hohen Datenmengen, die für die Übertragung digitaler Fernsehsignale notwendig waren. Bahnbrechend war dabei wohl die

Schaffung des MPEG-2-Standards Mitte der 90er Jahre. MPEG-2 ist ein von der internationalen Standardisierungskommission Motion Pictures Expert Group entwickelter Codierungs- und Kompressionsstandard, der Bildauflösungen unterschiedlicher analoger TV-Standards ermöglicht und eine Datenreduktion von durchschnittlich 20:1 bewerkstelligt. Durch die Datenreduktion verringern sich die Anforderungen an die Bandbreite des Übertragungskanals und damit können im selben Spektrum, in dem früher nur ein analoges Fernsehprogramm übertragen werden konnte, bis zu sechs oder gar acht verschiedene digitale Programme ausgestrahlt werden. Für die Übertragung im Kabel-TV, in Satelliten- und terrestrischen Systemen gilt in Europa der DVB (Digital Video Broadcasting)-Standard. Digitale Fernsehsignale können auf den herkömmlichen TV-Geräten nur dargestellt werden, wenn so genannte Set-Top-Boxen zwischen Fernsehgerät und Antennensteckdose geschaltet werden. Diese Set-Top-Boxen sind notwendig, um eine entsprechende Analogwandelung durchzuführen (vgl. Hartstein, Ring, Kreile, Dörr & Stettner, 2003, § 19 Rn. 17).

Datenreduktion und Datenkompression führen nicht nur zu einer Vervielfachung der Übertragungskapazitäten. Daneben stehen auch neue Programm- und Vermarktungsformen, wie Tele- und Mediendienste oder auch Video-On-Demand-Angebote. Darüber hinaus werden durch die Digitalisierung sowohl Übertragungswege als auch die Endgeräte untereinander kompatibel, d. h., die Digitalisierung führt zu einer Aufhebung der Trennung einzelner Netzwerke. Die Digitalisierung erlaubt es daher multifunktionalen Terminals, auf multimediale Netzwerke zuzugreifen.

Als Fazit ist also festzuhalten: Generell werden durch Digitalisierung der Rundfunkübertragung die notwendigen Voraussetzungen für das Zusammenwachsen von Informations-, Kommunikations- und Rundfunktechniken geschaffen. Darüber hinaus bietet sie eine ökonomisch günstige Möglichkeit zur Überwindung bestehender Frequenzknappheiten des Rundfunks und stellt die infrastrukturellen Grundlagen für die Markteinführung neuer, digitaler Produkte und Dienste sowohl beim klassischen Rundfunk als auch im Bereich neuer multimedialer Dienste bereit (vgl. Hartstein, Ring, Kreile, Dörr & Stettner, 2003 a. a. O.).

2. Interaktives Fernsehen – was ist das?

2.1 Definitionsversuche und Begrifflichkeit

Auf der Grundlage dieser technischen Gegebenheiten hat sich der Begriff des interaktiven Fernsehens entwickelt.

Allerdings ist nicht ganz einfach zu klären, was sich hinter dem Begriff des interaktiven Fernsehens oder dem der interaktiven Dienste versteckt. Er ist schwer definierbar. Dies liegt daran, dass sich Interaktivität in ganz unterschiedlichen Erscheinungsformen und Wirkungsweisen darstellt. Interaktive Elemente finden wir schon bei der telefonischen Abstimmung in Unterhaltungsshows z. B. über TED oder bei Hitparaden und Spielshows, in denen die Zuschauer über Richtungskommandos den Spielverlauf beeinflussen können. Als Beispiel sei hier die legendäre Sendung „Der goldene Schuß" genannt, in der der Zuschauer mit Richtungskommandos die Armbrust des Spielkandidaten steuern konnte.

Es gab auch Interaktivitätskonzepte mit Blick auf fiktive Unterhaltungsformate, wie z. B. 1991 in der ARD/ZDF-Produktion „Mörderische Entscheidung – Umschaltung erwünscht". Dieser Fernsehkrimi wurde auf zwei Kanälen simultan gesendet, wobei Teile der Handlung aus der Perspektive unterschiedlicher Akteure gedreht waren. Die Perspektive konnte jeweils durch umschalten gewechselt werden. Auch dieses interaktive Moment macht deutlich, dass alles an Interaktivität denkbar ist.

Die Möglichkeit der Zuschauer, den Fortgang der fiktionalen Handlung zu bestimmen, ist zwar interessant, aber mit Blick auf die Relevanz im Markt bis heute ohne jede Bedeutung. Auch in den Pilotprojekten zum interaktiven Fernsehen (vgl. unten 2.2) kamen solche inhaltlichen Interaktivitäten über die Konzeptionsphase nicht hinaus. Dies liegt auch daran, dass ein erheblicher Produktionsaufwand für die unterschiedlichen Handlungsoptionen besteht und damit auch eine sehr kostenintensive Struktur unterlegt werden muss. Interaktives Fernsehen auf der *inhaltlichen* Ebene mit den entsprechenden Interventionsmöglichkeiten zu definieren ist zwar interessant, aber marktfern und kommt deshalb in dieser Form nicht in Frage (so zutreffend Beckert, 2002).

Mitte der 90er Jahre war dann – wie bereits angesprochen – die Vorstellung vom Zusammenwachsen und Verschmelzen, d. h. von der Konvergenz der Medien, Ausgangspunkt für die Vorstellung, was unter Interaktivität zu verstehen sei. Neben der technischen Konvergenz, also der Zusammenführung von Abruf-/Kommunikationsdiensten und Rundfunk auf technischer Ebene, sah man auch ein Zusammenwachsen von Industriezweigen als gegeben an (vgl. Beckert, 2002, S. 67 ff.). Das Konvergenzkonzept, das Mitte der 90er Jahre die Diskussion beherrschte, gilt inzwischen als überholt. Denn tatsächlich ist die früher von vielen prognostizierte Integration von Netzen und Diensten nur eine Seite der digitalen Revolution, während die andere Seite gerade in einer zunehmenden Desintegration, in einem Trend der Differenzierung und Fragmentierung besteht. Die prognostizierte Implosion von Medienformen, Übertragungsnetzen und Endgeräten zu etwas neuem Dritten hat bisher nicht stattgefunden. Stattdessen kann man neue Mischformen, partielle Kombinationen und Überschneidungen beobachten, die alle Ebenen betreffen. In ihrer Gesamtheit kommt diese Entwicklung eher einer Medienexplosion gleich als einer Verschmelzung. Hier deutet sich eine grundlegende Entkopplung von Inhalten und Techniken an, die den Wertschöpfungsanteilen besser entspricht und die darauf zielt, die teureren Inhalte über möglichst viele Distributionskanäle zu den Kunden zu bringen (Beckert, 2002, S. 71 ff m. w. N.). Für die Analyse des interaktiven Fernsehens bedeutet dies, dass es nicht darum geht, eine Entwicklung hin zur Verschmelzung der Fernseh- und Onlinewelt zu beschreiben, sondern dass es wichtig ist, auf neue Kombinationen und spezifische Ergänzungen bzw. Funktionserweiterungen von neuen interaktiven Angeboten zu achten. Funktionserweiterungen sind dabei z. B. Fernsehanwendungen im Internet, die durch die Nutzung des Kabel-TV-Netzes für High-Speed-Daten-Übertragung möglich werden, oder aber Internetanwendungen für den Fernseher, die den Zuschauern zusätzlich Informationen zum laufenden Programm auf Abruf anbieten. Interaktive TV-Angebote zeichnen sich somit als Neu-Kombination von Inhalten und technischen Plattformen aus sowie durch die Übernahme von Funktionalitäten vom TV- auf den Onlinesektor und umgekehrt.

Die Literatur hat dagegen mehrfach versucht, die Interaktivität danach zu definieren, welche *Interaktivitätsstufte* damit verbunden ist (so genanntes Interaktivitätskonzept, vgl. Beckert, 2002, S. 73 m. w. N.). Man versuchte durch so genannte Interaktivitäts-Levels eine Einteilung des interaktiven Fernsehens vorzunehmen. Dabei war man sich aber auch darüber bewusst, dass die Wandlungsfähigkeit des Begriffes eine klare Zuordnung verschiedener Interaktivitätsformen nicht ermöglicht. So hat Höing (zitiert bei Beckert, 2002, S. 73, Fn. 31) zu Recht mit Blick auf die Wandlungsfähigkeit des Begriffes festgestellt, dass Interaktivität als Begriff sich monatlich mit jedem neuen Projekt weiter auflädt. „Die Diskussion darüber, was interaktives Fernsehen ist und was nicht, findet statt, ist aber müßig.“ Klaus Schrape hat Interaktivität im weitesten Sinn als das Bestehen einer prinzipiellen Rückkopplungsmöglichkeit des Zuschauers mit dem Angebot verstanden (Schrape, 1995, S. 28).

Soweit Beckert (2002, S. 80) aus den empirischen Erfahrungen der vorgenannten Konzepte eine Art Arbeitsdefinition entwickelte, die im Wesentlichen drei Gebiete erfasst (interaktive TV-Dienste, Breitband-Internet, Video-on-Demand), scheint dies als Ausgangspunkt für eine allgemeingebräuchliche Definition nicht geeignet.

Weiterführend scheinen jedoch Ansätze, die nicht primär auf den Begriff der Interaktivität abstellen oder gar Interaktivitätsskalen zu definieren versuchen, sondern den *Grad der Individualisierung* als einen adäquaten Ansatz heranziehen. Statt vom interaktiven Fernsehen spricht man deshalb besser von *individualisiertem Fernsehen.* So haben Beckert & Kubicek (1999) eine Dreiteilung unter dem Aspekt personalisierbarer Angebote vorgenommen. Sie unterscheiden zwischen nichtpersonalisierbaren *Broadcastingangeboten,* wie digitalem Fernsehen, Free-TV, Pay-TV, Pay-per-Channel, elektronischen Programmführern als erste Stufe, definieren dann die elektronischen Angebote als teilweise personalisierbar (so genannte *Narrowcast)* – hierunter fallen Angebote wie Datenverteildienste, Spartenkanäle des digitalen Fernsehens, insbesondere Near Video-on-Demand –, und als dritte Stufe voll personalisierbare Zweiwegekommunikation oder *Unicast* wie Internet und Online-Dienste, Breitband-Internet, interaktive TV-Dienste mit Rückkanal, Video-on-Demand. Während sich die Narrowcast-Angebote dadurch auszeichnen, dass spezielle Inhalte für kleinere Nutzergruppen ausgestrahlt werden, haben sie mit den Broadcast-Angeboten gemeinsam, dass die gleichen Inhalte an mehrere Teilnehmer gleichzeitig ausgestrahlt werden, und mit den Unicast-Angeboten, dass sie einen hohen Personalisierungsgrad aufweisen. Diese Unterscheidung hat den Vorteil, dass sich darin die Entwicklungslinien der beiden großen Mediendomänen Fernsehen und Online-Dienste widerspiegeln.

2.2 Frühere Versuche in der Praxis

Während auszugsweise von den Bestrebungen der 90er Jahre berichtet wurde, war bereits Ende der 70er Jahre, also noch vor der Durchführung der so genannten Kabelfernsehpilotprojekte, das interaktive Fernsehen oder auch das Zweiwegefernsehen international in aller Munde. Dabei gab es verschiedene technische Lösungen, um die Rückkanaltauglichkeit zu gewährleisten. Solche Versuche spielten vor allem in den Vereinigten Staaten und in Japan eine große Rolle und haben auch die deutsche medienpolitische Diskussion sehr beeinflusst. So wurde z. B. der kommerziell angelegte Markteinführungsversuch von Cube in Columbus/Ohio in USA, das einen schmalbandigen Rückkanal vorsah, geradezu als Paradebeispiel für die wunderbare neue Medienwelt gesehen, und das Projekt Hi-Ovis der Japaner, die sogar einen breitbandigen Rückkanal in Glasfasertechnik erprobten, hat die neuen Anwendungsmöglichkeiten plastisch gemacht. Beide Projekte sind dann an den wirtschaftlichen Problemlagen und den hohen technischen Kosten gescheitert. Auch bei den so genannten Kabelfernsehen-Pilotprojekten in Deutschland sind rückkanalfähige Techniken zwar diskutiert, aber dann letztlich aus Kostengründen verworfen worden. Sogar beim Münchner Pilotprojekt erfolgte eine Diskussion über die Einführung eines „Fernadressierbaren Teilnehmerkonverters (FAT)", aber auch der Einsatz dieses Systems unterblieb, weil mit ihm hohe Investitionsvolumina verbunden waren (vgl. Kabelpilotprojekt München, Bericht der Projektkommission 1987, S. 37 f.).

Mitte der 90er Jahre entstanden dann vor allem Video-on-Demand-Projekte, die hauptsächlich von der deutschen Telekom vorangetrieben wurden. Dabei wurden auch interaktive TV-Dienste in Testhaushalten ausprobiert. Eine Übersicht über die verschiedenen Projekte findet man bei Beckert (2002), S. 103.

Letzlich konnte aber keines dieser Projekte die in sie gesetzten Erwartungen erfüllen: Die Projekte waren zu unterschiedlich im Hinblick auf die technische Entwicklung, die Betreuung der Inhalteanbieter fand kaum statt und die vermarkteten Angebote ließen eine künftige Marktzersplitterung befürchten. Immer wurde aber davon ausgegangen, dass neue Medienformen wie Video-on-Demand oder Teleshopping in unmittelbarer Zukunft großflächig eingeführt werden könnten (vgl. hierzu Beckert, 2002, S. 104).

2.3 Neue Entwicklungen

Die aktuelle Entwicklung ist besonders dadurch gekennzeichnet, dass die so genannte Mobilfunkbranche, die das neue UMTS-Netz für ihre Angebote nutzen möchte, in den Rundfunkmarkt drängt und die dortigen Nutzungsmöglichkeiten mit der UMTS-Technologie und den dort möglichen medialen Angeboten verbinden möchte. So bewerben sich zunehmend Unternehmen, die auf dem Gebiet des Mobilfunks Erfahrungen haben, auch für die Nutzung von digitalen Übertragungswegen, die primär für Rundfunkübertragungen eingerichtet sind, wie z. B. DVB-T und DAB. Hier werden auch Überschneidungen in der Art der Verbreitung der Dienste stattfinden, auch wenn die Netzstruktur des UMTS-Netzes und die Netzstruktur der terrestrischen Rundfunknetze unterschiedlich sind.

Diese Entwicklung zeigt, dass auch hier eine Antwort auf die Frage gegeben werden muss, wie die rundfunkspezifischen Verfahren z. B. Ausschreibungen für Rundfunknutzungen und zugleich multimediale Nutzungen mit den Interessenlagen von Mobilfunkunternehmern in Verbindung gebracht werden können.

3. Rechtliche Grundlagen

3.1 Allgemeines

Wenn man die technische Ausgangslage zugrunde legt und sich die gefundenen Differenzierungen bei den Angeboten über unterschiedliche Übertragungswege und die damit verbundenen Überschneidungen vor Augen hält, so wird deutlich, dass die Rechtsetzung im Bereich des Medien- und Telekommunikationsrechts diese differenzierten, inhaltlich und technisch unterschiedlichen Gegebenheiten berücksichtigen muss. Ein rechtlicher Rahmen, der alle diese Entwicklungen rechtssicher erfasst und einhellige übereinstimmende rechtliche Regelungen trifft, ist kaum leistbar. Dies gilt auch jenseits der kompetenzrechtlichen Fragestellungen in der bundesdeutschen Medien- und Kommunikationsordnung. Auch in der europäischen Rechtsentwicklung hat sich gezeigt, dass eine alle Sachverhalte und Problemlagen erfassende Rechtsetzung im Bereich der elektronischen Medien nicht zu sachgerechten Ergebnissen führt. Dem steht nicht entgegen, dass die geschilderte Entwicklung zunehmend die Notwendigkeit mit sich bringt, medien-, telekommunikations- und wettbewerbsrechtliche Fragestellungen auf Grund überschneidender Entwicklungen miteinander zu vernetzen.

So haben die Länder in politischer Abstimmung mit dem Bund mit dem Staatsvertrag über den Schutz der Menschenwürde und den Jugendschutz in Rundfunk und Telemedien vom 10./27.09.2002 (BayGVBl, 2003, S. 147) ein übergreifendes Regelungswerk geschaffen, das mit wenigen systembedingten Unterschieden im Rundfunk und insbesondere im Fernsehen sowie bei Mediendiensten (vgl. Näheres hierzu unten und bei 3.4) übereinstimmende, inhaltliche Anforderungen und Grenzen setzt. Zugleich wurde die Aufsicht in der neuen Kommission für Jugendmedienschutz (KJM) vereinheitlicht. Im 7. Rundfunkänderungsstaatsvertrag haben die Länder in § 39 a eine rechtlich verbindliche Zusammenarbeit mit den Landesmedienanstalten, mit der Regulierungsbehörde für Telekommunikation und Post (RegTP) und dem Bundeskartellamt vorgeschrieben. Damit wird keine – nach dem Grundgesetz unzulässige – Mischverwaltung geschaffen, sondern eine praktische Zusammenarbeit mit Synergieeffekten unter Beibehaltung der jeweiligen Zuständigkeiten organisiert (vgl. hierzu Hartstein, Ring, Kreile, Dörr & Stettner, 2003, § 38 Rn. 2 f., 12 ff.).

In der heute existierenden Medienordnung werden die elektronischen Medienangebote in ihrer rechtlichen Zuordnung daher wie folgt qualifiziert:

- Sie sind Rundfunk (Hörfunk und Fernsehen) im Sinne des Art. 1 § 2 Abs. 1 Satz 1 und Satz 2 des Staatsvertrags über den Rundfunk im vereinten Deutschland vom 31.08.1991 (z. B. Bayerisches Gesetz- und Verordnungsblatt BayGVBl, S. 451) zuletzt geändert durch den 7. Rundfunkänderungsstaatsvertrag vom 01.04.2004 (z. B. BayGVBl, S. 32 ff),
- sie sind Mediendienst im Sinne des § 2 Abs. 1 Satz 1 des Staatsvertrags über Mediendienste (Mediendienste-Staatsvertrag – MDStV) vom 28.01./12.02.1997 (z. B. BayGVBl, S. 226), zuletzt geändert durch den Jugendmedienschutz-Staatsvertrag vom 10./27.09.2002 (z. B. BayGVBl, 2003, S. 147), oder
- sie sind Teledienst im Sinne des § 2 Abs. 1 Teledienstegesetz (TDG), das als Art. 1 des Gesetzes zur Regelung der Rahmenbedingungen für Informations- und Kommunikationsdienste (Informations- und Kommunikationsdienste-Gesetz – IuKDG) vom 22.07.1997 (BGBl. I, S. 1870) verabschiedet wurde.
- Die Bezeichnung „Telemedien" ist neu hinzugekommen durch den Jugendmedienschutz-Staatsvertrag (JMStV). Davon werden alle Teledienste im Sinne des TDG und alle Mediendienste im Sinn des MDStV verstanden, soweit sie nicht Rundfunk sind.

3.2 Gegenwärtiger medienrechtlicher Rahmen – das Dritte Strukturpapier

Zur Unterscheidung von Rundfunk- und Mediendiensten in vorbezeichnetem Sinn haben die Landesmedienanstalten im Dritten Strukturpapier vom 06.11.2003 über die bisherigen Abgrenzungskriterien hinaus in Anwendung der Kriterien des Bundesverfassungsgerichts einige neue Kriterien zum Rundfunk als Typus entwickelt und dabei deutlich gemacht, dass es für die Einordnung eines Dienstes als Rundfunk nicht entscheidend auf den elektronischen Verbreitungsweg ankommen kann und dass aus den technischen Gegebenheiten eines Dienstes *allein* keine Schlussfolgerung auf seine Positionierung gezogen werden darf. Es darf für die Frage nach der Rundfunkqualität im Zeitalter der Konvergenz nicht auf technische Zufälligkeiten ankommen. Die Art des elektronischen Verbreitungsweges stellt an sich kein Merkmal dar, an dem sich die Zuordnung Rundfunk oder Mediendienst festmachen lässt. Ausschlaggebend ist vielmehr immer die Meinungsrelevanz des verbreiteten Inhalts, ihre Wirkung auf den Empfänger. Diese kann jedoch auf Grund unterschiedlicher technischer Voraussetzungen unterschiedlich groß sein. Dies gilt auch für die Zuordnung der verschiedenen interaktiven Dienste oder der individualisierten Angebotsformen. Ein Dienst ist daher unter der Beachtung der genannten Kriterien umso rundfunktypischer,

- je höher die Wirkungsintensität der verbreiteten Inhalte als solche ist,
- je stärker die redaktionelle Gestaltung der Inhalte ist,
- je realitätsnäher die Inhalte präsentiert werden,
- je größer seine Reichweite und seine gleichzeitige Rezeptionsmöglichkeit/tatsächliche Nutzung sind und
- je weniger Interaktivität des Nutzers den Rezeptionsvorgang bestimmt (Passivität des Nutzungsverhaltens und einfache Bedienbarkeit des Empfangsgeräts).

3.3 Rechtssystematische Einordnung der „interaktiven Fernsehdienste"

Eine Zuordnung der interaktiven Fernsehdienste zu Rundfunk und zu Mediendiensten ist aus verfassungsrechtlichen Gründen notwendig, die auch durch die medientechnische und medieninhaltliche Entwicklung nicht überholt sind. Nach wie vor hat der Rundfunk (Hörfunk und Fernsehen) eine besondere Meinungsbildungsrelevanz, die ihn unter allen Medien auszeichnet und zwar, um mit dem Bundesverfassungsgericht zu formulieren, durch seine Breitenwirkung, seine Aktualität und seine Suggestivkraft (BVerfGE 90, 60, 87). Wenn wir Rundfunkangebote in unsere Medienordnung einreihen, haben sie sich ganz bestimmten Regeln zu unterwerfen, die ihre Ursache mit in der geschilderten meinungsbildungsrelevanten Wirkung des Rundfunks haben. So gelten für Rundfunkangebote die Gewährleistung von Vielfalt, Konzentrationsregelungen und ein umfangreich ausgeprägtes Zulassungsrecht. Die Rundfunkfreiheit steht unter dem besonderen Schutz von Art. 5 Grundgesetz. Die Rundfunkfreiheit muss auch in einer sich wandelnden Zukunft ihre normierende Wirkung bewahren und kann deshalb nicht nur an ältere Technik anknüpfen. Vielmehr muss die Gewährleistung der Rundfunkfreiheit auch angesichts der neuen technischen Möglichkeiten gegeben sein, damit der Rundfunk seine Funktion in unserer Verfassungs- und Medienordnung erfüllen kann.

Die Qualifizierung der unterschiedlichen elektronischen Angebote im Sinne der oben genannten Aufteilung, nämlich als Rundfunk, als Mediendienst, als Teledienst oder Telemedium, hilft durchaus, die unterschiedlichen Erscheinungsformen von interaktivem Fernsehen rechtssystematisch einzuordnen. Dabei ist zu beachten, dass es sich bei Telediensten um Individualkommunikation handelt (§ 2 Abs. 1 TDG) und bereits insofern eine Abgrenzung zum Rundfunk und zu Mediendiensten möglich ist. Rundfunk und Mediendienste richten sich hingegen an die Allgemeinheit (§ 2 Abs. 1 Satz 1 und 2 RStV sowie § 2 Abs. 1 Satz 1 MDStV). Dadurch entsteht eine Abgrenzungsproblematik zwischen Rundfunk- und Mediendiensten, die die Landesmedienanstalten in vorstehend zitiertem Dritten Strukturpapier zur Unterscheidung von Rundfunk- und Mediendiensten vom 06.11.2003 durch neu entwickelte Kriterien gelöst haben. Dabei gilt auch für das interaktive Fernsehen die Aussage, dass eine abstrakte abschließende Definition dieses Begriffs nicht möglich ist, weil dies eine konkrete abschließende Zuordnung anhand von abstrakten Merkmalen notwendig machen würde. Insoweit kann lediglich eine das Typische berücksichtigende Beschreibung abgegeben werden.

Hier ist auf den oben gegebenen Definitionsansatz zurückzukommen, der auf den Grad der Individualisierung und Personalisierung des Angebots abstellt.

Man wird also bei Zuordnung einzelner elektronischer Angebote zu Rundfunk (Fernsehen) oder zu den Mediendiensten auf das einzelne Angebot und seine Wirkung sowie die Art der Nutzung abstellen müssen. Hier gibt das Medienrecht durchaus stimmige Antworten und handhabbare Lösungen. Wie alle anderen Abgrenzungsversuche unter unterschiedlichen Gesichtspunkten gezeigt haben, bleibt nach wie vor die Notwendigkeit, das jeweilige Angebot im Einzelfall konkret zu bewerten und darauf die Zuordnung abzustützen.

3.4 Die Unterscheidung zwischen Mediendienst und Rundfunk im interaktiven Fernsehen – praktische Beispiele

Um diese formale Abgrenzung plastischer zu gestalten und verständlicher zu machen, stelle ich im Folgenden einige Beispiele aus der Praxis vor. Sie verdeutlichen, dass „interaktives Fernsehen“ sowohl Rundfunk als auch Mediendienst sein kann.

Pay-TV

ist eine (individualisierte) Bezahlung von Angeboten, bedeutet aber nicht, dass damit allein die Qualifizierung als Rundfunk entfallen würde (vgl. Ring, 1990; Schwarz-Schilling, 1989). Die Tatsache der Verschlüsselung zum Zwecke der Sicherstellung der Finanzierung und die damit erforderliche „Interaktivität“ des Nutzers ändert an der Adressierung eines Angebotes an die Öffentlichkeit nichts. Jeder, der bereit ist zu zahlen, hat Zugang zum Programm. Dass die Art der Bezahlung einen Dienst nicht zum Mediendienst macht, stellt bereits § 2 Abs. 1 Satz 2 RStV klar: Der Rundfunkbegriff schließt danach Darbietungen ein, die verschlüsselt verbreitet werden oder gegen besonderes Entgelt empfangbar sind. Die Freischaltung kann monats- oder jahresweise im Abonnement für ein gesamtes Programmangebot oder für einen kürzeren Zeitraum und auf einzelne Programme (Pay-per-Channel) beschränkt werden.

Teleshopping

Fernseheinkaufssendungen weisen durch die Möglichkeit des sofortigen Kaufs per Telefon eine Interaktivität des Zuschauers auf. Wird die Sendung im Rahmen eines Fernsehprogramms verbreitet und von den Veranstaltern des Fernsehprogramms verantwortet und dient sie dessen Finanzierung, ist sie als Teil des Fernsehprogramms Rundfunk und unterliegt rundfunkrechtlichen Bestimmungen, insbesondere den werbezeitlichen Beschränkungen in § 45 a RStV.

Im Übrigen ist von § 2 Abs. 2 Nr. 1 MDStV auszugehen und eine Gesamtbewertung nach Maßgabe der obigen Ausführungen vorzunehmen. Dazu ist festzuhalten, dass die Darstellung eines Produkts in einem Warenkatalog durchaus unter den Gesichtspunkten Breitenwirkung, Aktualität und Suggestivkraft als rundfunkgleich angesehen werden kann. Zu diesem Ergebnis kommt man, wenn das präsentierte Produkt in animierter Darstellung gezeigt wird. In diesen Fällen muss eine Korrektur des Ergebnisses unter dem Gesichtspunkt der öffentlichen Meinungsbildungsrelevanz erfolgen, anderenfalls liefe die Bedeutung von § 2 Abs. 2 Nr. 1 MDStV leer. Es sollte daher mit Schroeder (1994) gefragt werden, ob die Darstellung noch für den Warenmarkt oder schon für den Meinungsmarkt bestimmt ist. Ist ersteres der Fall, ist der Fernseheinkauf als Mediendienst einzuordnen:

Unschädlich sind in diesem Zusammenhang

- Umfeldbeschreibungen, die sich auf das Produkt, seine Herstellung oder seinen Gebrauch beziehen, solange der Verkaufszweck erkennbar im Vordergrund steht, wofür z. B. die dauerhafte Einblendung von Kaufpreis, Bestell- und Verkaufsbedingungen u. Ä. spricht;
- die Darstellung und die Beschreibung der Waren oder Dienstleistung im Rahmen einer so genannten Live-Präsentation, bei der der Rezipient gegebenenfalls die Möglichkeit hat, im Studio anzurufen und produktbezogene Fragen zu stellen, die die Moderatoren beantworten, solange der Verkaufszweck des Ganzen erkennbar im Vordergrund steht.

In beiden Fällen steht der Leistungsaustausch im Vordergrund. Die Inhalte ordnen sich eindeutig dem gewerblichen Zweck unter. Die Angebote gehen nicht über den Bereich der persönlichen Lebensführung hinaus, beziehen sich nicht auf Themen, die den Menschen als Teil der Gesellschaft betreffen, und unterliegen nicht dem Rundfunkrecht.

Fernseheinkauf ist allerdings als Rundfunk zu behandeln, wenn

- das Gezeigte Informationsteile enthält, die keinen Produktbezug mehr aufweisen,
- die Produktpräsentation in Unterhaltungsshows integriert ist o. Ä. und der Verkaufscharakter nicht eindeutig im Vordergrund steht.

Die Bewertung ist im jeweiligen Einzelfall vorzunehmen.

Werden für die Fälle, dass sich ein Fernseheinkaufsangebot als Rundfunk darstellt, die Grenzen zum Rundfunk nur ausnahmsweise im Einzelfall überschritten, liegt ein Aufsichtsproblem vor. Kommt eine Landesmedienanstalt zu dem Ergebnis, dass ein Fernseheinkaufsangebot auf Grund der systematischen Überschreitungen nach den entwickelten Kriterien dem Rundfunk zuzuordnen ist, so trifft sie nach der positiven Feststellung die notwendigen Maßnahmen.

Fernsehtext – Verteildienste im Sinne des § 2 Abs. 2 Nr. 2 und 3 MDStV

- Der Mediendienste-Staatsvertrag entzieht den Videotext, der in der Austastlücke des Fernsehsignals ausgestrahlt wird und bisher nach § 2 Abs. 1 Satz 2 RStV a. F. Rundfunk und von der Rundfunkzulassung gedeckt war, nunmehr grundsätzlich dem Rundfunkrecht. Etwas anderes gilt jedoch, wenn die vorzunehmende Einzelfallprüfung ergibt, dass ein dem herkömmlichen Rundfunk vergleichbarer Grad an Meinungsbildungsrelevanz gegeben ist. Wie die derzeit bekannten Videotextangebote diesen erreichen könnten, ist nicht ersichtlich.
- Bei der vorzunehmenden Gesamtbewertung unterliegt der Teil eines Textangebots dem Rundfunkrecht, der mit dem im Bewegtbild Dargebotenen in engem Zusammenhang steht. In diesem Fall unterliegt das gesamte Videotextangebot dem Rundfunkrecht (Beispiel: Inhaltsinformationen zu laufenden Sendungen, Übertragung der jeweiligen Einschaltquote einer Sendung, Mitteilung des aktuellen Stands der eingegangen Gelder im Rahmen eines Spendenaufrufs, aktuelle Ozonwerte im Zusammenhang mit einer Gesundheitssendung, Verkaufszahlen eines bestimmten Titels im Hörfunk, Teilnehmerumfragen). Dies ergibt sich daraus, dass Bild, Ton und Text zusammen eine untrennbare Verbindung eingegangen sind.
- Bei elektronischen Rundfunkprogrammführern ist ein Zusammenhang gegeben. Sie bedürfen jedoch im Hinblick auf die Entwicklungen im digitalen Bereich einer genaueren Überprüfung.

Premiere „Vollerotik"

Neu in die Reihe der Mediendienste ist das Vollerotik-Programm von Premiere getreten, das durch seinen Einzelabruf durch den Nutzer Interaktivitätsmerkmale aufweist. Das Angebot zeigt pornografische Inhalte, die im digitalen Speicher des Playout des technischen Dienstleisters von Premiere in einer Art ständigen Wiederholungsschleife ausgespielt werden. Pro Tag werden dabei drei unterschiedliche Filme angeboten, die jeweils um eine Stunde zeitversetzt auf beiden Kanälen laufen. Das Programm wechselt täglich, so dass pro Woche ca. 20 Filme gezeigt werden.

Der Kunde bestellt und bezahlt dabei den Film, der je nach Zeitpunkt des Abrufs als nächster im Angebot *Blue Movie 1* oder im Angebot *Blue Movie 2* startet. Es ist dabei nicht möglich, von einem Kanal zum anderen im Rahmen eines einzigen Bestellvorgangs zu wechseln. Ist ein solcher Wechsel gewünscht, so muss der Kunde einen neuen Abrufvorgang initiieren, der damit auch wieder einen weiteren Bezahlvorgang auslöst. Das Gleiche gilt, wenn er auf dem laufenden Datenstrom/Angebot einen weiteren Film bestellen möchte.

Die Bestellung und Freischaltung setzt das Durchlaufen eines besonderen Authentifizierungs- und Identifizierungsverfahrens voraus und erfolgt mittels eines besonderen Signals, das individualisiert ausschließlich an den Abrufer des Angebots adressiert ist (ECM). Die Kommission für Jugendmedienschutz (KJM) hat festgestellt, dass das Altersverifikationssystem (AV-System) des Angebots *Blue Movie* die gesetzlichen Anforderungen an Schutzsysteme für geschlossene Benutzergruppen erfüllt.

Bei einer Gesamtschau aller oben unter Punkt 3.2 angeführten Kriterien ist daher das Angebot wegen der starken Individualisierung als Mediendienst einzuordnen:

Zwar ist den vorliegenden erotischen Inhalten der Angebote eine durchaus hohe Wirkungsintensität beizumessen. Sexualität ist ein gesellschaftlich relevantes Thema, das zu einer Kommunikation der Rezipienten untereinander führt und dadurch ein Beeinflussungspotenzial auf die öffentliche Meinungsbildung hat. Die Realitätsnähe, die durch die Kraft der bewegten Bilder entsteht, ist dem Angebot nicht abzusprechen. Auch wird das Angebot eine nicht unerhebliche Reichweite durch die Verteilung auf der Premiereplattform erfahren. Allerdings ist die redaktionelle Gestaltung der Inhalte sehr gering. Vorliegend ist keine strukturelle Abfolge der Inhalte derart gegeben, dass die zeitlich aufeinander folgenden Inhalte untereinander so verknüpft werden, dass der Rezipient vom Aus- oder Umschalten abgehalten wird. Live-Übertragungen, die eine Teilhabe am aktuellen Geschehen in sich bergen und damit ein erhöhtes Beeinflussungspotenzial besitzen, sind nicht Teil des Angebots. Zudem ist vorliegend eine hohe Interaktivität des Nutzers gefordert, um sich das Angebot zugänglich zu machen. Darüber hinaus ist das Angebot durch die Einzelbestellung und die Einzelfreischaltung in einer Art und Weise *individualisiert,* die einer Einordnung als Rundfunk entgegensteht.

5. Sonderproblem: Rundfunkgebühr für PCs

Die Entwicklung des digitalen Marktes und der interaktiven Dienste bringt nicht nur grundsätzliche Probleme im Bereich der Abgrenzung Rundfunk/Mediendienst mit sich, sondern wirft auch in einigen „Randgebieten“ Fragen auf.

Es stellte sich daher auch die Frage, wie sich denn die Endgeräte-Situation mit der in Deutschland existierenden Rundfunkgebührenpflicht sachgerecht lösen lässt. In Zeiten der klassischen Rundfunkordnung war klar, dass Rundfunkempfangsgeräte nur zu dem Zweck vorgehalten werden, Hörfunk und Fernsehen damit zu empfangen. Das Bereithalten des Rundfunkempfangsgerätes löst die Rundfunkgebührenpflicht aus. Die Regelungen sind getroffen im Rundfunkgebührenstaatsvertrag (RGebStV i. d. F. der Bek. vom 27.07.2001, BayGVBl, S. 561). Nach § 1 Abs. 1 Satz 1 RGebStV sind Rundfunkempfangsgeräte technische Einrichtungen, die zur drahtlosen oder drahtgebundenen, nicht zeitversetzten Hör- oder Sichtbarmachung oder Aufzeichnung von Rundfunkdarbietungen (Hörfunk oder Fernsehen) geeignet sind. Als Rundfunkempfangsgeräte zählen auch Lautsprecher, Bildwiedergabegeräte und ähnliche technische Einrichtungen als gesonderte Hör- oder Sehstellen.

Die neue technische Entwicklung macht es nunmehr allerdings möglich, dass Hörfunkprogramme auch über Online und den Endgerät-Computer hörbar gemacht werden. Zunehmend kann der Computer auch andere Angebote empfangbar machen. Dies hat die Frage aufgeworfen, ob nicht auch PCs als Rundfunkempfangsgeräte gelten müssen, weil sie ja auch zum Empfangen von Rundfunkprogrammen geeignet sind. Allerdings entspricht dies sicherlich nicht dem typischen Verhalten eines Nutzers des Computers, damit primär Hörfunk- und Fernsehprogramme empfangen zu wollen. Die Länder haben die Frage der Entscheidung über die Frage der Gebührenpflicht von Computern verschoben und dazu ein Moratorium verabschiedet (vgl. Hartstein, Ring, Kreile, Dörr & Stettner, 2003, B1 Rn 154; Vorschlag der Rundfunkkommission im Rahmen der Sondermedienkonferenz vom 19.05.2000). Die Tatsache, dass die Vorstellungen einer totalen Konvergenz bisher nicht eingetreten sind und die Endgeräte für Hörfunk und Fernsehempfang und zur Online-Nutzung nahezu zu 100 % unterschiedlich eingesetzt werden, sollte den Gesetzgeber dazu bewegen, eine Regelung zu treffen, die die Gebührenpflicht für Computer generell ausschließt, um multimediale Entwicklungen nicht zusätzlich wirtschaftlich zu belasten. Aus heutiger Sicht ist jedenfalls auf absehbare Zeit mit größeren Überschneidungen nicht zu rechnen, so dass eine solche gesetzgeberische Entscheidung – bisher ist es ja nur ein Moratorium – keine grundsätzlichen Auswirkungen auf die deutsche Medienordnung haben dürfte (vgl. hierzu Kapitel 6.).

6. Weiterer Handlungsbedarf durch den Gesetzgeber

Die geschilderten Entwicklungen im Zusammenhang mit neuen elektronischen Angeboten machen zweierlei deutlich:

Die heute geltende Medienordnung ist im Prinzip geeignet, sachgerechte Antworten auf die neuen Entwicklungen zu geben. Die verfassungsrechtliche Ausgangslage und die bei den Ländern in einer Vielzahl von Gesetzgebungsakten auf den Weg gebrachte Medienordnung kann auch für neue Erscheinungsformen angewendet werden. Diese Medienordnung bringt auch zufrieden stellende Ergebnisse, wenn in der Rechtsanwendungspraxis die dynamischen Entwicklungsprozesse sachgerecht und zukunftsorientiert geregelt werden. Es besteht allerdings die Gefahr – wie die Auseinandersetzungen über Teleshopping gezeigt haben –, dass rückständige Regulierungsansätze, die in eine zukunftsorientierte Medienordnung nicht mehr passen, auch Markterschließungen erschweren und neue Geschäftsmodelle unmöglich machen können.

Daher ist es Aufgabe des Gesetzgebers, den von ihm durch den MDStV bereits beschriebenen Weg fortzuführen und Rechtssicherheit zu schaffen. Für das interaktive Fernsehen in seinen vielfältigsten Erscheinungsformen sollte, wie das auch für Teleshopping und Fernsehtext heute gilt, ein Regelfall in den Mediendienstestaatsvertrag aufgenommen werden, der jedenfalls dann interaktives Fernsehen als Mediendienst definiert, wenn die

Individualisierung einen bestimmten Intensitätsgrad erreicht hat. So wäre es denkbar, Video-on-Demand Angebote und Near-Video-on-Demand mit einem bestimmten Individualisierungsgrad aus dem Rundfunk heraus in den Mediendienst zu definieren. Wie oben bereits angeführt (siehe Punkt 2.1) scheint die Definition des interaktiven Fernsehens nach dem Grad seiner Personalisierbarkeit sprich Individualisierbarkeit die Griffigste zu sein. Je individueller ein Angebot aber ist, je personenbezogener, desto rundfunkuntypischer wird es. Wie diese Individualität erzeugt wird, sei es durch persönliche Aktivität des Nutzers oder gar durch elektronische Auswertung seines Nutzerverhaltens, ist dabei irrelevant.

Auch ist der Gesetzgeber im Zusammenhang mit der Rundfunkgebührpflicht gefordert, Rechtsklarheit zu schaffen. Je stärker sich die Interaktivität ausbreitet, desto häufiger werden Dienste wie Telefonleitung bzw. das Internet genutzt. Die Tatsache, dass sich Interaktivität des Fernsehens zum Teil auf dem PC bzw. über diesen abspielt, lässt diesen jedoch nicht zum gebührenpflichtigen Endgerät werden. Eine Gebührenpflicht für PCs zu schaffen oder anzuwenden widerspricht den Nutzungsgewohnheiten und ist ein Hemmnis bei der Entwicklung multimedialer Dienste. Davon sollte unbedingt Abstand genommen werden, was durch den Gesetzgeber klargestellt werden müsste.

Auch die Auseinandersetzungen um das Geschäftsmodell von 9Live, das in seiner augenblicklichen Ausgestaltung als interaktives Rundfunkprogramm einzustufen ist und das immer wieder in die Kritik gerät, weil auch primär Telefongebühren zur Finanzierung des Quiz-Senders herangezogen werden, zeigen, dass zusätzliche gesetzgeberische Klarheit erforderlich ist. Die Abgrenzungsdiskussionen, ob nun ein Quiz-Sender ein unzulässiges Spiel veranstaltet oder ein zulässiges Quiz, kann auf Dauer nicht hingenommen werden. Dass das Lotteriewesen nach wie vor als Staatsmonopol organisiert ist, passt nicht mehr in die Zeit und ist angesichts der vielfältigen Möglichkeiten elektronischer Spiele und Lotterien überholt. Auch das globale Medium Internet zeigt, dass solche Monopolregelungen auch faktisch überholt sind. Dies erfordert einen neuen rechtlichen Ansatz, der nicht dadurch in Frage gestellt werden kann, dass man mit dem überholten Argument, man müsse den Bürger vor seiner Spielleidenschaft schützen, staatliche Spielmonopole aufrechterhält (so auch der EuGH, Urteil vom 06.11.2003, C-243/01). Letztlich geht es doch wohl nur darum, dem Fiskus eine ihm vorbehaltene Einnahmequelle zu sichern.

Letztlich wird uns und den Gesetzgeber die Frage der Interaktivität auf Grund ihrer Vielfalt noch lange beschäftigen.

---

1 Für die Unterstützung von Frau Assessorin Doris Dobmeier bedanke ich mich recht herzlich.

Literatur

Beckert, B. (2002): *Medienpolitische Strategien für das interaktive Fernsehen.* Wiesbaden: Westdeutscher Verlag.

Beckert, B. & Kubicek, H. (1999): Multimedia möglich machen: Vom Pilotprojekt zur Markteinführung. In: *Media Perspektiven*, o. Jg., 128–143.

Fidler, R. (1997): *Mediamorphosis. Understanding New Media,* Thousand Oaks. CA/ London/New Delhi: Pine Forge Press.

Hartstein, R., Ring, W.-D., Kreile, J., Dörr, D. & Stettner, R. (2003): *Rundfunkstaatsvertrag, Kommentar.* München: Verlagsgruppe Jehle Rehm.

Hofmann-Riem, W. & Vesting, Th. (1994): Ende der Massenkommunikation? Zum Strukturwandel der technischen Medien. In: *Media Perspektiven*, o. Jg., 382–391.

Höing, M.& Treplin, D. (1994): *Marktübersicht interaktives Fernsehen. 25 in- und ausländische Systeme im Vergleich. Eine Analyse.* Kommunikations-Kompendium, Bd. 1, Unterföhring: MGM.

Ring, W.-D. (1990): Pay-TV ist Rundfunk! *ZUM,* 34, 279–280.

Schraper, K. (1995): *Digitales Fernsehen. Marktchancen und ordnungspolitischer Regulierungsbedarf. Ein Bericht der Prognos AG im Auftrag der Bayerischen Landeszentrale für neue Medien.* München: R. Fischer.

Schröder, W. (1994): Teleshopping und Rundfunkfreiheit. *ZUM,* 38, S. 471–482.

Schwarz-Schilling, C. (1989): Pay-TV und doch kein Rundfunk. *ZUM,* 33, S. 487–492.

Interaktives Fernsehen in der juristischen Praxis

Johannes Kreile

Prof. Dr. Johannes Kreile ist Rechtsanwalt in der Sozietät Nörr Stiefenhofer Lutz in München.

1. Einführung

Mitte der 90er Jahre beherrschte der Wandel von der Industrie- zur Informationsgesellschaft die Schlagworte der Medienpolitik. Der Ausbau der Telekommunikationsnetze, die Schaffung einer digitalen Infrastruktur sollten den Kommunikationsbereich zur Antriebsfeder der New Economy werden lassen (vgl. hierzu Weißbuch der Kommission der Europäischen Union mit dem Titel „Wachstum, Wettbewerbsfähigkeit, Beschäftigung – Herausforderungen der Gegenwart und Wege ins 21. Jahrhundert"). Die Deutsche Telekom hatte 1995 ein Pilotprojekt zum interaktiven Fernsehen gestartet und dieses Programm mit einem Budget von 200 Millionen DM ausgestattet. Ziel war es dabei, unterschiedliche Dienste, z. B. Fernsehen und interaktive Datendienste, Computer und Telefon, Musik und Video zu verknüpfen und dies auf einer einheitlichen Datenautobahn.

Im Vordergrund der Überlegungen zur Einführung des interaktiven Fernsehens stand dabei, mittels Ausbau der Kabelnetze die Möglichkeit von Rückkanälen zu schaffen, um dem Zuschauer den unmittelbaren Einfluss auf das Programm zu ermöglichen. Ein Pilotprojekt von Time Warner in Orlando ermöglichte, im Rückkanalverfahren Einfluss auf die Sendungen und den Fortgang einer Sendung zu nehmen.

Nicht zuletzt die Verzögerungen beim Ausbau und der Digitalisierung der Kabelnetze, aber auch der wirtschaftliche Zusammenbruch eines bestimmten Geschäftsmodells der New Economy haben dazu geführt, dass Interaktivität im Fernsehbereich heute im Wesentlichen im Bereich der transaktionsfinanzierten Angebote funktioniert, wobei das Telefon und nicht der Rückkanal die Triebfeder für interaktives Fernsehen in Deutschland geworden ist.

Jede technische Innovation, aber auch neue Geschäftsmodelle mit bestehenden technischen Möglichkeiten werfen eine Vielzahl von Rechtsfragen auf, neben den Bereichen des Datenschutzes und des Telekommunikationsrechtes insbesondere auch im rundfunkrechtlichen Bereich. Die Einbindung von Zuschauern in redaktionelle Programme reicht von Anrufmöglichkeiten für einzelne Sendungen, wie z. B. „Big Brother – Das Quiz", bis hin zu dem Sender 9Live, der nahezu die gesamte Sendezeit mit Programmen bestreitet, bei denen der Zuschauer die Möglichkeit des Mitmachens durch einen Telefonanruf, aber auch mittels Postkarte hat.

Die vielfältigen Shopping-Angebote wie Verkaufs- oder Reiseshopping-Sender, z. B. HSE, RTL Shop, QVC oder sonnenklar TV, zählen durch die Response- bzw. Bestellmöglichkeiten ebenfalls zum Bereich des interaktiven Fernsehens. Da das interaktive Fernsehen in einer Vielzahl von Ausgestaltungen am Markt präsent ist, bedarf eine Befassung mit einzelnen Rechtsproblemen zunächst einer strukturellen Einordnung in das rundfunk- bzw. kommunikationsrechtliche Instrumentarium.

2. Rundfunkrechtliche Einordnung

2.1 Die Kriterien für die Unterscheidung von Rundfunk, Mediendiensten und Telediensten

Die rundfunkrechtliche Einordnung des interaktiven Fernsehens zwischen Individual- und Massenkommunikation ist nicht nur für die Frage der Zulassung entsprechender Angebote von besonderer Bedeutung. Die Grenzen, die einzelne Programmangebote zu beachten haben, richten sich je nach Einordnung nach völlig unterschiedlichen Gesichtspunkten.

Art. 5 GG schützt den Rundfunk; Dienste, die nicht Rundfunk sind, fallen nicht unter den besonderen Schutz der Verfassung. Was Art. 5 Abs. 1 Satz 2 GG unter dem Begriff Rundfunk versteht, wird durch das Grundgesetz nicht definiert, sondern vorausgesetzt. Nach der Rechtsprechung des Bundesverfassungsgerichts ist sein Inhalt aus einer am normativen Funktionszweck orientierten Betrachtungsweise zu erschließen (vgl. BVerfGE 73, 118, 154). Dabei ging das Bundesverfassungsgericht davon aus, dass der Begriff Rundfunk dynamisch zu interpretieren und damit für neue technische Entwicklungen flexibel und offen ist. Auf die physikalische Art der Übertragung kommt es für die Subsumtion bestimmter Angebote unter den Rundfunkbegriff nach der Rechtsprechung des Bundesverfassungsgerichtes ebenfalls nicht an (vgl. BVerfGE 73, 118, 154).

Der verfassungsrechtliche Rahmen, die sich daran anschließende Definition des Rundfunks in § 2 RStV, hat für bestimmte Erscheinungsformen des interaktiven Fernsehens und deren Bewertung zwischen Rundfunkangebot und Mediendienst wirtschaftlich erhebliche Auswirkungen. Dies betrifft vorrangig die Frage der Zulassung, da § 20 RStV für die Verbreitung von Rundfunkprogrammen besondere Zulassungsvoraussetzungen nach dem Rundfunkstaatsvertrag und den jeweiligen Landesmediengesetzen normiert, wohingegen Mediendienste keiner rundfunkrechtlichen Zulassung bedürfen (siehe § 4 Mediendienste-Staatsvertrag, der wie folgt formuliert: „Mediendienste sind im Rahmen der Gesetze zulassungs- und anmeldefrei.“).

Für die Qualifizierung der interaktiven Angebote kommen in Betracht:

- Rundfunk im Sinne des § 2 Abs. 1 Satz 1 und 2 RStV. Hiernach ist Rundfunk die für die Allgemeinheit bestimmte Veranstaltung und Verbreitung von Darbietungen aller Art in Wort, Ton und Bild unter Benutzung elektromagnetischer Schwingungen ohne Verbindungsleiter oder längs oder mittels eines Leiters. Der Begriff schließt Darbietungen ein, die verschlüsselt verbreitet werden oder gegen besonderes Entgelt empfangbar sind.

- Mediendienst im Sinne des § 2 Abs. 1 Satz 1 Mediendienste-Staatsvertrag. Hiernach sind Mediendienste solche Angebote, die die Nutzung von an die Allgemeinheit gerichteten Informations- und Kommunikationsdiensten (Mediendienste) in Text, Ton oder Bild erlauben, die unter Benutzung elektromagnetischer Schwingungen ohne Verbindungsleiter oder längs oder mittels eines Leiters verbreitet werden. Mediendienste in diesem Sinne sind insbesondere
  - Verteildienste in Form von direkten Angeboten an die Öffentlichkeit für den Verkauf, den Kauf oder die Miete oder die Pacht von Erzeugnissen oder die Erbringungen von Dienstleistungen (Fernseheinkauf);
  - Verteildienste, in denen Messergebnisse und Datenermittlungen in Text oder Bild mit oder ohne Begleitton verbreitet werden;
  - Verteildienste in Form von Fernsehtext, Radiotext und vergleichbaren Textdiensten;
  - Abrufdienste, bei denen Text-, Ton- oder Bilddarbietungen auf Anforderung aus elektronischen Speichern zur Nutzung übermittelt werden, mit Ausnahme von solchen Diensten, bei denen der individuelle Austausch oder die reine Übertragung von Daten im Vordergrund steht, ferner von Telespielen.

- Teledienste im Sinne des § 2 Abs. 1 TDG. Teledienste sind elektronische Informations- und Kommunikationsdienste, die für eine individuelle Nutzung von kombinierbaren Daten wie Zeichen, Bilder oder Töne bestimmt sind und denen eine Übermittlung mittels Telekommunikation zugrunde liegt. Teledienste sind insbesondere
  - Angebote im Bereich der Individualkommunikation wie Telebanking und Datenaustausch;
  - Angebote zur Information und Kommunikation, soweit nicht die redaktionelle Gestaltung zur Meinungsbildung für die Allgemeinheit im Vordergrund steht; Datendienste sind z. B. Verkehrs-, Wetter-, Umwelt- und Börsendaten, die Verarbeitung von Informationen über Waren- und Dienstleistungsangebote;
  - Angebote zur Nutzung des Internets oder weiterer Netze;
  - Angebote zur Nutzung von Telespielen;
  - Angebote von Waren- und Dienstleistungen in elektronisch abrufbaren Datenbanken mit interaktivem Zugriff und unmittelbarer Bestellmöglichkeit.

Die vorstehenden Begriffsdefinitionen zeigen die Schwierigkeiten der Abgrenzung auf, weil die Übergänge teilweise fließend sind. Gerade das Merkmal der Interaktivität kann sowohl im Bereich des Rundfunks – wie das Beispiel 9Live zeigt – stattfinden als auch insbesondere beim Abruf von einzelnen Datendiensten. Ausschlaggebend ist deswegen immer die Meinungsrelevanz des verbreiteten Inhalts und ihre Wirkung auf den Empfänger. Für die Abgrenzung haben die Landesmedienanstalten daher im Dritten Strukturpapier zur Unterscheidung von Rundfunk- und Mediendiensten klargestellt, dass ein Dienst daher umso rundfunktypischer ist, je höher die Wirkungsintensität der verbreiteten Inhalte als solche und je stärker die redaktionelle Gestaltung der Inhalte ist. Umgekehrt gilt aber auch, je geringer die Reichweite eines Angebots und seine gleichzeitige Rezeptionsmöglichkeit und tatsächliche Nutzung eingeschränkt ist und je mehr Interaktivität des Nutzers den Rezeptionsvorgang bestimmt, umso mehr ist man im Bereich der Telemedien.

Auswirkungen hat die rundfunkrechtliche Einordnung nicht nur auf Zulassungsfragen; diese setzen sich auch im Bereich der Verbreitung fort.

2.2 Die Einordnung interaktiver Angebote als Rundfunk

§ 2 Abs. 1 RStV definiert Rundfunk als die für die Allgemeinheit bestimmte Veranstaltung und Verbreitung von Darbietungen aller Art in Wort, in Ton und in Bild unter der Benutzung elektromagnetischer Schwingungen ohne Verbindungsleitung oder längs oder mittels eines Leiters. Der Begriff schließt Darbietungen ein, die verschlüsselt verbreitet werden oder gegen besonderes Entgelt empfangbar sind.

Demgegenüber handelt es sich nach § 2 Abs. 1 Mediendienste-Staatsvertrag bei Mediendiensten um an die Allgemeinheit gerichtete Informations- und Kommunikationsdienste in Text, Ton oder Bild, die unter Benutzung elektromagnetischer Schwingungen ohne Verbindungsleitung oder längs oder mittels eines Leiters verbreitet werden.

Der wesentliche Unterschied zwischen Rundfunk und Mediendiensten besteht also darin, dass Rundfunk eine Darbietung enthält. Interaktives Fernsehen muss also eine Darbietung enthalten, an der sich der Zuschauer beteiligt; Mediendienste ermöglichen ebenfalls eine interaktive Einflussnahme des Betrachters, das Medium selbst setzt aber voraus, dass es keine Darbietung im rundfunkrechtlichen Sinne enthält.

Das Dritte Strukturpapier der Landesmedienanstalten vom 06.11.2003 sieht die Meinungsbildungsrelevanz eines Angebotes als Begriffskern des Tatbestandsmerkmals Darbietung und damit als das einzig geeignete Kriterium für eine systematische Unterscheidung der beiden Bereiche an. Die Frage der Interaktivität eines Angebotes spielt für die Abgrenzungsfrage keine Rolle. Dies zeigt auch die Praxis, die unterschiedliche interaktive Angebote in allen Bereichen, sei es im Bereich Rundfunk, wie im Bereich Mediendienste, wie sogar im Bereich der reinen Datendienste, kennt. Das Programm 9Live ist als Fernsehsender durch die Bayerische Landeszentrale für neue Medien lizenziert, da die Quizfragen, die einen wesentlichen Bestandteil des Programmangebotes ausmachen, wegen ihres Einflusses auf die Meinungsbildung das Programm zu einem Rundfunkangebot machen. Sowohl die Auswahl der Fragen als auch insbesondere der Effekt, Wissen zu vermitteln, wenn die richtige Antwort präsentiert wird, führen zur Darbietung im rundfunkrechtlichen Sinne. Demgegenüber sind Teleshopping-Angebote, bei denen der

Fernsehschirm als Angebotsplattform genutzt wird, kein Rundfunk, wenn die Angebote keine Meinungsrelevanz enthalten. Wegen ihrer engen inhaltlichen Begrenzung auf reine Verkaufsprodukte dienen Fernseheinkaufsdienste nur in geringem Maße der öffentlichen Meinungsbildung. Textdienste, die individuell über Telefonanrufe abgefragt werden, so z. B. Textmessages über SMS-Systeme, stellen kein Angebot an die Allgemeinheit dar, sondern sind individuelle Abrufprogramme, bei denen der einzelne Nutzer entscheidet, zu welchem Zeitpunkt er das Angebot abruft. Es fehlt das Merkmal der Allgemeinheit. Textdiensten fehlt auch die Suggestivkraft der bewegten Bilder, hier gilt das Teledienstegesetz. Für die Einordnung des interaktiven Fernsehens kommt es also auf die Ausgestaltung der Angebote an, im Zeitalter der Konvergenz kommt es für die Rundfunkqualität nicht auf die Art der technischen Verbreitung als solche an. Die Art des elektronischen Verbreitungsweges stellt an sich kein Merkmal dar, an dem sich die Zuordnung Rundfunk- oder Mediendienst festmachen lässt (vgl. BVerfGE 74, 297, 350). Ausschlaggebend ist vielmehr immer die Meinungsrelevanz des verbreiteten Inhalts, ihre Wirkung auf den Empfänger. Interaktives Fernsehen liegt also dann vor, wenn die materiellen Anforderungen, die § 2 RStV stellt, erfüllt sind.

Neben der Meinungsrelevanz ist ein weiteres Kernelement des verfassungsrechtlichen Rundfunkbegriffs, dass Rundfunk nur dann vorliegt, wenn das Merkmal „Allgemeinheit“ erfüllt ist. Damit wird sichergestellt, dass nur Formen der Massenkommunikation von Art. 5 Abs. 1 Satz 2 GG erfasst werden (vgl. Schulz in Hahn/Vesting, Rundfunkrecht, § 2 Rn. 14).

Für das Merkmal der Allgemeinheit kommt es nicht darauf an, wie viele Rezipienten tatsächlich erreicht werden, vielmehr ist auf den potenziellen Rezipientenkreis abzustellen. Daher sind auch thematisch eingeschränkte Angebote, so insbesondere Spartenkanäle, an die Allgemeinheit gerichtet, da auch hier der Kreis der Rezipienten nicht von vornherein feststeht (vgl. Hoffmann-Riem, Der Rundfunkbegriff in der Differenzierung kommunikativer Dienste, AfP 1996, 9).

Das Merkmal der Allgemeinheit ist dann nicht mehr erfüllt, wenn die Kommunikation individuell ausgestaltet ist. Neben den individuellen Abruf- und Zugriffdiensten liegt eine individuelle Kommunikation auch dort vor, wo geschlossene Benutzergruppen anzutreffen sind. Somit muss bei jedem interaktiven Angebot stets genau untersucht werden, ob und inwieweit eine Allgemeinheit dieses Angebot nutzen kann oder ob es sich um eine geschlossene Benutzergruppe handelt, bei der die Teilnehmer feststehen und insoweit individualisierbar sind. Der Begriff der geschlossenen Benutzergruppe findet sich nunmehr auch in § 4 Abs. 2 Satz 2 JMStV wieder und erlaubt dort die Verbreitung von solchen Angeboten, die im Fernsehen unzulässig sind. Eine geschlossene Benutzergruppe liegt nach derzeit herrschender Rechtsauffassung (vgl. Hoffmann-Riem, a. a. O., AfP 1996, 9, 10) dann vor, wenn

- gemeinsame berufliche, ideelle oder vergleichbare Merkmale miteinander verbunden und damit als homogene Gruppe von der Allgemeinheit abgrenzbar sind;
- die Mitglieder dieser Gruppe durch vertragliche, mitgliedschaftliche oder öffentlich-rechtliche Beziehungen mit dem jeweiligen Anbieter verbunden sind;

- das Angebot allein der Befriedigung des bereichsspezifischen Rezeptionsbedarfs der homogenen Gruppe dient.

Für bestimmte Erscheinungsformen des interaktiven Fernsehens ist es daher von besonderer Bedeutung, ob das auf den bestimmungsgemäßen Rezipientenkreis bezogene Merkmal der Allgemeinheit weit ausgelegt wird, d. h. darauf abgestellt wird, ob die Kommunikation als „öffentlich" angesehen werden kann (so z. B. Schulz, Jenseits der Meinungsrelevanz – verfassungsrechtliche Überlegungen zur Ausgestaltung und Gesetzgebungskompetenz bei neuen Kommunikationsformen. ZUM 1996, 487, 490) oder ob die Kommunikation auf eine individuelle Kommunikation abzielt. Wenn es möglich ist, dass ein Angebot einen Empfänger individuell anspricht, ist der Bereich des Rundfunks verlassen.

Die Öffentlichkeit der Kommunikation hängt nicht davon ab, ob es sich um Verteildienste oder aber um Abruf- oder Zugriffdienste handelt (vgl. hierzu Schulz in Hahn/Vesting, Rundfunkrecht, Kommentar § 2 Rn. 17). Abrufdienste sind jedoch stets dann Individualkommunikation, wenn der Rezipient den Zeitpunkt und damit auch die Reihenfolge der Nutzung selbst bestimmt. Bei Abrufdiensten im Internet gilt beispielsweise, dass jeder Nutzer die Möglichkeit hat, selbst Inhalte ins Netz zu stellen und damit als Kommunikator aufzutreten. Anbieter und Nutzer nehmen daher gleichberechtigt am Kommunikationsvorgang teil. Wenn also einzelne interaktive Angebote in der Weise ausgestaltet sind, dass der Nutzer individuell auf ein bestimmtes Angebot zugreifen kann, individuell in der Lage ist, auch selbst Informationen an den Anbieter zu übermitteln, liegt für diese Art von interaktiven Angebotsformen Individualkommunikation und nicht Rundfunk vor. Wenn sich jedoch ein Angebot an eine nicht bestimmbare Gruppe, sondern vielmehr an die Allgemeinheit richtet und jeder die Chance hat, durch den Einsatz des Telefonats oder anderer interaktiver Kommunikationsformen in einen Dialog einzutreten, unterliegt derjenige, der das Angebot an diese nicht bestimmbare Gruppe und damit an die Allgemeinheit richtet, den rundfunkrechtlichen Zulassungsvorschriften und den Beschränkungen des Rundfunkstaatsvertrages.

2.3 Folgen für die Verbreitung

Auswirkungen hat die rundfunkrechtliche Einordnung auch bei der Frage der Kanalbelegung, da für Fernsehprogramme in den Kanalbelegungsentscheidungen der Landesmedienanstalten wesentlich mehr Plätze zur Verfügung stehen als für Mediendienst-Angebote. Einzelne Landesmediengesetze sehen vor, dass maximal bis zu zwei Programme mit Mediendiensten belegt werden müssen, wobei wegen des geringeren Vielfaltsbeitrags Mediendienste im Regelfall bei einer Abwägung in den für den Rundfunkbereich zur Verfügung stehenden Kabelkanalplätzen keine Berücksichtigung finden. Auch bei den DVB-T-Projekten, beispielsweise bei der Ausschreibung für das DVB-T-Projekt in Nordrhein-Westfalen, ist ein Vorrang von Fernsehanbietern gegenüber Mediendienst-Anbietern festzustellen. So sieht § 14 Abs. 4 LMGNRW vor, dass Mediendienste entsprechend ihres Beitrags zur Angebots- und Anbietervielfalt angemessen zu berücksichtigen sind, womit auf Grund des geringeren Beitrags zur Meinungsvielfalt klargestellt ist, dass Mediendienste insoweit nachrangig zu behandeln sind. Aber auch bei den Einspeisungsverträgen mit Kabelnetzbetreibern hat sich eine unterschiedliche Handhabung in den Vergütungsstrukturen herausgebildet, die für das interaktive Programmangebot maßgebliche Auswirkungen haben kann. Während das traditionelle Kabelmodell in Deutschland davon ausgeht, dass die Fernsehsender Einspeiseentgelte an die Kabelnetzbetreiber entrichten (gemäß den Vorschriften des TKG sind dabei die Fernsehveranstalter gleich zu behandeln, die Kabelnetzbetreiber unterliegen der Entgeltregulierung gemäß §§ 23 ff. TKG), haben sich bei Mediendiensten differenziertere Vergütungsstrukturen herausgebildet. So leisten Mediendienstanbieter wie Teleshopping-Sender ihre Entgelte für die Benutzung des Kabelnetzes durch entsprechende Beteiligung des Kabelnetzbetreibers an den Umsatzerlösen. Für transaktionsfinanzierte Fernsehsender, d. h. solche Programmangebote, die ihr Programmangebot maßgeblich über Interaktivität durch das Telefon finanzieren, stellt sich daher die Frage, ob sie in den Bereichen der Kabeleinspeisungsverträge mehr den Fernsehsendern oder den als Prototyp des interaktiven Fernsehens geltenden Teleshopping-Sendern zugeordnet werden.

3. Die Finanzierung

3.1 Privater Rundfunk

Das interaktive Fernsehen hat die klassische Finanzierungsstruktur des Fernsehens und das Leitbild des Gesetzgebers – wie das Beispiel 9Live zeigt – gesprengt. Die Grundnorm der Finanzierung für den privaten Rundfunk, § 43 RStV, sieht vor, dass private Veranstalter ihre Rundfunkprogramme durch Einnahmen aus Werbung und Teleshopping, durch sonstige Einnahmen, insbesondere durch Entgelte der Teilnehmer (Abonnements oder Einzelentgelte), sowie aus eigenen Mitteln finanzieren. Für den öffentlich-rechtlichen Rundfunk gilt gemäß § 13 RStV, dass er sich vorrangig aus der Rundfunkgebühr, daneben aus Rundfunkwerbung und sonstigen Einnahmen finanziert. Im ersten Rundfunkstaatsvertrag des Jahres 1987 ging der Gesetzgeber davon aus, dass sich der private Rundfunk vornehmlich aus Werbung, daneben aber auch aus Entgelten finanzieren soll. Mit dem Rundfunkänderungsstaatsvertrag 1991 wurden die Finanzierungsquellen auf die Säulen Werbung, sonstige Einnahmen und eigene Mittel abgestellt (vgl. Hartstein/Ring/Kreile/Dörr/Stettner, Rundfunkstaatsvertrag, Kommentar, § 43 Rn. 1), wobei die Praxis gezeigt hat, dass sich Fernsehsender zu über 90 % aus Werbung und Sponsoring finanzieren, die Säule der sonstigen Einnahmen eher gering gewesen ist. Zu den sonstigen Einnahmen zählte man vorrangig Merchandisingerlöse sowie Vertriebserlöse von Programmen. Die Interaktivität über Telefon wurde als neues Geschäftsmodell durch den Sender 9Live im Jahre 2001 erstmalig und nachhaltig als Finanzierungsmodell im Rundfunkbereich eingeführt. Zu den Entgelten zählt also im Bereich des interaktiven Fernsehens das

Abonnemententgelt, also insbesondere der Bereich der Zahlung einer einzelnen Gebühr für ein Programmangebot im Bereich des Pay-TV, als ein Unterfall der Entgeltfinanzierung kann aber auch der den Sendern zufließende Anteil an Telekommunikationsentgelten zählen.

3.2 Der öffentlich-rechtliche Rundfunk

Für den öffentlich-rechtlichen Rundfunk, dessen Mitmachmöglichkeiten für einzelne Programmangebote (z. B. Wahl zum Tor des Monats in der ARD-Sportschau mit einer gebührenpflichtigen 0190-Nummer) oder der Abruf von zusätzlichen Informationen bei Informationssendungen wie WISO im ZDF über gebührenpflichtige Telefonnummern ebenfalls zur Interaktivität des Programmangebots beitragen, stellen Entgeltanteile Einnahmen dar, die dem Bereich der so genannten Randnutzung zuzuordnen sind. Die Randnutzung als eine besondere Form der wirtschaftlichen Betätigung der Rundfunkanstalten stellt darauf ab, den bei der Anstalt zusammengefassten Inbegriff von rechtlichen und personellen Mitteln auf Privatrechtsebene erwerbswirtschaftlich zu nutzen, um die finanzielle Leistungskraft der Anstalten zu stärken (vgl. Fuhr, ZDF-Staatsvertrag, § 1 III 1 c. aa.). Randnutzung stellt eine legale Nutzung innerhalb der Grenzen des gesetzlichen Tätigkeitsbereichs der Rundfunkanstalten dar, jedoch nicht im Kernbereich der Versorgungsaufgaben, sondern auf dem Gebiet der Vorbereitung, Sicherung, Verwendung oder Verwertung von Einrichtungen oder Objekten des Hauptzweckes. Aufgabe der öffentlich-rechtlichen Rundfunkanstalten, wie sie die Rundfunkgesetze der Länder und der ZDF-Staatsvertrag festlegen, ist die Veranstaltung und dazugehörige Vermittlung von Sendungen. Die Zuweisung der Aufgabe „Veranstaltung von Rundfunksendungen" umfasst die Ermächtigung zur Vornahme der zur Erfüllung dieser Aufgabe notwendigen Hilfsgeschäfte und in gewissem Umfang Nutzung- und Verwertungstätigkeit in Bezug auf das personelle und sachliche Substrat, das für die Erfüllung des Programmauftrags erforderlich ist (vgl. Emmerich/Steiner, Möglichkeiten und Grenzen der wirtschaftlichen Betätigung der öffentlich-rechtlichen Rundfunkanstalten, S. 49). Jede darüber hinausgehende wirtschaftliche Betätigung ist vom institutionellen Gesetzesvorbehalt nicht umfasst und bedarf somit also einer besonderen Ermächtigung durch den Gesetzgeber (vgl. Hartstein/Ring/Kreile/Dörr/Stettner, a. a. O., § 13 Rn. 16). Somit ist die Erzielung von Einnahmen aus einer Interaktivität nur und so weit gestattet, als sich diese Einnahmen als Folge der Wahrnehmung des Programmauftrags ergeben. Sie wird jedoch unzulässig, wenn damit eine eigenständige, zusätzliche Finanzierungsquelle außerhalb des Programmauftrags und des vom Staatsvertrag vorgegebenen Finanzierungsdreiecks Gebühren, Werbung und Sponsoring als eigenständige Finanzierungsquelle in nicht unbeträchtlichem Umfang aufgebaut wird (vgl. BVerfGE 83, 238, 312). Randnutzungsaktivitäten, die nur den Zweck verfolgen, eine neue eigenständige Finanzierungsquelle zu erschließen, beispielsweise indem ein neues Produkt als Teleshopping-Produkt erfunden wird und dieses mit dem Ziel der Erzielung neuer Einnahmen vermarktet wird, ist wegen Verstoß gegen die öffentlich-rechtliche Aufgabenstellung der Anstalten, nur zu Sendezwecken produzieren zu dürfen, unzulässig.

4. Werberegelungen

Für das interaktive Fernsehen gelten die Werberegelungen des Rundfunkstaatsvertrages, des Weiteren sind die rechtlichen Grenzen des Wettbewerbsrechtes zu beachten.

4.1 Trennung und Kennzeichnung von Werbung/Teleshopping

Das interaktive Fernsehen hat – ebenso wie jedes nicht interaktive Fernsehangebot – die Regelung des § 7 Abs. 3 RStV zu beachten, wonach das redaktionelle Programm von der Werbung zu trennen ist und die Werbung entsprechend gekennzeichnet werden muss. Die Vorschriften über Trennung und Kennzeichnung von Werbung sind ein Eckpfeiler der rundfunkrechtlichen Werbebestimmungen. Durch den Vierten Rundfunkänderungsstaatsvertrag wurde das Trennungs- und Kennzeichnungsgebot auch auf den Bereich Teleshopping und damit auf einen wesentlichen Teil von interaktiven Fernsehangeboten ausgeweitet (vgl. hierzu Hartstein/Ring/Kreile/Dörr/Stettner, a. a. O., § 7 Rn. 26).

Jedoch ist nicht zu übersehen, dass durch die Einführung des Split Screen in § 7 Abs. 4 RStV und der virtuellen Werbung in § 7 Abs. 6 RStV das Trennungsgebot teilweise ausgehöhlt und damit neue Möglichkeiten, die insbesondere das interaktive Fernsehen bietet, eröffnet wurden. Während redaktionelles Programm auf einem Teil des Bildschirms läuft, kann auf einem anderen Teil Werbung eingeblendet werden; der Zuschauer kann sich interaktiv in das Werbeprogramm bzw. die Werbebotschaft einschalten. Wenn beispielsweise im Rahmen einer Fußballübertragung ein Sportartikelhersteller im Wege des Split Screen für einen Fußball wirbt, so ist – unter Anrechnung auf die Sendezeit des Rundfunkveranstalters – der geteilte Bildschirm und die Werbung für den Fußball zulässig. Diese Werbung kann durch eine Interaktivität, z. B. eine Bestellmöglichkeit mit entsprechender Telefonnummer, ergänzt werden. Zu den zulässigen Formen des Split Screen zählt neben dem reinen Werbespot auch der Teleshopping-Spot, der sich dadurch vom reinen Werbespot unterscheidet, dass er auch ein Verkaufsangebot enthält bzw. eine Bezugsquelle nennt. Wenn also die Werbung für den Fußball dadurch ergänzt wird, dass die Bezugsquelle genannt wird, z. B. *„Jetzt käuflich zu erwerben im Fußballfan-Shop – rufen Sie an! Tel. ...“*, liegt eine interaktive Beteiligung des Zuschauers vor, die sich ein Werbetreibender zu Nutze machen kann. Zu beachten ist allerdings, dass der entsprechende Werbetreibende das Programm inhaltlich nicht beeinflussen darf; als Sponsor des Hauptprogramms darf er jedoch auf die Möglichkeiten, die das Split Screen gemäß § 7 Abs. 4 RStV eröffnet, nutzen.

4.2 Werbung mit eingeblendeten Telefonnummern

Für interaktive Anwendungen im Bereich Fernsehen ist das Telefon der wichtigste Träger. Viele Werbetreibende sind dazu übergegangen, Werbung mit eingeblendeten Telefonnummern zu betreiben, um so den Zuschauer interaktiv zu einem bestimmten Verhalten anzuleiten. Dies gilt sowohl für Informationsangebote als auch für Mitmachangebote. Auch für Telefonmehrwertdienste, die im Bereich der Werbung genutzt werden, gilt die Pflicht zur Preisangabe, wie sie unter anderem im Verhaltenskodex der Telefonmehrwertdienste niedergelegt ist.

Die freiwillige Selbstkontrolle Telefonmehrwertdienste e. V. hat mit dem Ziel der Achtung schutzwürdiger Interessen wie z. B. des Jugendschutzes einen Verhaltenskodex erlassen. Hierin ist die Pflicht festgelegt, dass eindeutig aus jeder Werbemaßnahme, bei der die Rufnummer genannt wird, das Entgelt ersichtlich sein muss, wobei die Tarifangabe grundsätzlich in Euro je Minute zu erfolgen hat, sowie bei solchen Angeboten, die einheitlich mit einem festen Betrag tarifiert werden, die Kosten für jeden Anruf anzugeben sind.

Der Verhaltenskodex regelt auch die Gestaltung der Fernsehwerbung mit gebührenpflichtigen Telefonnummern. So müssen die Tarifangaben in horizontaler Schriftung in unmittelbarem Zusammenhang mit der Telefonnummer erfolgen, gut lesbar und während der Dauer der Einblendung der Rufnummer dargestellt sein. Die Mindestschriftgröße beträgt 20 Bildpunkte und es ist bis zu einer Schriftgröße von 30 Bildpunkten eine groteske (serifenfreie) Zuschrift zu verwenden. Der Abstand zum oberen oder unteren Bildrand muss mindestens 40 Bildpunkte betragen, der Seitenabstand mindestens 50.

Auch bei ausländischen Telefondienstangeboten müssen – ebenso wie bei sämtlichen inländischen – die Kosten der Nummer bekannt gegeben werden.

4.3 Teleshopping und Abgrenzung zur Dauerwerbesendung

Für den Bereich des interaktiven Fernsehens im Bereich der Teleshopping-Angebote stellt die Abgrenzung zu den Dauerwerbesendungen ein wesentliches Problemfeld dar. Begrifflich ist zwischen Teleshopping und Dauerwerbesendung dahingehend zu unterscheiden, dass Dauerwerbesendungen redaktionell gestaltet sind, mindestens 90 Sekunden lang sein müssen und kein Teleshopping im Sinne des Rundfunkstaatsvertrages sein dürfen. Für Dauerwerbesendungen gilt gemäß Rundfunkstaatsvertrag eine zeitliche Beschränkung auf täglich 20 % der gesamten Sendezeit, wobei die Dauerwerbesendungen nicht auf die maximale Werbezeit pro Stunde angerechtet werden. Dauerwerbesendungen sind unmittelbar vor Beginn als solche anzukündigen. Bei der Dauerwerbesendung steht der Werbecharakter im Vordergrund, bei Teleshopping-Sendungen der Verkaufscharakter. So sind telefonische Fernseheinkaufssendungen in den Werbeblöcken der Fernsehsender zwischenzeitlich weit verbreitet, weil auch Werbespots mit einer Länge von 90 Sekunden oder mehr bei einer Ausstrahlung in herkömmlichen Werbeblöcken als

Verkaufssendung im Sinne des Rundfunkstaatsvertrages angesehen werden können mit der Folge, dass sie eine besondere Kennzeichnung als „Werbesendung“ oder „Verkaufssendung“ erfordern. Dies gilt entsprechend für die Erbringung von Telefondienstleistungen, ebenfalls einer besonderen Form der Interaktivität. Daher werden nächtliche Telefonsexangebote gelegentlich zur Dauerwerbesendung zusammengefasst mit der Folge, dass ihre Dauer nicht auf die beschränkte Werbezeit pro Stunde angerechnet werden muss (vgl. zu der rechtlichen Beurteilung von Telefonsex-Werbespots den Endbericht der Gemeinsamen Stelle Jugendschutz, Programm, Medienkompetenz und Bürgermedien (GSJP) der Landesmedienanstalten zur Untersuchung „Telefonsex-Werbung und Sexclips“, abgedruckt bei Hartstein/Ring/Kreile/Dörr/Stettner, Jugendmedienschutz-Staatsvertrag, § 4 Rn. 67).

4.4 Meinungsäußerung über Mehrwertdienstrufnummern

Im Zuge der Novellierung des Wettbewerbsgesetzes (UWG) ist ein weiteres Unlauterkeitselement durch die Schaffung des neuen § 7 UWG – unzumutbare Belästigungen – in das Gesetz aufgenommen worden. Diese Regelung hat auch unmittelbare Auswirkungen auf interaktive Kommunikations- und Fernsehangebote, da die Abgabe von Meinungsäußerungen über Mehrwertdienstrufnummern in den Geltungsbereich des § 7 einbezogen wird. Die Begründung des Gesetzesvorhabens sieht vor, dass nicht nur Werbung, sondern „beispielsweise auch Aufforderungen zur Abgabe von Meinungsäußerungen (...), wenn hierfür eine Mehrwertdienstrufnummer gewählt werden muss“ als unzumutbare Belästigung und damit Wettbewerbsverstoß im Sinne der §§ 7, 3 UWG angesehen werden kann.

Auch hier gilt es, den verfassungsrechtlich geschützten Bereich der Rundfunktätigkeit und damit auch die Aufforderung zum so genannten Voting im Bereich des Rundfunks – also der Interaktivität im Zusammenhang mit rundfunkrechtlichen Angeboten – in Konkordanz mit den Anliegen des Wettbewerbs zu bringen. Bei der Auslegung des § 7 UWG ist daher zu berücksichtigen, dass ein Sender bei der Durchführung des so genannten Voting keine Werbung im Sinne des § 7 UWG betreibt, sondern er bezieht die Zuschauer in die verfassungsrechtlich geschützte Meinungsbildung mit ein. Die Schutzfunktion der in Art. 5 GG verankerten Kommunikationsfreiheiten, nämlich das Offenhalten eines freien Informationsflusses sowie die Informationsmöglichkeiten des Bürgers, kann nur auf diese Weise gewährt bleiben. Gerade das Beschaffen von Informationen über den Rundfunk ist wichtige Voraussetzung für die daran anschließende Meinungsbildungsfreiheit. Ein Voting, bei dem sich Zuschauer aktiv an der Sendung beteiligen, das also Meinungsäußerungen darstellt, führt dazu, dass diese am Meinungsbildungsprozess teilhaben.

Auch der Schutzzweck und die Systematik des Gesetzes gegen den unlauteren Wettbewerb führen dazu, dass im Bereich des interaktiven Rundfunkangebots § 7 UWG keine Anwendung findet. § 7 Abs. 1 UWG geht davon aus, dass unlauter im Sinne des § 3 UWG handelt, wer einen Marktteilnehmer in unzumutbarer Weise belästigt. In Abs. 2 werden hierfür einzelne Beispiele aufgeführt. Ausgangspunkt ist dabei stets, dass bestimmte Werbeformen verboten werden sollen, die auf Grund der Art und Weise der Werbung belästigenden Charakter haben. Es wird dabei nicht auf den Inhalt der Werbung abgestellt. Beim so genannten Voting ist dagegen nach der Aufforderung zur freiwilligen Abgabe von Meinungsäußerungen ein aktiver Schritt des Verbrauchers, nämlich die Bedienung des Telefons, notwendig. Dem Verbraucher werden keine Wettbewerbshandlungen aufgedrängt. Wird der Verbraucher über das Fernsehen zur Abgabe einer Meinungsäußerung aufgefordert und will er dieser nicht nachkommen, besteht für ihn keinerlei Zwang, dies zu tun. In der Regel befindet sich der Verbraucher in seinem häuslichen Bereich, so dass er sich ohne weiteres dazu entscheiden kann, den Telefonanruf nicht zu tätigen, das Programm zu wechseln oder auch den Fernseher abzuschalten.

Der Einsatz von Mehrwertdienstrufnummern, zu dem auch der Bereich des Voting gehört, unterfällt dann nicht den wettbewerbsrechtlichen Belästigungsvorschriften, wenn – wie auch das Absenden einer Postkarte – es dem Zuschauer selbst überlassen bleibt, wann und wie er sich in den interaktiven Prozess einschaltet. Für den Bereich der Individualkommunikation gilt dies umso mehr, je mehr die Interaktivität auf dem freien Entschluss des Bürgers beruht. Wer sich selbst aktiv in den Willensbildungsprozess einschaltet, wird durch das Instrumentarium Telefon als Mittel der Interaktivität keiner Belästigung unterzogen.

5. Die Glücksspielproblematik bei interaktiven Gewinnspielangeboten

5.1 Lotteriestaatsvertrag, interaktives Fernsehen und die Frage nach dem Veranstalten von Glücksspiel

Im Zusammenhang mit den Beratungen zu einer angestrebten bundeseinheitlichen Regelung des Lotteriewesens durch den Lotteriestaatsvertrag hielt die Problematik der Abgrenzung unerlaubten Glücksspiels zu Gewinnspielen – und die Frage nach den maßgeblichen Definitionsmerkmalen des Glücksspielbegriffs – Einzug in den Medienveranstalterbereich. Ist die Veranstaltung von Wissens- und Quizspielen, an denen sich die Zuschauer interaktiv beteiligen können, verbotenes Glücksspiel? Stellt die Teilnahme an den verschiedenen Angeboten, also das Mitmachen per 0137-Telefonnummern seitens der Zuschauer, bei einem Fernsehsender einen Einsatz für ein Glücksspiel dar?

Bei der 0137-Nummer handelt es sich um eine spezielle Rufnummerngasse, die eigens für ein erhebliches Telefonaufkommen im Massenverkehr eingerichtet wurde und deren Tarife eindeutig, transparent und überschaubar sind. Jeder Anruf aus dem Festnetz der Deutschen Telekom kostet den Zuschauer unabhängig von seiner Dauer 0,49 Euro, worauf zudem während der gesamten Sendung durch Einblendungen auf dem Bildschirm hingewiesen wird.

Dieses Geschäftsmodell – voran die interaktive Beteiligung der Zuschauer, die unter Benutzung der Mehrwertdienstnummer 0137 an den verschiedenen Gewinnspielen teilnehmen – ist aber zugleich Kernpunkt der Problematik im Zusammenhang mit dem Verbot des unerlaubten Glücksspiels. Es stellt sich nämlich insbesondere vor dem Hintergrund des neuen Lotteriestaatsvertrags die Frage, ob auf Grund der aufgewendeten 0,49 Euro und der Konzeption der veranstalteten Spiele von verbotenem Glücksspiel auszugehen ist.

5.2 Der Glücksspielbegriff und seine rechtliche Relevanz – Überblick

Der Glücksspielbegriff ist für eine Vielzahl von Regelungskomplexen bedeutsam, so ist in seinem Zusammenhang nicht nur an §§ 284 ff. StGB und den Lotteriestaatsvertrag zu denken. Auch das Gewerberecht (§§ 33 ff. GewO), § 763 BGB, landesrechtliche Glücksspielvorschriften und § 3 UWG n. F. sind von Bedeutung. So finden sich im Gewerberecht – insbesondere in §§ 33c – 33i GewO – einige relevante Erlaubnisvorbehalte für das Veranstalten von Spielen. Geregelt ist dort beispielsweise das Betreiben von Spielhallen. Aus § 33h GewO ergibt sich jedoch zugleich, dass die eigentlichen Glücksspiele im Sinne des § 284 StGB nicht nach den Vorschriften des Gewerberechts zugelassen werden können (Leupold/Bachmann/Pelz, 2000, S. 649; Eichmann/Sörup, 2002, S. 143).

In § 763 BGB wird dagegen die vertragliche Seite von Spielen näher geregelt. So ist nach § 763 BGB ein Lotterievertrag oder ein Ausspielungsvertrag nur verbindlich, wenn die Lotterie oder Ausspielung staatlich genehmigt ist. Nicht unproblematisch ist zudem die wettbewerbsrechtliche Zulässigkeit von Glücks- und Gewinnspielen. Hier ist vor allem § 3 UWG von Relevanz.

5.3 § 284 StGB, der Lotteriestaatsvertrag und die Glücksspieldefinition

Das repressive Verbot mit Erlaubnisvorbehalt, § 284 StGB

§ 284 StGB stellt die zentrale Verbotsnorm für Glücksspiel dar. Diese Vorschrift, die ein übermäßiges Angebot von Glücksspielen verhindern und insbesondere die wirtschaftliche Ausnutzung der natürlichen Spielleidenschaft der staatlichen Kontrolle unterziehen will (Kühl, 1999, § 284 Rn. 1; zu weiteren Motiven vgl. auch BVerwG vom 28.03.2001, NJW 2001, 2648), bestimmt in ihrem Absatz 1: „Wer ohne behördliche Erlaubnis öffentlich ein Glücksspiel veranstaltet oder hält oder die Einrichtung hierzu bereitstellt, wird mit Freiheitsstrafe bis zu zwei Jahren oder mit Geldstrafe bestraft.“

Wird im Ergebnis also das Vorliegen eines Glücksspiels bejaht, so ist das Veranstalten bzw. Halten eines solchen Spiels oder das Bereitstellen von Einrichtungen strafbar, wenn die Handlungen ohne behördliche Erlaubnis vorgenommen werden. Das Fehlen der Erlaubnis ist damit negatives Tatbestandsmerkmal.

Wann und unter welchen Voraussetzungen eine Erlaubnis erteilt werden kann, richtet sich nach verschiedenen anderen Gesetzen – insbesondere nach landesrechtlichen Vorschriften (vgl. die Aufstellung bei Eser/Heine, 2001, § 248, Rn. 19 ff.). § 284 StGB ist mithin als repressives Verbot mit Erlaubnisvorbehalt ausgestaltet. Voraussetzung für die Anwendbarkeit von § 284 StGB ist zudem, dass es sich um ein öffentliches Glücksspiel handelt. Das ist immer dann der Fall, wenn sich ein größerer, nicht fest umschlossener Personenkreis an ihm beteiligen kann (Tröndle/Fischer, 2003, § 284 Rn. 14; Kühl, 1999, § 284 Rn. 10). Bei den Spielen im Rahmen des Programms von 9Live steht es jedem Zuschauer frei, sich daran zu beteiligen, sie sind als öffentliche Spiele geplant, weshalb das Erfordernis der Öffentlichkeit völlig unproblematisch zu bejahen ist.

Abgrenzung Glücksspiel – Geschicklichkeitsspiel

Der Gesetzgeber hat den Begriff Glücksspiel nicht definiert. Literatur und Rechtsprechung haben den Begriff jedoch dahingehend konkretisiert, dass darunter ein Spiel zu verstehen ist, das aus Gründen der Unterhaltung oder wegen Gewinnstrebens veranstaltet wird und bei dem die Entscheidung über Gewinn und Verlust nach den vertraglichen Bedingungen des Spiels nicht wesentlich von den Fähigkeiten und Kenntnissen bzw. vom Grad der Aufmerksamkeit der Spieler bestimmt wird, sondern dessen Ausgang allein oder zumindest hauptsächlich vom Zufall abhängt (vgl. Tröndle/Fischer, 2003, § 284 Rn. 3; Kühl, 1999, § 284 Rn. 2; Eser/Heine, 2001, § 248, Rn. 5; BGH vom 29.09.1986, NJW 1987, S. 852).

Zufall wiederum ist nach allgemeiner Ansicht das Wirken unberechenbarer, dem Einfluss der Beteiligten in ihrem Durchschnitt entzogener Ursachen, wobei für die Beurteilung entscheidend ist, wie sich das Spiel nach außen darstellt (vgl. hierzu Tröndle/Fischer, 2003, § 284 Rn. 3; Eser/Heine, 2001, § 248, Rn. 5). Das Glücksspiel wird hierdurch insbesondere vom Geschicklichkeitsspiel abgegrenzt, bei dem nicht der Zufall, sondern die geistigen und körperlichen Fähigkeiten für die Entscheidung über Gewinn und Verlust maßgeblich sind (Kühl, 1999, § 284 Rn. 5; Eser/Heine, 2001, § 248, Rn. 5). Im Gegensatz zum Glücksspiel kann der Spieler den Ausgang eines Geschicklichkeitsspiels also individuell bestimmen (Tröndle/Fischer, 2003, § 284 Rn. 5).

Liegen so genannte gemischte Spiele vor, d. h., fallen Elemente eines Glücksspiels mit denen eines Geschicklichkeitsspiels zusammen, so ist für die Abgrenzung entscheidend, welcher Anteil am Erfolg überwiegt. Sind beispielsweise die Fragen eines Telefongewinnspiels regelmäßig so einfach, dass jeder Zuschauer, für den sich das Spiel eröffnet, sie kennt, so ist von einem Überwiegen des Zufalls und mithin von einem Glücksspiel auszugehen (vgl. auch Odenthal, GewArch 2002, S. 316).

Darüber hinaus ist über das Merkmal des nicht ganz unbedeutenden Gewinns eine weitere Abgrenzung gegenüber dem Unterhaltungsspiel vorzunehmen. Handelt es sich bei dem vereinbarten Gewinn nämlich nur um einen unbedeutenden Vermögenswert, dann liegt lediglich ein Unterhaltungsspiel vor (Tröndle/Fischer, 2003, § 284 Rn. 4; Eser/Heine, 2001, § 248, Rn. 6).

Das Erfordernis des nicht ganz unbeträchtlichen Einsatzes

Weiter ist Voraussetzung für die Qualifikation als Glücksspiel im Sinne des § 284 StGB, dass der Spieler einen Einsatz in der Hoffnung auf Gewinn oder Wiedererhalt und mit dem Risiko des Verlustes an den Veranstalter geleistet hat (so beispielsweise auch Tröndle/Fischer, 2003, § 284 Rn. 3). Der Einsatz darf dabei nicht gänzlich unbeträchtlich sein und er kann auch in versteckter Form vorliegen (Tröndle/Fischer, 2003, § 284 Rn. 3; Eser/Heine, 2001, § 248, Rn. 6; BGH vom 29.09.1986, NJW 1987, 852; vgl. auch Bahr, WRP 2002, S. 505 mit Beispielen). Kein Einsatz liegt vor, wenn lediglich eine Mitspielberechtigung erlangt wird (vgl. auch Eichmann/Sörup, MMR 2002, S. 143). Als Mitspielberechtigung wird beispielsweise der Eintritt in eine Spielbank angesehen (BGH v. 29.09.1986, NJW 1987, 852), denn dieser Betrag ist in jedem Fall verloren, die Aussicht auf Gewinn ist von seiner Zahlung unabhängig (so auch Tröndle/Fischer, 2003, § 284 Rn. 3).

Ebenfalls nicht als Einsatz wurden bisher angesehen: die Aufwendungen für das übliche Brief- oder Postkartenporto sowie in dieser Höhe aufgewendete Telefongebühren.

Auf Grund des verstärkten Auftretens von 0190-Nummern – derer sich nicht nur die Privatsender, sondern auch das öffentlich-rechtliche Fernsehen immer stärker bedienen, um Gewinnspiele zu veranstalten – wurde jedoch verstärkt diskutiert, bis zu welcher Höhe und unter welchen Rahmenbedingungen Telefonkosten als bloße verlorene Mitspielberechtigung anzusehen sind. Gerade in Fällen, in denen die Verbindungszeit vom Veranstalter einseitig bestimmt wird (z. B. durch eine lange Menüführung) und es deshalb zu langen und unkalkulierbaren Verbindungszeiten kommt, muss man wohl auch Telefonkosten als Einsatz ansehen. Denn in diesen Fällen dient das Spiel nur als Lockmittel für das Erzielen hoher Telefonentgelte (so beispielsweise auch Tröndle/Fischer, 2003, § 284 Rn. 3).

Anderes gilt nur, wenn eine gleichwertige Teilnahmealternative besteht, wobei entscheidend ist, dass auch tatsächlich gleiche Gewinnchancen bestehen. Ist hingegen eine niedrigere Gewinnwahrscheinlichkeit gegeben oder ist der zeitliche Aufwand deutlich höher, liegt keine gleichwertige Teilnahmemöglichkeit vor (vgl. auch hierzu Tröndle/Fischer, 2003, § 284 Rn. 3).

Wird die Gewinnmöglichkeit an einen Warenkauf gekoppelt oder wird sie von der Inanspruchnahme einer Dienstleistung abhängig gemacht, liegt ebenfalls ein Einsatz – in Form eines verdeckten Entgelts – vor (Tröndle/Fischer, 2003, § 284 Rn. 3).

Die Beurteilung von Grenzfällen vor dem Hintergrund der Regelungen des Lotteriestaatsvertrages

Ist man sich hinsichtlich dieser allgemeinen Aussagen recht einig, so tauchen in Grenzfällen dennoch Unsicherheiten auf – so auch im Vorfeld des Entwurfs des neuen Lotteriestaatsvertrages. Vor allem die Frage des Entgeltcharakters war lange Zeit Diskussionspunkt und führte zu einem zähen Ringen um die sprachliche und systematische Fassung des Glücksspielparagraphen (§ 3) im neuen Staatsvertrag, durch den die Länder nunmehr die Veranstaltung, die Durchführung und die gewerbliche Vermittlung von öffentlichen Glücksspielen einheitlich regeln wollen. Ausgenommen vom Anwendungsbereich sind lediglich die Spielbanken. Bisher bestanden in den einzelnen Bundesländern verschiedenartige Rechtsgrundlagen (zum Teil waren auch ganze Bereiche nicht geregelt, was dann dazu führte, dass hier eine Erlaubnisfähigkeit grundsätzlich nicht bestand – vgl. beispielsweise BVerwG vom 28.03.2001, NJW 2001, 2648 ff.: keine landesrechtliche Vorschrift über die Zulassung der Veranstaltung und Vermittlung von Sportwetten mit fester Gewinnquote für Private).

Ziele des Staatsvertrags sind gemäß § 1 Staatsvertrag zum Lotteriewesen in Deutschland unter anderem: das Verhindern der Ausnutzung des Spieltriebs zu privaten und gewerblichen Gewinnzwecken und die Sicherstellung der ordnungsgemäßen und nachvollziehbaren Durchführung von Glücksspielen.

Die nunmehr in § 3 vorgenommene Begriffbestimmung des Glücksspiels lautet: „Ein Glücksspiel liegt vor, wenn im Rahmen eines Spiels für den Erwerb einer Gewinnchance ein Entgelt verlangt wird und die Entscheidung über den Gewinn ganz oder überwiegend vom Zufall abhängt. Die Entscheidung über den Gewinn hängt in jedem Fall vom Zufall ab, wenn dafür der ungewisse Eintritt oder der Ausgang zukünftiger Ereignisse maßgeblich ist.“ Die im Staatsvertrag festgelegte Definition entspricht damit der bisher in der Rechtsprechung und Literatur vertretenen Glücksspieldefinition.

Heftig umstritten war während der Beratungen eine weitere Regelung in Abs. 4, die detailliert festlegen wollte, was als Entgelt anzusehen ist. Danach sollte folgende Definition gelten: „Entgelt ist ohne Rücksicht auf seine Höhe und Bezeichnung alles, was der Spieler aufwenden muss, um spielen zu können. Ausgenommen sind die Kosten für die bloße Übermittlung der Willenserklärung zur Spielteilnahme durch einen Dritten. Ein Entgelt kann in offener oder versteckter Form verlangt werden. Ein verstecktes Entgelt liegt insbesondere vor, wenn die Teilnahme am Spiel vom entgeltlichen Erwerb einer Sache, eines Rechts oder einer Dienstleistung abhängig ist.“

Insbesondere vor dem Hintergrund dieser sprachlichen Regelungen stellte sich im Zusammenhang mit den von Fernsehanbietern verwendeten 0137-Nummern die Frage nach dem möglichen Glücksspielcharakter der veranstalteten Gewinnspiele. Vereinzelt befürchtete man, der Staatsvertrag bedeute das Ende aller Telefongewinnspiele über Mehrwertdienste im Fernsehen – was für den Sender 9Live dem Entzug der Geschäftsgrundlage gleichgekommen wäre. Und tatsächlich – auf den ersten Blick schien es, als erfasse die Formulierung auch die Verwendung von 0137-Nummern. Sprachlicher Anknüpfungspunkt war das Abhängigmachen der Spielteilnahme von dem Erwerb einer Dienstleistung – also dem Benutzen der Mehrwertdienstnummer mit der Konsequenz eines erhöhten Telefonentgelts und vor allem der Hinweis, dass es auf die Höhe des Entgelts nicht ankomme und es damit kein glücksspielrechtlich irrelevantes geringfügiges Entgelt mehr gebe.

Doch ein genaueres Hinsehen zeigte, dass diese Befürchtung schon bei der damaligen Fassung in Satz 2 nicht zutraf. Denn danach waren Kosten für die bloße Übermittlung der Willenserklärung durch einen Dritten ausgenommen. Die bei Benutzung der 0137-Nummern anfallenden 0,49 Euro dienen jedoch insbesondere aus Sicht der Zuschauer lediglich der Übermittlung der Willenserklärung – hierfür bedienen sie sich der Telekom, also eines Dritten. Auch entsteht lediglich in diesem Verhältnis eine vertragliche Beziehung. Die Formulierung ließ somit einen gewissen Auslegungsspielraum, sie bot jedoch auch Risiken. So konnte man das Argument, dass bei der Anwahl von Sondernummern deutlich höhere Preise als bei sonstigen Gesprächen entstehen (vgl. insoweit BGH vom 22.11.2001, NJW 2002, S. 362), nur schwer ignorieren. Der Hinweis, dass die Vergütung des Senders nicht direkt anfällt, sondern auf einem privaten Vertrag mit der Telekom beruht, kann diesen Einwand nur zum Teil entkräften. Aus Sicht von Sendeunternehmen und allen sonstigen Verwendern von Mehrwertdienstnummern ist es deshalb zu begrüßen, dass der problematische Abs. 4 auf Grund entsprechender Aktivitäten auch des VPRT aus dem Entwurf gestrichen wurde.

Im Ergebnis bleibt die Einordnung von Gewinnspielen per Telefon daher weiterhin eine Frage der Auslegung unter Zugrundelegung der bisher hierzu entwickelten Kriterien. Klar festgelegt ist nur der Begriff Glücksspiel. Und auch in der Begründung zu § 3 findet sich nur der Hinweis, dass durch diese Begriffsbestimmung das Glücksspiel vom Geschicklichkeitsspiel abgegrenzt werden soll.

Das Veranstalten von Spielen unter Verwendung von 0137-Nummern – verbotenes Glücksspiel?

Bevor man sich mit der Frage eines möglichen Einsatzes durch die Verwendung von 0137-Telefonnummern beschäftigt, muss man klären, ob die von Sendern veranstalteten Spiele überhaupt als ganz oder überwiegend vom Zufall abhängige Spiele angesehen werden können, denn nur dann wären sie im Hinblick auf § 284 StGB überhaupt relevant.

Wie gezeigt, erfolgt die Abgrenzung von Glücksspielen zu Geschicklichkeitsspielen danach, ob der Spieler das Ergebnis des Spiels durch seine Intelligenz, sein Wissen oder durch sonstige Fähigkeiten beeinflussen kann oder ob nur pures Glück entscheidend für den Ausgang des Spiels ist.

Die Mehrzahl der von 9Live, aber auch von anderen Sendern wie RTL, DSF und Tele 5 veranstalteten Spiele gehört danach zur Kategorie Geschicklichkeitsspiele, denn die Zuschauer müssen abhängig vom Typ des Spiels ihr Wissen einsetzen, sie müssen die Sendung aufmerksam verfolgen, ihre Beobachtungsfähigkeit nachweisen oder ihre Kombinationsfähigkeit unter Beweis stellen. Teilweise werden auch Wissensvorrunden veranstaltet, in denen sich die Zuschauer für weitere Spiele qualifizieren können. Jedoch finden sich vereinzelt auch noch Spiele, die keinerlei Fähigkeiten oder Kenntnisse von den Spielern abverlangen und die dann auf Grund der Konzeption als reine Glücksspiele anzusehen sind. Teilweise wird auch vertreten, dass insgesamt ein Glücksspiel vorliegt, wenn der Zugang zu den Geschicklichkeitsspielen auf einer zufälligen Auswahl beruht (vgl. insoweit Eichmann/Sörup, MMR 2002, S. 143).

Da sich also neben Geschicklichkeitsspielen auch noch reine, vom Zufall abhängige Spielvarianten finden lassen und im Einzelfall selbst Wissensfragen so einfach sind, dass man keine Fähigkeiten für ihre Beantwortung braucht, dass Gewinnen somit auch in diesen Fällen vom Zufall der Auswahl abhängig ist, ist bei dieser Gestaltungsform für die Einordnung als Glücksspiel im Sinne von § 284 StGB von entscheidender Bedeutung, ob die aufzuwendenden Telefonkosten als ein Einsatz anzusehen sind.

Somit stellt sich zunächst die Frage nach dem Ablauf der Herstellung der Verbindung zum Sender. Um mitzumachen, ruft der Zuschauer die jeweils eingeblendete 0137-Nummer an. Er wählt im Regelfall aus dem Netz der Deutschen Telekom und wird dann zunächst auf eine technische Plattform geleitet. Diese Anrufplattform weist 24 von 25 Anrufer darauf hin, dass sie dieses Mal leider kein Glück hatten und der Anruf 0,49 Euro kostet. Der 25. Anrufer wird entweder auf die Telefonanlage im Studio geleitet oder er kann seine Daten auf einem Anrufbeantworter hinterlassen. Ein Zufallsgenerator sucht dann unter der Vielzahl der eingegangenen Telefonnummern eine Nummer aus und der Betroffene wird dann vom Sender zurückgerufen. Dieses einheitlich zweistufige Verfahren ist zum Schutz des normalen Telefonverkehrs, zum Schutz vor Überbelastungen des Netzes und zur Sicherung der Notruffunktionen erforderlich. Jeder Mitspieler hat jedoch theoretisch die Möglichkeit mitzuspielen. Es besteht die gleiche Chance für jeden Anrufer. Der Anruf selbst kostet in jeder Variante nicht mehr als 0,49 Euro.

Überträgt man oben genannte Definitionsmerkmale auf diese Konstellation, so ist die Einordnung des Aufwandes als Einsatz problematisch. So ist schon fraglich, ob hier ein Einsatz in der Hoffnung auf Gewinn oder Wiedererhalt und mit dem Risiko des Verlustes an den Veranstalter geleistet wird. Zwar erhält der Veranstalter einen Teil der 0,49 Euro – dies jedoch auf Grund eines privatrechtlichen Vertrages mit der Telekom, die je nach Vereinbarung abhängig vom Telefonaufkommen einen bestimmten Betrag an den jeweiligen Sender abführt.

Einige Stimmen in der Literatur, aber auch in der Rechtsprechung bejahen jedoch vor diesem Hintergrund einen Einsatz. Lediglich beim Vorliegen regulärer Telefonkosten sei ein Einsatz ausgeschlossen (vgl. z. B. Odenthal, GewArch 2002, S. 316, der jedoch Einschränkungen im Hinblick auf die Beträchtlichkeitsschwelle zulässt – die Einsatzqualität jedoch insbesondere im Hinblick auf die Möglichkeit der schnellen Wiederholbarkeit im Ergebnis nicht ausschließt; vgl. auch LG Memmingen vom 10.05.2000, GRUR-RR 2001, S. 136 im Hinblick auf 1 UWG a. F.).

Andere Autoren gehen bei den erhöhten Telefonentgelten von verlorenen „Eintrittszahlungen" aus, die insbesondere aus Sicht der Teilnehmer nur zu einer Mitspielberechtigung führen (vgl. Böhm, MMR 1998, S. 587). Wieder andere verneinen die Einordnung als bloße Mitspielberechtigung, weil sich durch den Anruf unmittelbar die Gewinnchance ergebe, weshalb eine viel engere und deshalb anders zu beurteilende Beziehung bestehe als beispielsweise bei einem Eintritt in eine Spielbank (so Eichmann/Sörup, MMR 2002, S. 144).

Bei der Frage der Einordnung ist jedoch zu beachten, dass sich der Zuschauer der Leitung primär nur bedient, um seine Willenserklärung zu übermitteln. Zwar wendet er dadurch einen bestimmten Vermögenswert – nämlich 0,49 Euro – auf, dieser Betrag entspricht aber dem des Brief- und Postkartenentgelts. Womit man bei der Frage der Beträchtlichkeit angelangt ist. Denn selbst wenn man einen möglicherweise verdeckten Einsatz bejaht, so ist entscheidend, dass es kein unbeträchtlicher Einsatz ist. Hier führt die Rechtsprechung, aber auch die Glücksspielreferenten der Länder, in der Regel den so genannten Postkartenvergleich durch, denn die Entgeltkosten für Brief und Postkarte werden anerkanntermaßen als nicht beträchtlich eingestuft. Zur Zeit beträgt das Entgelt für eine Karte 0,51 Euro, für einen Brief 0,55 Euro – Telefonkosten in etwa dieser Höhe müssen daher ebenfalls als unbeträchtlich angesehen werden.

Für die Frage der Beträchtlichkeit kann zudem nicht von Bedeutung sein, dass die Kosten nicht nur einem Dritten, sondern auch dem Sender zufließen. In diesem Zusammenhang ist auch zu berücksichtigen, dass allein das Telekommunikationsunternehmen die gesamten Kosten einheitlich beim Zuschauer in Rechnung stellt.

Letztlich kann man daher bei einem Verbindungsentgelt von 0,49 Euro nicht von einem beträchtlichen Einsatz ausgehen.

Des Weiteren besteht in den meisten Fällen die Möglichkeit, auf gleichwertige Weise an dem Gewinnspiel teilzunehmen. So kann sich der Zuschauer in der Regel auch per Fax, per E-Mail oder auf dem Postweg an den Spielen beteiligen. Wird auf diese Teilnahmemöglichkeit ohne Einsatz hingewiesen und ist sie tatsächlich gleichwertig, so können dadurch „kritische“ Veranstaltungen „legalisiert“ werden (so auch Eichmann/Sörup, MMR 2002, S. 145).

Zwar werden diese Voraussetzungen auf Grund des Live-Charakters der meisten Spiele zum jetzigen Zeitpunkt noch nicht zu 100 % sichergestellt. Es ist den Fernsehsendern jedoch zu raten, in Zukunft verstärkt die Möglichkeit des E-Mail-Kontaktes, der ebenfalls mit den Live-Spielen zu vereinbaren ist, sowie des Faxkontaktes zu eröffnen, denn durch solche gleichwertigen Teilnahmemöglichkeiten kann eine mögliche Strafbarkeit selbst bei Bejahung des Einsatzcharakters der Telefonkosten abgewendet werden. So ist z. B. der Oberste Gerichtshof Wien im Beschluss vom 18.02.2003 (abgedruckt in K & R, 2003, 621) davon ausgegangen, dass es sich bei Verbindungsentgelten, die durch Mehrwerttelefonnummern zwecks Teilnahme an einem Gewinnspiel anfallen und nur zu einem kleineren Teil der Deckung der Dienstleistung des in Anspruch genommenen Telekommunikationsunternehmens dienen, zum größeren Teil aber dem Veranstalter des Glücksspiels zufließen, um eine vermögenswerte Leistung im Sinne des österreichischen Glücksspielgesetzes handelt. Gleichzeitig weist das Gericht jedoch darauf hin, dass dies für den Fall alternativer Teilnahmemöglichkeiten nicht gilt.

Bei der Bewertung der Telefonentgelte ist auch zu berücksichtigen, dass die Verwender von 0137-Nummern keine Möglichkeit haben, die Höhe der Kosten zu steuern. Diese sind dem Zuschauer absolut bekannt, so dass keinerlei Missbrauchsgefahr besteht.

Aus diesen Gründen handelt es sich bei der Verwendung von 0137-Nummern zur Teilnahme an Spielen nicht um strafbares Glücksspiel.

6. Die wettbewerbsrechtliche Zulässigkeit von Gewinnspielen

Auch unter wettbewerbsrechtlichen Gesichtspunkten stellen sich für die Veranstalter von Spielen unter Verwendung von Mehrwertdienstnummern im Fernsehen in der Praxis zahlreiche Rechtsfragen. Zwar sind nach mittlerweile allgemein anerkannter Ansicht Gewinnspiele grundsätzlich mit § 1 UWG a. F. = § 3 UWG n. F. zu vereinbaren, es bestehen jedoch bestimmte Grenzen (Bahr, WRP 2002, S. 505; Böhm, MMR 1998, S. 586; Köhler/Piper, UWG 2002, § 1 UWG Rn. 327; st. Rspr. vgl. beispielsweise BGH vom 16.03.1989, GRUR 1989, S. 435; BGH v. 17.02.2000, GRUR 2000, S. 821).

6.1 Unlauterkeitsvorwurf wegen Verstoßes gegen § 284 StGB

Anerkannt ist zunächst, dass ein Verstoß gegen das in § 284 StGB normierte Glücksspielverbot stets zugleich einen Unlauterkeitsvorwurf im Sinne des § 3 UWG rechtfertigt, denn bei § 284 StGB handelt es sich um eine werthaltige bzw. wertbezogene Norm (vgl. hierzu OLG Köln vom 21.05.1999, GRUR 2000, S. 534 sowie Köhler/Piper, UWG 2002, § 1 UWG Rn. 327 m. w. N.). Die Verletzung derartiger werthaltiger Normen, die entweder besonders wichtige Gemeinschaftsgüter schützen oder denen eine dem Schutzzweck des UWG entsprechende Wertung zugrunde liegt, begründet grundsätzlich einen Wettbewerbsverstoß (OLG Köln vom 21.05.1999, GRUR 2000, S. 537), wobei das Hinzutreten weiterer Umstände in diesem Fall nicht erforderlich ist.

Auch wenn der Schutzzweck von § 284 StGB teilweise unterschiedlich akzentuiert wird, so ist doch anerkannt, dass die Norm vor allem das Ausnutzen der Spielleidenschaft zu kommerziellen Zwecken sowie die übermäßige Anregung der Nachfrage nach Glücksspielen verhindern soll (vgl. beispielsweise OLG Hamburg vom 10.01.2002, AfP 2002, S. 513 oder Kühl, 1999, § 284 Rn. 1 sowie auch zu weiteren Motiven BVerwG vom 28.03.2001, NJW 2001, S. 2648). Die Norm bringt damit das Verbot der Beeinträchtigung wichtiger Gemeinschaftsgüter zum Ausdruck, denn unerlaubtem Glücksspiel wohnt die „Eignung zu einer erheblichen Sozialschädlichkeit inne". Deshalb ist § 284 StGB als rechtlich fundiertes Sittengebot, als wertbezogen, anzusehen (so OLG Köln vom 21.05.1999, GRUR 2000, S. 537; OLG Hamburg vom 10.01.2002, AfP 2002, S. 511; Köhler/Piper, UWG 2002, § 1 UWG Rn. 327).

Eine Verletzung von § 284 StGB begründet daher ohne weiteres den für den Unterlassungstatbestand des § 1 UWG a. F. erforderlichen wettbewerblichen Sittenwidrigkeitsvorwurf (OLG Köln vom 21.05.1999, GRUR 2000, S. 537; Köhler/Piper, UWG 2002, § 1 UWG Rn. 327). Da jedoch ein Verstoß gegen § 284 StGB beim Veranstalten von Spielen unter Verwendung von 0137-Nummern – vorausgesetzt die Rahmenbedingungen werden eingehalten – ausgeschlossen werden kann, liegt diesbezüglich auch kein Verstoß gegen § 1 UWG a. F. = § 3 n. F. vor.

6.2 Verbot der Kopplung

Darüber hinaus besteht Einigkeit, dass immer dort eine Einschränkung zu machen ist, wo der Gewinnspielveranstalter die Spiellust und das Gewinnstreben Einzelner für sich oder einen anderen in wettbewerbswidriger Weise ausnutzt (Bahr, WRP 2002, S. 505).

Bekanntestes Beispiel ist die Kopplung der Teilnahme an einem Gewinnspiel an den Verkauf bestimmter Waren, wenn also der Warenkauf zu einer unmittelbaren oder mittelbaren Bedingung der Beteiligung gemacht wird (Bahr, WRP 2002, S. 502; Böhm, MMR 1998, S. 586; Köhler/Piper, UWG 2002, § 1 UWG Rn. 327). Kopplungsfälle liegen ebenfalls vor, wenn die Teilnahme von der Inanspruchnahme einer Dienstleistung abhängig gemacht wird. Der Grund für eine Einschränkung der grundsätzlichen Zulässigkeit in solchen Fällen ist darin zu sehen, dass aleatorische Veranstaltungen stets das Risiko in sich tragen, dass der Verbraucher durch das Ansprechen der Spielleidenschaft von der sachlichen Prüfung des zuvor in Anspruch genommenen Waren- oder Dienstleistungsangebots abgelenkt ist (Köhler/Piper, UWG 2002, § 1 UWG Rn. 327; vgl. auch BGH vom 16.03.1989, GRUR 1989, S. 436).

Im Zusammenhang mit von Fernsehsendern veranstalteten Gewinnspielen kann fraglich sein, ob eine unzulässige Kopplung im Sinne des Wettbewerbsrechts vorliegt, weil die Zuschauer, um an dem Gewinnspiel teilzunehmen, die angegebene Mehrwertdienstnummer wählen müssen und der Veranstalter einen Teil der Telefonentgelte auf Grund vertraglicher Vereinbarungen mit den Telekommunikationsunternehmen zurückerhält. So hat das LG Memmingen im Jahr 2000 entschieden, dass im Falle von Verbrauchergewinnspielen die Verwendung von Telefonnummern, bei denen ein Teil der anfallenden Gebühren den jeweiligen Anschlussinhabern zufällt (entschieden für 0190-Nummern), einem Bestellzwang von Waren für die Teilnahmemöglichkeit gleichkommt und deshalb ebenso wie dieser generell gegen die guten Sitten im Sinne des § 1 UWG verstößt (vgl. Leitsatz LG Memmingen vom 10.05.2000, GRUR-RR 2001, S.135; vgl. auch Bahr, 2002, S. 502, der auf ähnliche Entscheidungen verweist).

Zudem sah das Gericht bei an Kinder und Jugendliche gerichteten Gewinnspielen das Erziehungsrecht der Eltern als beeinträchtigt an. Diese Tatsache trete als zusätzlicher Aspekt der Sittenwidrigkeit hinzu. Das Gericht ging dabei davon aus, dass der Veranstalter durch die Nutzung der 0190-Nummer durch die Teilnehmer Vorteile erlangt, die dem eines durch ein Preisausschreiben geförderten Warenabsatzes durchaus gleichzustellen sind, denn es sei nicht abzustreiten, dass die Verwendung der Nummern einen erheblichen Einnahmeeffekt habe. Zudem würden in vergleichbarer Weise die schutzwürdigen Interessen der Verbraucher verletzt (LG Memmingen vom 10.05.2000, GRUR-RR 2001, S. 136).

Und auch in der Literatur gibt es Stimmen, die auf Grund der teilweise dem Veranstalter zufließenden Entgelte einen Wettbewerbsverstoß auf Grund unzulässiger Kopplung bejahen (vgl. Odenthal, GewArch 2002, S. 316). In der Regel findet die Auseinandersetzung dabei zwar in Bezug auf die Verwendung von 0190-Nummern statt – die grundsätzlichen Aussagen lassen sich jedoch auf die 0137-Nummern übertragen, weil der Veranstalter auch bei diesen an den Telefonentgelten beteiligt wird.

Jedoch muss bei der Frage einer möglichen Wettbewerbswidrigkeit auch die anderweitige Teilnahmemöglichkeit mit berücksichtigt werden. Besteht eine solche und ist sie gleichwertig, scheidet ein Verstoß gegen § 3 UWG aus. Auf die Teilnahmemöglichkeit dabei muss deutlich hingewiesen werden. Da vereinzelt angeführt wird, die Postkartenalternative sei nicht mehr zeitgemäß, zu aufwändig und werde erfahrungsgemäß kaum beachtet, sollte verstärkt der E-Mail Einsatz genutzt werden.

Bei Beachtung dieser Vorgaben kann daher ein Wettbewerbsverstoß wegen unzulässiger Kopplung ausgeschlossen werden.

6.3 Wettbewerbsverstoß wegen übertriebenen Anlockens

Ein Wettbewerbsverstoß kann sich im Einzelfall auch wegen übertriebenen Anlockens ergeben (vgl. insoweit Köhler/Piper, UWG 2002, § 1 UWG Rn. 196), so z. B., wenn die Moderatoren in übertriebener Weise ihre Gewinne anpreisen, wenn sie unter irreführenden Angaben zum Anruf verleiten oder wenn sie den Zuschauern falsche Gewinnchancen versprechen (vgl. insoweit BGH vom 16.03.1989, GRUR 1989, S. 435/436). Dieser Wettbewerbsverstoß ist den Gewinnspielen jedoch nicht immanent und kann durch gezielte Mitarbeiter- und Moderatorenführung ausgeschlossen werden.

Im Ergebnis verstoßen die von 9Live und anderen Fernsehsendern veranstalteten Gewinnspiele nicht per se gegen § 1 UWG a. F. = § 3 n. F. Es müssen jedoch oben genannte Rahmenbedingungen sichergestellt werden.

Diesbezüglich wird auch die UWG-Reform keine wesentliche Veränderung bringen. In Übereinstimmung mit der bisherigen Rechtsprechung zu § 1 UWG werden insoweit lediglich Einzeltatbestände geschaffen. So ist das Verbot der Kopplung von Warenabsatz und Gewinnspiel künftig in § 4 Nr. 6 geregelt. Unlauter handelt danach, „wer die Teilnahme von Verbrauchern an einem Preisausschreiben oder Gewinnspiel von dem Erwerb einer Ware oder der Inanspruchnahme einer Dienstleistung abhängig macht ...“. In der Begründung zu § 4 Nr. 6 ist zwar explizit zu lesen, dass auch dann eine Kopplung vorliegt, wenn der Verbraucher, will er an einem Gewinnspiel teilnehmen, eine Mehrwertdienstnummer anrufen muss. Es ist aber zugleich geregelt, dass eine andere Beurteilung denkbar ist, wenn die Telefonkosten die üblichen Übermittlungskosten nicht übersteigen oder eine anderweitige (nicht gekoppelte) Teilnahmemöglichkeit existiert.

6.4 Fazit

Im Ergebnis kann daher festgestellt werden, dass das Veranstalten von Spielen unter Verwendung von 0137-Nummern zwar rechtlich nicht unproblematisch ist – sowohl in strafrechtlicher wie auch in wettbewerbsrechtlicher Hinsicht. Festgehalten werden kann aber auch, dass sämtliche Probleme einer rechtlichen Lösung zugänglich sind.

7. Schlussbemerkung

Neue Geschäftsmodelle werfen stets neue Rechtsfragen auf, die aber mit dem bestehenden rechtlichen Instrumentarium gelöst werden können. So sind interaktive Angebote rundfunkrechtlich sowohl als Rundfunk ausgestaltet, wenn sie zur Meinungsvielfalt beitragen, als auch können Angebote dem Regelungsregime der Telemedien unterworfen sein. Interaktives Fernsehen stellt eine neue Finanzierungsform dar, die sich sowohl an die rundfunkrechtlichen wie an die wettbewerbsrechtlichen Bestimmungen halten muss. Auch hier zeigt die Anwendung der Werberegelung des Rundfunkstaatsvertrages und des UWG, dass der Einsatz von Telefonmehrwertdiensten einer rechtlichen Überprüfung standhält. Die Frage, ob und inwieweit Mitmachmöglichkeiten im Fernsehen als Gewinnspiele glücksspielrechtlich problematisch sind, war eine Diskussion im Zuge des geplanten Lotteriestaatsvertrages, bei der die praktische Vernunft handhabbare Ergebnisse gezeitigt hat. Zwar kann im Einzelfall bei nicht sachgemäßer Ausgestaltung der Einsatz von Mehrwertdienstnummern sowohl in strafrechtlicher wie auch in wettbewerbsrechtlicher Hinsicht problematisch sein, jedoch gilt auch hier, dass bei einer sachgemäßen Ausgestaltung sämtliche Probleme einer rechtlichen Lösung zugänglich sind.

Literatur und Rechtsprechung

Bahr, M.: 0190-Telefonnummern und Gewinnspiele – ein Verstoß gegen § 1 UWG? In: *WRP 2002*, S. 501–506.

Böhm, S.: Telefonmehrwertdienste und unlautere Geschäftspraktiken. In: *MMR 1998*, S. 585.

Eichmann, D., Sörup, T.: Das Telefongewinnspiel – Zwischen Strafbarkeit und Wettbewerbsverstoß. In: *MMR 2002*, S. 142–146.

Emmerich, V./ Steiner, U.: Möglichkeiten und Grenzen der wirtschaftlichen Betätigung der öffentlich-rechtlichen Rundfunkanstalten. In: *Schriften zu Kommunikationsfragen*, Bd. 6, Berlin, 1986.

Eser, A., Heine, G.: in: Schönke, A.; Schröder, H. (Hrsg.). Strafgesetzbuch. Kommentar, München, 26. Auflage 2001.

Fuhr, E. W.: ZDF-Staatsvertrag, Mainz, v. Hase und Kohler, 2. Auflage 1985.

Hahn/Vesting: Kommentar Rundfunkrecht, München, 1. Auflage 2002.

Hartstein/Ring/Kreile/Dörr/Stettner: Rundfunkstaatsvertrag, Kommentar, Loseblattausgabe, München.

Hoffman-Riem, W.: Der Rundfunkbegriff in der Differenzierung kommunikativer Dienste. In: AfP 1996, S. 9–15.

Köhler, H., Piper, H.: Gesetz gegen den unlauteren Wettbewerb, München, 3. Auflage 2002.

Lackner, K.; Kühl, K.: Strafgesetzbuch mit Erläuterungen. München, 1999.

Leupold, A., Bachmann, P., Pelz, Ch.: Russisches Roulette im Internet? – Zulässigkeit von Glücksspielen im Internet unter gewerbe- und strafrechtlichen Gesichtspunkten. In: *MMR 2000*, S. 648–655.

Odenthal, H.-J.: TV-Gewinnspiele – unerlaubtes Glücksspiel? In: *GewArch 2002*, S. 315–317.

Schulz, W.: Jenseits der Meinungsrelevanz – verfassungsrechtliche Überlegungen zur Ausgestaltung und Gesetzgebungskompetenz bei neuen Kommunikationsformen. In: *ZUM 1996*, S. 487–497.

Tröndle, H., Fischer, T.: Strafgesetzbuch und Nebengesetze, München, 2003.

7. Medienpolitik

Interaktives Fernsehen: Neue Aufgaben für die Medienpolitik?

Hans Hege

Dr. Hans Hege ist Direktor der Medienanstalt Berlin-Brandenburg.

Es gibt kaum ein anderes Feld der Medienpolitik, auf dem sich ihre Aufgaben, Möglichkeiten und Grenzen besser darstellen lassen, als das interaktive Fernsehen. Eine These zu Beginn, abgeleitet aus der Erfahrung: Medienpolitik kann umso erfolgreicher sein, je weniger sie staatliche Leitbilder einer erwünschten Zukunft in den Vordergrund stellt, je mehr sie sich auf die Öffnung von Wahlmöglichkeiten für die Bürger und Verbraucher konzentriert. Diese sollen über die Entwicklung der Medien und ihrer Technologien entscheiden, aber es bleibt Aufgabe der Politik, Wege zu öffnen und offen zu halten, auf denen neue Märkte entstehen, und durch die der Wettbewerb um die besten Lösungen in wirtschaftlicher wie publizistischer Hinsicht belebt wird, der Grundlage unserer Wirtschafts- wie unserer staatlichen Ordnung ist.

1. Interaktives Fernsehen als Ziel der Medienpolitik zwischen 1975 und 1990

Interaktives Fernsehen hat die Medienpolitik vor langer Zeit fast mehr interessiert als heute: In den 70er Jahren gab es eine vielbeachtete Kommission für den Ausbau des technischen Kommunikationssystems im Bundestag. Mit Kabelpilotprojekten sollte praktisch erprobt werden, was auf der Internationalen Funkausstellung als Zwei-Weg-Kabelfernsehen demonstriert wurde. Mit interaktivem Fernsehen wurde weltweit versucht, neue Kommunikationsformen zu entwickeln.

Die praktischen Erfahrungen waren ernüchternd. Keine *„wired city"* hat sich so entwickelt, wie sich dies Kommunikationsexperten und Medienpolitiker vorgestellt hatten. Am Beispiel des Kabelpilotprojekts Berlin: Die Konzeption sah interaktive Abrufdienste vor, auf der Basis einer Beschränkung des Free-TV-Angebots auf die damals terrestrisch verfügbaren Programme. Alle zusätzlichen Programme sollten von einer privaten Kabelgesellschaft als Zusatzpaket angeboten werden, was bedeutete, dass alle Kabelhaushalte mit (analogen) Set-Top-Boxen hätten ausgestattet werden müssen.

Das war zwar innovativ, und die Parallelen zur gegenwärtigen Diskussion um die Digitalisierung des Kabels sind verblüffend, aber es war der Zeit viel zu weit voraus: In der Praxis wurde das Kabel als Verteilnetz aufgebaut, mit hohen Subventionen aus den Telefongebühren finanziert, im staatlichen Monopol. In Verbindung mit der Satellitentechnologie wurde das Kabel die Basis für ein rapides Wachstum des Free-TV-Angebotes, neuer privater Veranstalter, aber auch des öffentlich-rechtlichen Rundfunks, der sein Angebot vervielfacht hat. Die Zuschauer hatten nicht das Bedürfnis nach Interaktivität, die damals auch technisch nur begrenzt möglich gewesen wäre, schon gar nicht wollten sie dafür extra bezahlen. Wohl aber gab es die Nachfrage nach mehr Unterhaltung und mehr Fernsehprogrammen.

Auffallend ist im Rückblick, wie wenig realistisch die Medienpolitik die technischen Möglichkeiten einschätzte. Die Politik setzte auf die Öffnung des Kabels, weil sie das vorhandene Frequenzspektrum für terrestrische Fernsehübertragung besetzt glaubte. In Wirklichkeit konnten Frequenzen für privates Fernsehen erschlossen werden und sie haben in den 90er Jahren den Durchbruch des privaten Fernsehens gebracht. Man hätte noch viel mehr erreichen können, hätte man sich aktiv mit den Besitzständen des öffentlich-rechtlichen Rundfunks und seinen Möglichkeiten zur Frequenzblockade auseinander gesetzt. Dass einmal über Satelliten viel mehr Programme würden empfangen werden können als über das Kabel, hat die Medienpolitik nicht gewusst. Sie setzte auf ein direkt empfangbares System, das sich auf vier Fernsehprogramme beschränkte.

Und doch hat die Medienpolitik mit der Öffnung des Kabels die Fernsehwelt verändert.

2. Die Entwicklung des Kabels prägt die Fernsehlandschaft

Die Dominanz eines reichweitenstarken Kabels, das sich als staatliches Monopol aus den Inhalten heraushalten musste, prägt unsere Medienlandschaft bis heute: Deshalb sind so viele Free-TV-Angebote entstanden, die auf den hohen mit dem Kabel geschaffenen Reichweiten aufbauen konnten, darauf aber auch angewiesen waren, weil die Finanzierungsmöglichkeiten angelsächsischer Kabelmodelle durch *cable fees* nicht zur Verfügung standen.

Wie die Entwicklung ohne die hohen Kabelsubventionen hätte verlaufen können, sehen wir am Beispiel Großbritannien, aber auch der anderen großen europäischen Länder: eine vergleichsweise geringe Rolle des Kabels, aber ein schnelles Wachstum des Satellitenmarktes. Wesentlich mehr Chancen für Pay-TV und damit auch für das digitale Fernsehen. Großbritannien hat die 50-%-Grenze digitaler Haushalte schon überschritten, während Deutschland noch knapp über 10 % liegt.

Der Satellitenmarkt folgt dem Kabelmarkt. Fast überall in der Welt muss man für Satellitenfernsehen bezahlen, nur in Deutschland etablierte sich ein Markt, der auf Free-TV aufbaut: Man kauft ein Gerät, zahlt aber nicht für das Programm, außer der Rundfunkgebühr selbstverständlich. Die Veranstalter zahlen für den Transport, weil sie hohe Reichweiten als Grundlage der Werbefinanzierung erzielen wollen. Da sie von den Kabelnetzbetreibern keine Entgelte bekommen, versuchen sie mit der freien, unverschlüsselten Ausstrahlung auch möglichst viele Satellitenhaushalte zu erreichen.

Nirgendwo gibt es heute so viel Fernsehen zu so einem günstigen Preis wie in Deutschland. Das ist aber kein geplanter Erfolg der Medienpolitik, die sich zunächst jahrelang um die Einführung des privaten Rundfunks stritt, und zunächst gar nicht glaubte, dass es mehr als zwei oder drei bundesweite Privatprogramme geben sollte. Darauf war ihre mit Milliarden unterstützte Subvention des dann gescheiterten Satellitensystems TV-Sat ausgerichtet, auch die Staatsverträge, mit denen Kanäle verteilt wurden.

Aber es wurde immerhin mit dem Kabel eine Infrastruktur geschaffen, die eine Eigendynamik entwickelte. Die Wettbewerbsbedingungen im dualen System haben sich bei allen Kontroversen in Einzelfragen so entwickelt, dass die Zuschauer und Bürger damit zufrieden sind.

3. Chancen und Gefahren föderaler Rundfunkordnung

Unsere föderale Rundfunkordnung hat die Entwicklung eher gefördert als behindert, auch wenn sie auf den ersten Blick alles andere als ideal ist. Natürlich war es von vornherein widersprüchlich, dass man zwar beim ZDF einheitliche Grundlagen für ein bundesweites Programm geschaffen hat, aber die Zulassung privater Veranstalter, die doch viel mehr auf bundesweite Reichweiten angewiesen sein würden, einzelnen Ländern überlassen hat. Da war es nicht verwunderlich, dass bei der Medienpolitik nicht die Durchsetzung von Programmqualität im Vordergrund stand, mit Pflichtenheften, wie sie in Großbritannien und Frankreich für die ersten Privatveranstalter selbstverständlich waren, sondern die Standortpolitik.

Man hat zwar, der Rechtsprechung des Bundesverfassungsgerichts folgend, strenge Konzentrationsbestimmungen entwickelt, mit dem in der Praxis gescheiterten Ansatz, Pluralität durch eine Vielzahl von Gesellschaftern herbeizuführen. In der Praxis aber wurden diese Bestimmungen nicht durchgesetzt: Die Fernsehunternehmen verstanden die Regelungen zu umgehen, und eine effektive Aufsichtsstruktur war im föderalen System der Landesmedienanstalten nicht zu errichten. Erst die Einführung der Marktanteilsgrenzen, praktisch auch eine Amnestie für bisherige Überschreitungen des Konzentrationsrechts, führte zu stabilen Verhältnissen und der weitgehenden Aufteilung des privaten Fernsehens unter zwei Senderfamilien. Das Medienrecht ging aber auch praktisch bis zu der Grenze, die schon aus Gründen des Kartellrechts nicht mehr hätte überschritten werden können.

Aber vergessen wir nicht den Hauptvorteil des Föderalismus: dass man nicht warten muss, bis der kleinste gemeinsame Nenner erzielt ist, sondern schon vorher handeln und neue Lösungen erproben kann. Weil es keinen Konsens zur Einführung des privaten Fernsehens gab, haben einzelne Länder damit begonnen. Ähnliches spielte sich später bei den Einkaufskanälen ab, deren Einordnung in das Rundfunkrecht ebenfalls umstritten war.

Weil Mehrkanalfernsehen inzwischen selbstverständlich geworden ist, konnten wir in Berlin als Erste daran gehen, den klassischen Übertragungsweg des Fernsehens, über die Antenne, in der analogen Form abzuschalten und ihn zu digitalisieren: Damit können wir auch auf diesem Weg den Bürgern ein vielfältiges Angebot eröffnen und erhalten ihm die Wahlmöglichkeit zwischen verschiedenen Übertragungsplattformen.

Wie schwierig andererseits Technologiepolitik ist, zeigt ein Rückblick. In den 80er Jahren forderten viele, auf die Kupferverkabelung zu verzichten und stattdessen Glasfaser bis in die Wohnungen zu verlegen. Niemand ahnte damals, wie leistungsfähig das Kupfer ist, beim Breitbandkabel durch die Digitalisierung und den Rückkanal, aber auch bei den ganz einfachen Telefonleitungen, denen damals wohl niemand zugetraut hätte, dass sie mit der DSL-Technologie Fernsehen übertragen können.

4. Grenzen und Schwächen der Medienpolitik

Mit der Interaktivität war lange Zeit nicht viel Staat zu machen. Videotext war der erste digitale Dienst, der mit dem Fernsehprogramm verbunden wurde, mit sehr begrenzten Datenübertragungskapazitäten – aber er ist ein großer Erfolg geworden.

Das ehrgeizigste Vorhaben aber war Bildschirmtext: die Idee, Fernsehen und Telefon zu verbinden. Datendienste und Fernsehen, ein Versuch, der in immer neuen Varianten bis heute unternommen wird.

Wieder einmal war die Vision vor der Realität: Die Bildschirme, die dann wirklich die Entwicklung voranbrachten, waren nicht die der Fernsehgeräte, sondern die der PCs, deren Entwicklung und Bedeutung für die Medien die Politik nicht vorhergesehen hat. Erst Jahrzehnte später kommt es zu der Verbindung der inzwischen breitbandigen Übertragung über Telefonleitungen mit dem Fernsehschirm, nun aber nicht mit der wenig attraktiven Grafik der Bildschirmtext-Zeit, sondern mit der Macht bewegter Bilder und Filme.

Bildschirmtext wurde in Deutschland nach schwierigen Verhandlungen zwischen Bund und Ländern mit großem Engagement der traditionellen Medienhäuser und Rundfunkanstalten eingeführt und blieb weit hinter den Erwartungen zurück.

Das Internet, das interaktive Medium schlechthin, ist ohne die deutsche Medienpolitik eingeführt worden; man könnte bösartig formulieren: Wenn es von der deutschen Kommunikationspolitik geplant worden wäre, hätte es das Internet nicht gegeben. Die Förderung von Innovationen ist selbstverständliches Ziel der Wirtschafts-, Forschungs- und Medienpolitik, aber die Zahl der Fehlschläge ist überraschend hoch: Von HDTV über D2mac, DAB und den TV-Sat, letztlich ausgeglichen nur durch die erfolgreiche Subvention des Kabels.

Das Internet ist durch eine politisch nicht gesteuerte Kombination von Einflüssen groß geworden: Militärisch finanzierte Grundlagenforschung, die Nutzung der Informationstechnologie an Universitäten, die Entwicklung der PCs und der Leistungsfähigkeit der Telekommunikationsnetze, die Liberalisierung der Endgeräte und eine für die Medienpolitik völlig ungewohnte Offenheit: ein Musterbeispiel für Selbstregulierung und Innovationsfähigkeit.

Der Erfolg des Internets sollte in verschiedenen Hinsichten Veranlassung sein, die Schwächen deutscher Medienpolitik zu analysieren und zu überwinden:

Die deutsche Medienpolitik hatte immer eine große Nähe zu etablierten Medien und hat von ihnen die Gestaltung der Entwicklung erwartet.

Nun ist die Geschichte des Verhältnisses von Verlegern und Fernsehen nicht eine von großen Erfolgen, und das deutsche Privatfernsehen verdankt zwei Außenseitern seine größten Anstöße: Radio Luxemburg und Kirch, auch wenn beide ihren Einfluss inzwischen verloren haben.

Etwas mehr sollte man die Analyse von Schumpeter berücksichtigen, der die Rolle der „kreativen Zerstörung" etablierter Strukturen als Voraussetzung wirtschaftlicher Innovationen beschrieben hat. Es seien nicht die Postmeister gewesen, die die Eisenbahn entwickelt haben. Deswegen müssen neuen Unternehmen Chancen eröffnet werden.

Ein typisch deutscher Hang besteht auch zur Kooperation von etablierten Großunternehmen: Das reicht von der Post und IBM beim Bildschirmtext, über die verschiedentlich von Brüssel untersagte Zusammenarbeit von Kirch, Bertelsmann und Deutsche Telekom bei der Entwicklung des digitalen Fernsehens bis hin zur Vergabe der Entwicklung eines Mautsystems an DaimlerChrysler und die Deutsche Telekom.

Das entspricht der alten kaiserlichen Industriepolitik, die einmal AEG und Siemens zu Telefunken zusammengefügt hat, um im Weltmarkt mithalten zu können, aber nicht mehr der heutigen globalen Weltwirtschaft.

5. Medienpolitik zwischen etablierten Spielern und neuen Unternehmen

Während in den USA im Zusammenhang mit der Entwicklung des Internets, der Informationstechnologie und der Telekommunikation zahlreiche neue Unternehmen entstanden sind, gerade auch durch Machtbegrenzung für die etablierten, hat man in Deutschland immer mehr auf die etablierten gesetzt, mit der Folge, dass der Marktanteil neuer Unternehmen gering ist, und andere übernommen wurden.

Eine vielleicht typisch deutsche Fehlkalkulation war es, den Wettbewerb in der Telekommunikation ausgerechnet durch den Einstieg von Energie-Monopolisten zu erwarten. Inzwischen sind sie alle verschwunden.

Die strukturelle Schwäche der deutschen Medienwirtschaft zeigt sich daran, dass sich für die wichtigste Infrastruktur, das Breitbandkabel, nur noch ausländische Finanzinvestoren fanden und dass auch ProSiebenSat.1 von Saban und ausländischen Finanzinvestoren übernommen wurde.

Medienpolitik kann heute nicht mehr mit den Mitteln von früher betrieben werden. Es gibt kein staatliches Monopol, auch keine Möglichkeit mehr, mit entsprechend hohen Subventionen wie beim Kabel Technologien zu fördern. Die Digitalisierung lässt Medien und Telekommunikation zusammenwachsen. Medien- und Telekommunikationsunternehmen stehen im internationalen Wettbewerb.

Der Staat hat nicht mehr wie früher mit knappen Frequenzen Güter zu vergeben, mit denen er Einfluss nehmen kann.

Wesentliche Fragen der deutschen Medienentwicklung in den letzten Jahren sind nicht von der Medienpolitik entschieden worden, sondern von der Kommission in Brüssel im Rahmen von Fusionskontrollverfahren.

6. Strukturen für Wettbewerb und Vielfalt

Was bleibt: die Aufgabe, Strukturen für Wettbewerb und Vielfalt zu schaffen. Die Kommunikationsinfrastrukturen sind mindestens so wichtig wie die Verkehrsinfrastrukturen, auch wenn letztere mehr öffentliche und politische Aufmerksamkeit finden.

Das Kabel bleibt ein Königsweg in die Informationsgesellschaft. Umso bedauerlicher ist das größte Versagen der Kommunikationspolitik im letzten Jahrzehnt: dass bei der Privatisierung das Kabel nicht rechtzeitig von der Deutschen Telekom getrennt wurde, wie Post und Postbank, und eine eigene Chance erhielt. Die Deutsche Telekom hat es über Jahre nicht entwickelt, weil sie sich selbst nicht Konkurrenz machen wollte. Schließlich hat sie es verkauft, nach ihren eigenen Interessen, möglichst viel von ihren Schulden im Mobilfunk zu tilgen und den Wettbewerb beim breitbandigen Internet zu verzögern. Finanzinvestoren mit eher kurzfristigen Anlagezielen können nur eine Übergangslösung für das Kabel sein. Der Analog-Digital-Übergang bietet noch eine letzte Chance, zu zukunftsfähigen Strukturen zu kommen.

Breitband-Internet ist der wichtigste Wachstumsmarkt in der Kommunikation. Hier haben wir ein neues Fast-Monopol der Deutschen Telekom mit DSL, während es in anderen Staaten einen lebhaften Wettbewerb zwischen Kabel und DSL gibt.

7. Medienpolitik und mobile Kommunikation

Auch bei den mobilen Nutzungen wird es ein Triple-Play geben: Fernsehen, Breitband-Internet und Telefon. Hier haben wir noch nicht so festgefahrene Strukturen. Allerdings leiden wir unter den Belastungen der Versteigerungen von UMTS: Nur wenige haben gewarnt, eine neue Technologie praktisch mit einer Steuer zu belegen, und im Nachhinein haben sie Recht gehabt. Wesentliche Ursache aber war die Bereitschaft von Unternehmen, bisher nicht vorstellbare Summen für eine Technologie auszugeben, von deren Nutzung sie nur begrenzte Ahnungen hatten, in der Hoffnung, die Börse werde schon alles refinanzieren.

Nun aber hat die Medienpolitik eine große Chance: die Konvergenz zwischen Fernsehen, Radio und interaktiven Nutzungen über mobile Netze zu fördern.

So wichtig Verbreitungswege sind, im Vordergrund der Medienpolitik stehen Inhalte, und Verbreitungswege sollen Inhalte fördern. Wenn es darum geht, ein Fußballspiel möglichst vielen mobilen Nutzern zugänglich zu machen, dann kommt UMTS an technische, vor allem aber an wirtschaftliche Grenzen: Warum sollen die Nutzer so viel für die bloße Übertragung bezahlen, wenn es über ein für den mobilen Empfang bestimmtes Rundfunknetz viel billiger geht? Inhalte-Anbieter profitieren davon, wenn der Transport möglichst billig wird, denn die Zahlungsbereitschaft für Inhalte bleibt ebenfalls begrenzt.

Voraussetzung für das Zusammenwachsen sind Geräte, die mit beiden Netzen arbeiten können: Sie sind derzeit in der Entwicklung. Wie bei allen digitalen Nutzungsformen kommt nun der Verbraucher in die Schlüsselrolle: Keine digitale Übertragung funktioniert ohne ein neues Gerät. Und es ist der Verbraucher, der es bezahlt, auch wenn er es im Abonnement-Modell subventioniert erhält.

Dass in Deutschland weit vor dem ursprünglich vorgesehenen Termin 2010 in Berlin schon 2003 das analoge Fernsehen abgeschaltet wurde, ist weltweit beachtet worden. Andere Regionen Deutschlands folgen und die wichtigste Folge ist, dass Deutschland als erstes Land Wege frei räumt für neue Nutzungen, Fernsehen wie interaktive Dienste. Nun ist es an den Unternehmen, die sich daraus ergebenden Chancen zu nutzen.

8. Zugangssicherung als Aufgabe der Medienpolitik

Die Sicherung von Zugang und Wettbewerb bleibt ein zentrales Thema der Medienpolitik und Medienregulierung.

Medien leben vom Wettbewerb der Ideen und sind Grundlage demokratischer Diskussion. Immer wieder werden Unternehmen versuchen, Schranken aufzurichten: durch die vertikale Integration von Netzen und Inhalten, durch die technische Konfiguration von Endgeräten, durch die in der Datenfülle immer wichtigere Navigation und elektronische Programmführung, durch den Zugang zu Netzen und Programmpaketen.

Aufgabe der Regulierung ist es, für offene Standards zu sorgen, für den Zugang des Verbrauchers zu einer Vielzahl von Plattformen, aber auch für die Anbieter von Medieninhalten, den Zugang zu den Verbrauchern zu finden, ohne dass er von *Gatekeepern* kontrolliert wird.

Das Verhältnis von Distribution und Inhalten bleibt immer wieder eine neue Herausforderung der Regulierung und Medienpolitik. Das alte klassische Modell richtete sich auf die Trennung von Netz und Nutzung. Nun kann man aber Unternehmen der Netzindustrie nicht verweigern, sich auch in der Zusammenstellung von Inhalten zu engagieren. Daraus folgt dann aber auch die Aufgabe, bei Netzen, zu denen es keine Alternative gibt, und das sind in den Privathaushalten das Telefon- und das Kabelnetz, für den Zugang anderer Plattformen zu sorgen.

Und im nationalen Rahmen darf kein Spieler zu mächtig werden. Wir haben hier eher zu wenig Regeln als zu viel. In den USA sind Regeln selbstverständlich, nach denen es Grenzen für Kabel- wie Satellitenplattformen gibt. Davon hat selbst Murdoch bei der Übernahme von DirecTV profitiert, weil die zuständigen Behörden kein Satellitenmonopol zulassen wollten. Wie weit wir von einem solchen Wettbewerbsdenken entfernt sind, zeigen die Remonopolisierungsabsichten der neuen Finanzinvestoren im Kabel.

9. Reform der Regulierungsstrukturen

Wir brauchen auch eine Reform unserer Regulierungsstrukturen. Wir haben noch die Trennung zwischen Bund und Ländern, die auf dem ersten Fernsehurteil von 1961 aufbaut, als die Länder das Monopol des Rundfunks verwalteten, der Bund das Monopol der Telekommunikation. Die Regulierung der Telekommunikation orientiert sich am Wettbewerb im Telefonbereich, vieles passt nicht auf die wesentlich komplexeren Fragen der Medien und der Inhalte.

Wir haben 15 Landesmedienanstalten, manche noch in ihren Entscheidungsstrukturen dem öffentlich-rechtlichen Rundfunk nachgebildet, obwohl die Aufgaben doch sehr unterschiedlich sind. Wir müssen die Stärke des Föderalismus bewahren, der im Wettbewerb der Länder neue Lösungen möglich macht, bevor der kleinste gemeinsame Nenner gefunden ist; das hat auch immer wieder die Medienentwicklung vorangebracht. Aber wir brauchen mehr Abstimmung zwischen den verschiedenen Bereichen der Regulierung und auch effizientere Strukturen der Zusammenarbeit.

Ein Problem teilt die Medienpolitik mit der Unternehmensentwicklung: die kurzfristige, um nicht zu sagen kurzsichtige Orientierung. Wer Unternehmen so steuert, dass kurzfristig die höchsten Renditen erzielt werden, wird jede Innovation unterlassen, die sich erst längerfristig rechnet. Und in der Politik ist es schwer, sich mit komplexen Zusammenhängen zu befassen, die in der aktuellen politischen Diskussion wenig Wählerstimmen bringen.

Die Entwicklung des interaktiven Fernsehens zeigt, wie wichtig langfristige Trends sind.

Praxisrelevante Herausforderungen der Medienpolitik für die digitale Zukunft

Hubert Burda

Dr. Hubert Burda ist Vorstandsvorsitzender der Hubert Burda Media und Präsident des Verbandes Deutscher Zeitschriftenverleger (VDZ).

1. Einleitung

Medienunternehmen agieren in internationalen und dynamischen, von technologischen Innovationswellen und soziologischen Trends geprägten Märkten. Zugleich bestimmen politische Akteure – EU, Bundes- und Landesregierungen – die Attraktivität dieser Marktplätze für Unternehmen und Verbraucher. Für die Medienpolitik gilt daher, das richtige Augenmaß zu finden, um zum einen nicht zu restriktiv in den Wettbewerb und unternehmerisches Handeln einzugreifen, zum anderen aber auch den Marktpartnern genügend Sicherheit und Anreize zu bieten, auf den Medienmärkten aktiv zu sein.

Der folgende Beitrag ist in zwei Teile gegliedert. Im ersten Teil werden die Digitalisierung und damit verbundene zunehmende Verbrauchersouveränität sowie die sich daraus ergebenden Optionen für Medienunternehmen anhand des Modells der Medialen Communities aufgezeigt. Im zweiten Teil werden die rechtlichen Herausforderungen beschrieben, die sich vor diesem Hintergrund für die Medienpolitik ergeben.

2. Die digitale Zukunft

2.1 Die digitale Medienexplosion

Die moderne Medienentwicklung, die mit der Erfindung des Buchdrucks ihren Anfang nahm, ist in komplementärer Weise mit dem technischen Fortschritt in anderen Gebieten verbunden. Sie hat zugleich ihrerseits die Voraussetzung für die Industrie- und Dienstleistungsgesellschaft geschaffen. Man denke nur an die Erfindung des Telefons. Dabei sind mit jedem Technologiesprung neue Medienplattformen entstanden wie etwa Radio und Fernsehen zu Beginn des letzten Jahrhunderts (vgl. z. B. Kittler, 2002). In den 90er

Jahren hat die Digitalisierung förmlich zu einer Explosion der Medien- und Kommunikationsplattformen geführt. Im Zuge dessen wuchsen Medienangebote und Telekommunikationsdienste vielfach zu neuen Produktkategorien und medialen Angebotsformen zusammen.

Zu den jüngeren Beispielen dieser Konvergenz gehören integrierte Medienmarken, die Print und Online zu einem durchgehenden Angebot verbinden, das so genannte Transaktionsfernsehen, wo Zuschauer über Responsekanäle wie online und Telefon an den Sendungen teilnehmen, Klingeltöne für Handys oder digitale Musikplayer, in Verbindung mit kostenpflichtigen Musikdownload-Sites.

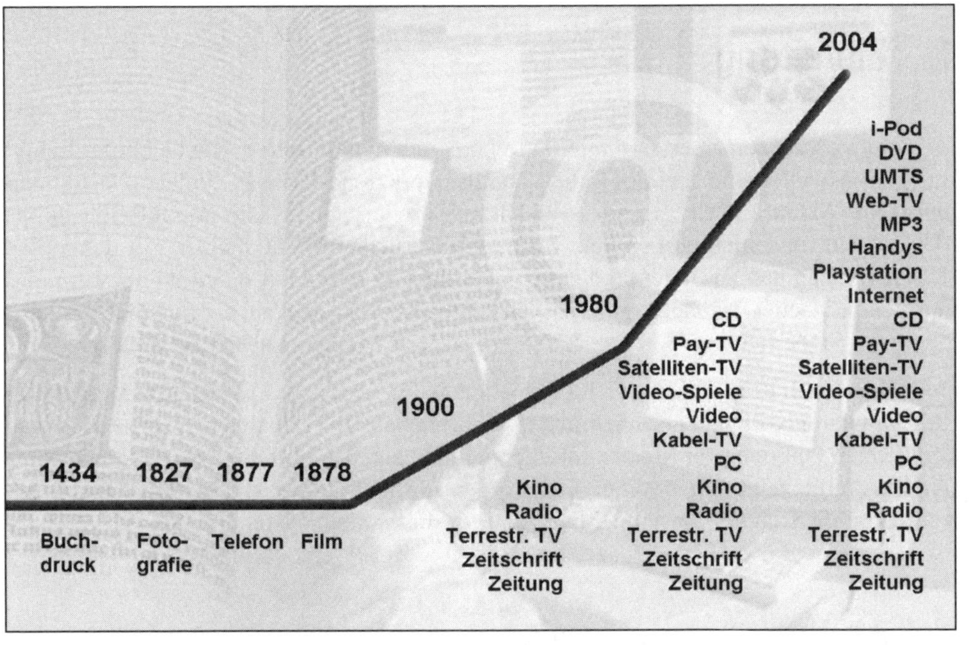

Abbildung 1: Medienexplosion im Zuge der Digitalisierung

Seit Ende der vergangenen Dekade ist damit vor allem das Internet zum Massenmedium geworden. Allein in Deutschland hat sich die Zahl der Internetnutzer in der Zeit von 1998 bis 2003 auf über 30 Millionen mehr als verfünffacht (Van Eimeren, Gerhard & Frees, 2003). Das Netz führt darüber hinaus zu einer fundamentalen Veränderung des wirtschaftlichen Handelns und der Markt- und Wertschöpfungsstrukturen. Es übernimmt zunehmend die Funktion einer kommerziellen und kommunikativen Infrastruktur. Herausragende Beispiele dieser digitalen Ökonomie sind eBay, Amazon oder Google, deren Geschäftsmodelle sich durch den direkten Dialog mit und zwischen Konsumenten auszeichnen.

Die Online-Auktionsplattform eBay hat heute über 94 Millionen Mitglieder weltweit, die im Jahr 2003 Waren- und Dienstleistungen im Wert von 24 Milliarden Euro handelten. eBay hat einen virtuellen Marktplatz für kleine Anbieter geschaffen, die vormals auf Grund von Transaktionskosten keinen Marktzutritt hatten.

Amazon.com hat sich durch sein internetbasiertes Customer Relationship Management (CRM) als weltweit größter Online-Händler mit einem Umsatz von über fünf Milliarden Euro in 2003 etabliert und insbesondere die Marktstrukturen des Buchhandels maßgeblich verändert.

Google, mit täglich über 200 Millionen Zugriffen die weltweit marktführende Suchmaschine, hat mit dem Sponsored-Linked-Verfahren ein attraktives Online-Werbeformat geschaffen, das zunehmend mit Rubrikeninseraten in Zeitungen konkurriert.

Auf der anderen Seite hat der Mobilfunk bereits mit dem GSM/GPRS-Standard im Jahr 2003 eine Penetration von über 60 Millionen Anschlüssen erreicht (RegTP, 2004, S. 33). Mobile Endgeräte werden damit zur Basisplattform für zukünftige digitale Medien- und Kommunikationsangebote insbesondere im privaten Bereich. Diese neuen Formen von „Personal Media“ erfüllen in der Mediengesellschaft wichtige soziale Funktionen wie permanente Erreichbarkeit und Informationsfluss (Wippermann, 2003, S. 126). Die einsetzende massenwirksame Verbreitung von Breitbandtechnologien wie DSL, Kabel oder UMTS wird sowohl die Angebotsformen des Internets sowie des Mobilfunks als auch die technische Konvergenz weiter vorantreiben. Medienunternehmen schätzen, dass es im Jahr 2008 in Deutschland über zwölf Millionen Internetbreitbandanschlüsse geben wird (Holtrop, Döpfner & Wirtz, 2004, S. 14).

2.2 Der Verbraucher im Mittelpunkt

Die digitale Medienexplosion hat Konsumenten in den „Driver's Seat“ gebracht. Sie können über Such- und Verbraucherportale Produktversprechen und -preise vergleichen und bewerten, Fragen an den Anbieter stellen und Produkte personalisieren. Kunden zu verstehen, sie zu aktivieren und glaubwürdig entsprechende Lebens- und Themenwelten aufzubauen sind daher kritische Erfolgsfaktoren dieser „Konsumenten-Demokratie“ (so das Titelthema Neunter Deutscher Trendtag, 13.05.2004). Dieser Wandel vom angebotsorientierten hin zum nachfrageorientierten Denken wird im Marketing als „Customer Centricity“ bezeichnet (Bird, Künstner & Vogelsang, 2003).

Für eine verbrauchernahe Markenführung sind die Kenntnis der Verbraucherwünsche sowie der Aufbau und die Pflege einer guten Kundenbeziehung von essenzieller Bedeutung. Insbesondere digitale Medien, die Personalisierung und Interaktion ermöglichen, sind hier wichtige Instrumente für Marketing und Customer Relationship Management (CRM).

Amazon.com hat z. B. das Konzept des „Collaborative Marketing" entwickelt. In diesem Verfahren werden Kunden, die ein bestimmtes Buch gekauft haben, auch weitere Produkte angeboten, die wiederum von anderen Käufern desselben Buches erworben wurden.

Ein anderes Beispiel ist die Online-Meinungsplattform ciao.com, die Ende 2003 europaweit über eine Million registrierte User verfügte. Hier können Verbraucher angebotene Produkte und Dienstleistungen bewerten und damit eine Peer-Opinion einholen. Parallel bietet ciao.com über die eigene Community Marktforschung-Panels an.

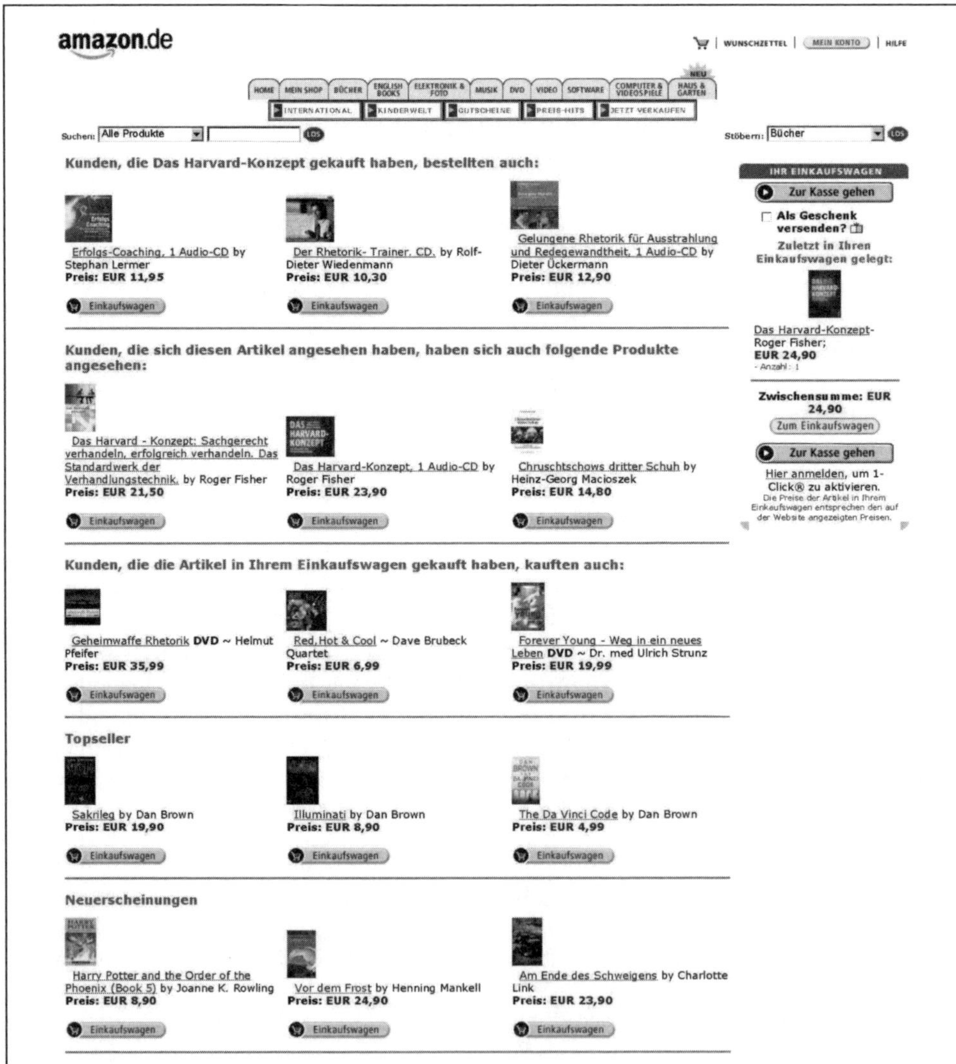

Abbildung 2 a: Amazon.de

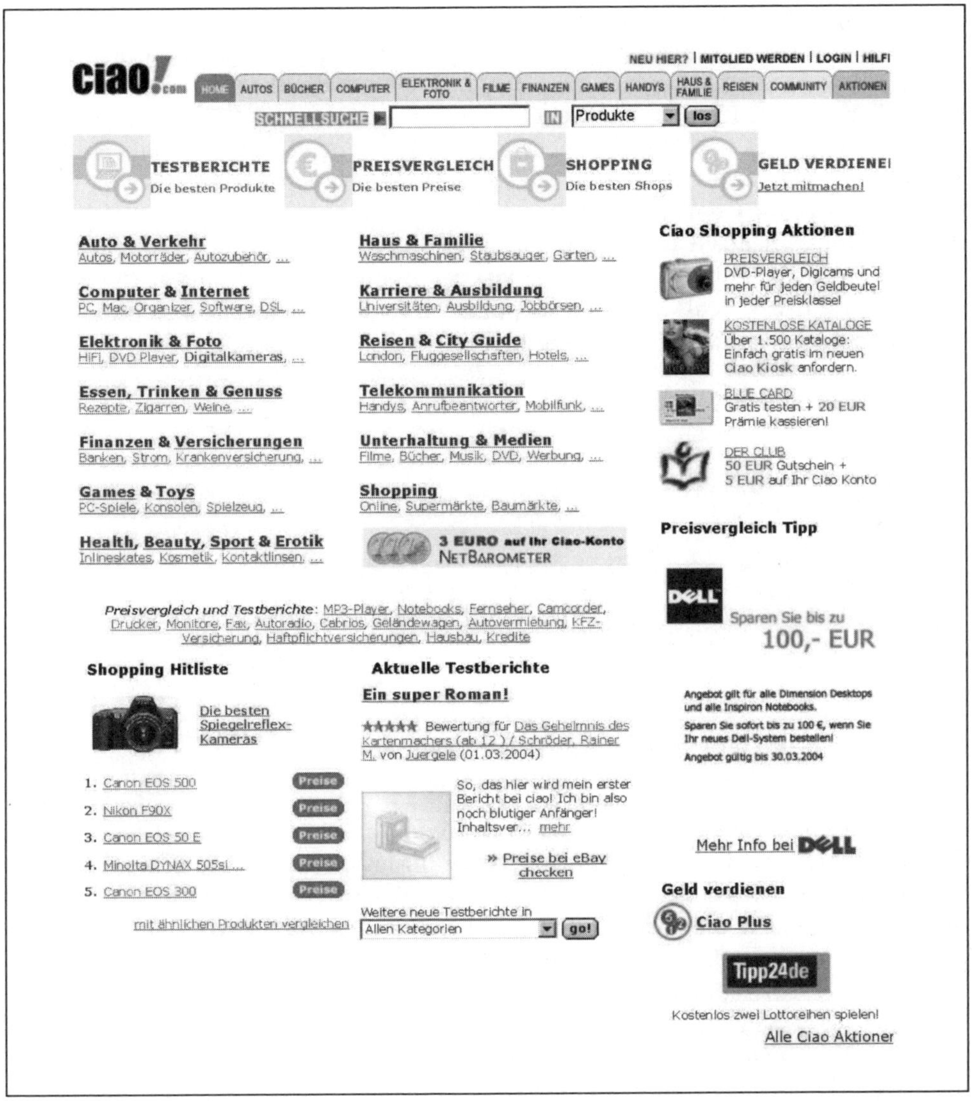

Abbildung 2 b: ciao.com

2.3 Mediale Communities

Auf der anderen Seite suchen Verbraucher, die mit einer zunehmenden Fülle an Medien- und Produktangeboten konfrontiert werden, Orientierung und Vereinfachung. Medienmarken sind Navigatoren und liefern z. B. mit Produkttests Entscheidungskontexte zu relevanten Themenkategorien. Insbesondere starke Zeitschriftenmarken schaffen diesen Kompetenzrahmen (Framing) für ihre Leserschaft.

Hier kann crossmediale Vernetzung inhaltlich und werblich effizient zwischen Print, TV und Online ansetzen. Kategorienbildung kennzeichnet auch das Internet. Von der Startseite kommen User mit wenigen Klicks zu spezifischen und personalisierten Informationen in thematischen Internet-Journalen oder interaktiven Tools. Printmarken können ihrerseits Leserinteresse in Themenspecials und Sonderheften binden. In ähnlicher Weise können auch digitale TV-Spartenkanäle spezielle Themeninteressen bedienen. Daraus entstehen „Mediale Communities“: Integrierte Kommunikationsumfelder, die massenmediale Aufmerksamkeit über Themen und starke Medienmarken mit der Interaktion der 1-to-1-Kommunikation, wie sie das Internet oder Mobile bieten, verbinden. Der Bezugsrahmen wird dabei weniger soziodemografisch, sondern vielmehr über gemeinsame Interessen der Leser und User hergestellt.

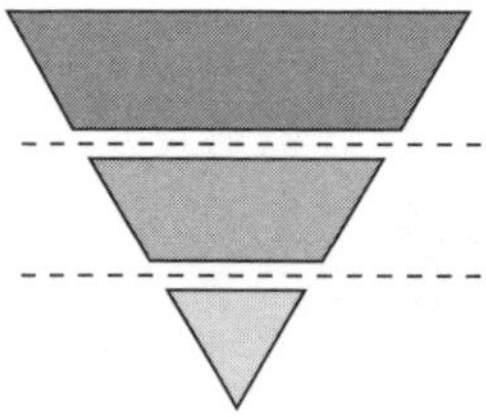

Abbildung 3: Aufbau von Medialen Communities

Wettbewerbsdruck und flexible Kampagnenführung machen natürlich den Return on Communication und die Messbarkeit von Marketingausgaben immer relevanter. Mediale Communities erfüllen diese Anforderungen in zweifacher Weise: Messbar ist zunächst die Aufmerksamkeit, die Print und andere Massenmedien für die Markeninszenierung der beworbenen Produktmarken gewinnen. Ein Kernsatz in der *Ökonomie der Aufmerksamkeit* lautet daher „Images need to be shared“ (vgl. dazu Franck, 1998). Durch die crossmediale Vernetzung kann über Aufmerksamkeit und Imaging hinaus aber auch Aktivierung erreicht und gemessen werden. Die zwischenzeitlich verzeichneten Reichweiten machen Internetangebote heute sowohl für Branding- als auch Responsekampagnen planbar. Zusätzlich wird ein mehrkanaliger themenorientierter Markentransfer innerhalb des gemeinsamen Kompetenzrahmens etwa durch co-branded Werbemittel möglich. Dabei bleibt die redaktionelle Unabhängigkeit die Voraussetzung für nachhaltiges Leser- und Uservertrauen in die Medienmarke.

Verlage mit starken Print- und Online-Marken können durch Mediale Communities ihre Angebotsformen um themenorientierte Kommunikationsumfelder erweitern. Damit werden die traditionellen Stärken von Zeitschriften als Agendasetter durch die Potenziale digitaler Dialogmedien zielführend ergänzt. Gerade für Branchen mit informationsintensiven Produkten und Dienstleistungen wie etwa Gesundheit oder Finanzen ergeben sich hier innovative Wachstumschancen.

Ein erfolgreiches Beispiel für eine Mediale Community ist die Cholesterin Community von Focus Online als Themenkooperation mit dem Generikahersteller Hexal AG. Innerhalb des Kompetenzrahmens der Medienmarke Focus Online wurde im Bereich „Persönliche Gesundheit" ein thematisches und werbliches crossmediales Umfeld entwickelt, das über Cholesterin informiert und interaktive Ratgeberinhalte enthält. Innerhalb von drei Monaten wurden 9,2 Millionen Nettokontakte Print erreicht und 9,2 Millionen AdImpressions mit hohen Clickraten (bis zu 7,6 %) für die entwickelten Flash Layer ausgeliefert. Bei insgesamt 2,3 Millionen PageImpressions wurden über 5.000 Informationsbroschüren bestellt.

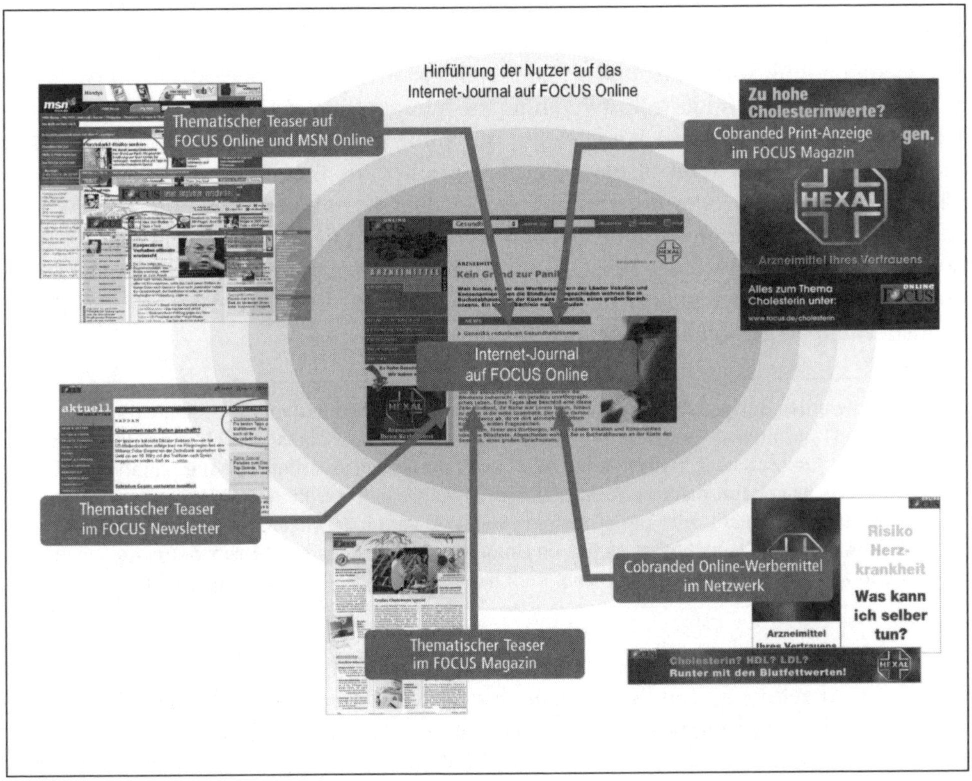

Abbildung 4: Cholesterin Community von Focus Online

3. Medienpolitische Herausforderungen

3.1 Interaktivität ermöglichen

Customer Relationship Management schafft die Möglichkeit, eine zunehmende Fülle an Informationen über Verbrauchertransaktionen zu erhalten. Da diese Informationen auch personenbezogene Daten beinhalten, sind Aspekte des Datenschutzes tangiert. Im Spannungsfeld zwischen legitimen Verbraucherschutzbelangen und Möglichkeiten, individualisiert Kundenkontakte auf- und auszubauen, sind juristische Normen zielführend, die beiden Seiten gerecht werden.

Die Medienpolitik sollte – trotz der leider zu konstatierenden Übergriffe – im Blick behalten, dass die geschilderte Entwicklung zu Interaktivität und Personalisierung nicht durch übermäßig restriktive Vorschriften im vermeintlichen Interesse der Verbraucher behindert wird. Oft scheint es, als solle aus Unsicherheit über die „Risiken und Nebenwirkungen" produkt- oder unternehmensbezogener Kommunikation eine Kontaktaufnahme mit dem Verbraucher unterbunden werden. Dem liegt die Vorstellung von Werbung als stets unerwünschter Belästigung zugrunde, ohne dass die Potenziale im Sinne eines selbstbewussten und informierten Umgangs mit Informationen über Produkte und Dienstleistungen genügend gesehen würden.

Treffend werden beispielsweise die Ausschlusslisten der Direktmarketingverbände als „Robinson-Listen" bezeichnet. In der Tat verklären Teile der Politik „Robinson" auf seiner Insel zum Idealtypus. Ein Mittelweg zwischen Isolation und Informationsüberflutung sähe anders aus. Er würde berücksichtigen, dass die Verbraucher in der Lage sind, sowohl „ja" als auch „nein" zu sagen, dass sie aber nicht stets „nein" meinen, wenn sie gar nichts sagen. Nach derzeitiger Interpretation durch die Gerichte ist es für ein Unternehmen ausgesprochen schwierig, bei seinen Kunden wirksam die Einwilligung in eine Kontaktaufnahme z. B. per Telefon einzuholen.

Das Gleiche gilt für die Zustimmung zur Speicherung bestimmter Daten, die erforderlich wären, um Angebote an den Präferenzen des Kunden ausrichten zu können. Zur Selbstbestimmung des Verbrauchers gehört es aber auch, sich über Themen und Produkte zu informieren, die ihn interessieren. Diese Möglichkeit wird ihm genommen, wenn der Anbieter dieser Information die Gefahr rechtlicher Angriffe unter Berufung auf das Datenschutz- und Persönlichkeitsrecht nicht mit akzeptablem Aufwand in den Griff bekommen kann. Viele technisch mögliche und vom Markt gewünschte Innovationen würden dann gar nicht erst angeboten.

Die neue europäische Datenschutzrichtlinie für elektronische Kommunikation schafft eine gewisse Transparenz für Anbieter, indem sie die weitergehende Verwendung der Verbraucherinformationen bei einer bestehenden Kundenbeziehung zulässt, wenn der Kunde dies trotz eines entsprechenden Hinweises nicht untersagt (Europäisches Parlament, Europäischer Rat, 2002). Für die E-Mails nutzt der deutsche Gesetzgeber diesen Spielraum, während die telefonische Betreuung und Bindung des Kunden auch nach dem Anfang Juli 2004 in Kraft getretenen neuen Wettbewerbsrecht kritisch geblieben ist.

3.2 Selbstorganisation und Selbstkontrolle erlauben

Es gibt Alternativen zu einer solchen Überregulierung. Diese setzen allerdings voraus, dass Mechanismen der Selbstorganisation und Selbstkontrolle ernst genommen werden. So kann z. B. eine sinnvolle Opt-out-Regelung gewährleisten, dass der Kunde bei jeder Ansprache den Urheber einer Nachricht erkennen kann und die Möglichkeit erhält, einer zukünftigen Kontaktaufnahme zu widersprechen. Er schafft damit selbst innerhalb kurzer Zeit ein Portfolio erwünschter Kommunikationspartner. Dabei wird „Spam" im eigentlichen Wortsinn – also die wahllose Zusendung von Werbung – nicht toleriert. Dieser bewusst handelnde, aktive Verbraucher ist kein unrealistisches Wunschbild:

Beispiel hierfür ist die Auktionsplattform eBay, die ihren Nutzern durch ein System gegenseitiger Bewertungen eine eigenverantwortliche Entscheidung über das von ihnen tolerierbare Risiko einer Transaktion ermöglicht. Dieses Modell beweist, dass die Vorstellung eines mündigen und aufmerksamen Verbrauchers, wie sie durch die europäische Rechtsprechung inzwischen auch in Deutschland Einzug gehalten hat, durchaus der Wirklichkeit entspricht.

Bewertungsprofil:	**3528**
Positive Bewertungen:	**99,9 %**
Mitglieder, die eine positive Bewertung abgegeben haben:	3531
Mitglieder, die eine negative Bewertung abgegeben haben:	3
Alle positiven Bewertungen:	6587

Weitere Informationen zur Bedeutung dieser Zahlen.

Jüngste Bewertungen:

	Letzter Monat	Letzte 6 Monate	Letzte 12 Monate
(+) positiv	392	1833	2805
(•) neutral	1	1	1
(−) negativ	1	1	1

Zurückgezogene Gebote (in den letzten 6 Monaten): 2

Abbildung 5: Bewertung eines Verkäufers bei eBay

Hieraus kann die Medienpolitik auch für das Kommunikationsnutzungsverhalten der Verbraucher Lehren ziehen. Wer keine produktbezogene Ansprache wünscht, ist als Adressat von Werbemaßnahmen kaum interessant. Unternehmen werden und sollten im Rahmen der Personalisierung solchen Kunden die Möglichkeit eines Opt-out bieten. Sie werden diese Wahlfreiheit auch kommunizieren und sich, beispielsweise in Form von Gütesiegeln, einer Bewertung unterziehen, die ihren Kunden eine informierte Entscheidung ermöglicht. Die Rolle der Nutzerurteile aus dem eBay-Beispiel übernehmen Institutionen der freiwilligen Selbstkontrolle, wie sie etwa auch im Bereich des postalischen Direktmarketings funktionieren. Das Ergebnis ist mehr Freiheit und die Chance, vom Potenzial der neuen technischen Möglichkeiten der digitalen Interaktivität zu profitieren.

3.3 Werbeverbote auf das notwendige Maß beschränken

Der mündige Verbraucher ist „Souverän“ über das Angebot an Waren und Leistungen im Markt. Diesem Verbraucherbild sollte nicht das Zerrbild eines schutzbedürftigen, verunsicherten, durch Werbung irregeleiteten Konsumenten seitens einer EU-weiten Verbraucherpolitik entgegengesetzt werden. Werbeverbote und -beschränkungen können ungerechtfertigte Wettbewerbsvorteile für bestimmte Unternehmen schaffen und – zumindest mittelbar – die Pressefreiheit gefährden.

Durch geplante Beschränkungen für gesundheitsbezogene Lebensmittelwerbung (Kommission der Europäischen Gemeinschaften, 2003) würden kleinere Unternehmen benachteiligt, weil bei vielen Slogans zunächst ein zeit- und kostenaufwändiges Gestattungsverfahren bei der EU-Kommission durchgeführt werden müsste. Die bereits beschlossene, von der Bundesrepublik mit einer Klage angegriffene Tabakwerberichtlinie könnte beispielsweise lokale Programmzeitschriften spürbar treffen, obwohl sie für den EU-Binnenmarkt keinerlei Relevanz haben. Diese mittelbare Gefährdung der Pressefreiheit wird noch dadurch übertroffen, dass selbst redaktionelle Berichterstattung von den inhaltlichen Vorgaben der Richtlinie erfasst sein könnte.

Unbeachtet bleibt bei diesen politischen Lösungsversuchen, in welchem Ausmaß Verbraucher sich heute der digitalen Dialogmedien bemächtigen, um sich umfassend über Produkte und Dienstleistungen zu informieren. Ciao.com und andere Verbraucherportale sind ein Beweis, wie sich Konsumenten selbst organisieren (können) und Kaufentscheidungen durch Meinungs- und Preisvergleiche fundieren.

4. Fazit

Die digitale Zukunft, die zur Gegenwart geworden ist, hat die Möglichkeiten medialer Kommunikation und Information in hohem Maße gesteigert und vervielfältigt. Die Ubiquität und Individualisierung der Medien geht dabei – man kann sagen in komplementärer Art und Weise – mit der zunehmenden Individualisierung von Informationen und Werbebotschaften einher. Der Verbraucher rückt in den „Driver's Seat" der Marketingkommunikation.

Vor diesem Hintergrund sollte Medienpolitik das Ziel verfolgen, kommunikationsbezogene Belange sowohl im Interesse der Verbraucher als auch der am Markt tätigen Medienunternehmen zu thematisieren. Parameter einer ausgewogenen Medienpolitik sind: die Freiheit in der Berichterstattung sowie angemessener Schutz von Persönlichkeitsrechten auf der einen und die Ermöglichung von Information und Dialog mit dem Verbraucher sowie ein modernes Verbraucherleitbild auf der anderen Seite.

Literatur

Amazon.com Pressemeldung (27.01.2004): *Amazon.com announces record free cash flow fueled by lower prices and year-round free shipping.* Verfügbar unter URL: http://phx.corporate-ir.net/phoenix.zhtml?c=97664&p=IROL-NewsText&t=Regular&id=488636& [23.03.2004].

Bird A., Künstner T. & Vogelsang G. (2003): *Customer Centricity. Die neue Chance für die Medienindustrie.* Frankfurt/Main/New York: Campus Verlag.

ciao.com (2004): *Über ciao.* Verfügbar unter URL: http://www.ciao.com/faq.php/Id/2/Idx/1 [23.03.2004].

eBay (Februar 2004): *Unternehmensporträt.* Verfügbar unter URL: http://presse.ebay.de/news.exe?page=print&comp_id=100000&date1=01012001&date2=23032004&h=5 &cb= [23.03.2004].

van Eimeren, B., Gerhard, H. & Frees, B. (2003): ARD/ZDF-Online-Studie 2003. Internetverbreitung in Deutschland: Unerwartet hoher Zuwachs. In: *Media Perspektiven*, o. Jg., S. 338–358.

Europäisches Parlament, Europäischer Rat (2002): Richtlinie 2002/58/EG des europäischen Parlaments und des Rates vom 12.07.2002 über die Verarbeitung personenbezogener Daten und den Schutz der Privatsphäre in der elektronischen Kommunikation. (31.07.2002). *Amtsblatt EG L 201*, S. 37.

Kommission der Europäischen Gemeinschaften (2003): *Vorschlag für eine Verordnung über nährwert- und gesundheitsbezogene Angaben über Lebensmittel vom 16.07.2003,* 2003/0165 (COD).

Franck, G. (1998): *Ökonomie der Aufmerksamkeit.* München/Wien: Carl Hanser Verlag.

Google-Pressezentrum (2003): *Das Unternehmensprofil von Google.* Verfügbar unter URL: http://www.google.de/intl/de/press/overview.html [23.03.2004].

Holtrop T., Döpfner M. & Wirtz B. (2004): *Deutschland Online. Entwicklungsperspektiven der Medien- und Internetmärkte* (2., überarbeitete Auflage). Wiesbaden: Gabler Verlag.

Kittler, F. (2002): *Optische Medien. Berliner Vorlesung 1999.* Berlin: Merve Verlag.

RegTP (2004). *Jahresbericht 2003: Marktdaten der Regulierungsbehörde für Telekommunikation und Post.* Bonn: o. Verlag.

Richtlinie 2002/58/EG des Europäischen Parlaments und des Rates vom 12.07.2002: über die Verarbeitung personenbezogener Daten und den Schutz der Privatsphäre in der elektronischen Kommunikation. (31.07.2002). *Amtsblatt EG L 201,* S. 37.

Steinle, A. & Wippermann P. (2003): *Die neue Moral der Netzwerkkinder. Trendbuch Generationen.* München/Zürich: Piper Verlag.

Nachwort

Peter Glotz

Prof. Dr. Peter Glotz ist Publizist und Direktor des Instituts für Medien- und Kommunikationsmanagement an der Universität St. Gallen

Dieses Buch, zu dem ich ein Nachwort beisteuern darf, hat seinen Wert vor allem in einigen Beiträgen, die kühl und empirisch zusammenfassen, welche Geschäftsmodelle von digitalem Fernsehen erfolgreich waren und welche nicht. Den Kenner überrascht es nicht: Die Blütenträume der „digitalen Revolution", wie sie Nicolas Negroponte, Eli Noam und in ihrem Gefolge auch ein paar Dutzend europäischer „Visionäre" angekündigt haben, sind nicht gereift. Natürlich kann man Leute, die über ihr konventionelles (terrestrisches) System nur fünf oder sieben Fernsehprogramme empfangen können, eher dazu veranlassen, sich eine zusätzliche Infrastruktur mit Set-Top-Box etc. zuzulegen als z. B. die Deutschen, die teils über Kabel, teils über Satelliten bis zu 50 unterschiedliche Programme, jedenfalls aber 30 empfangen können. Wenn die zusätzliche Technologie einmal angeschafft ist, werden Minderheiten auch für Anwendungen Geld ausgeben, die sie bisher für nicht allzu dringlich hielten. Das ist der Grund, warum es in Großbritannien 84, in Frankreich 71, in Deutschland aber nur 11 interaktive Fernsehkanäle gibt. Insgesamt aber kann man auch in diesen Ländern nicht feststellen, dass sich die Couch Potatoes vom Sofa erheben und vom passiven Medienkonsum emanzipieren wollen. Es wäre zwar etwas plump, wenn man einfach sagen wollte, der alte Praktiker Helmut Thoma habe schon Recht gehabt, der als das einzig Interaktive am Fernsehen den Ein- und Ausschaltknopf bezeichnete. Es gibt Menschen, die die technische Infrastruktur Computer – Fernseher – Mobilfunkgerät intelligent und vielfältig nutzen wollen. Die „digitale Revolution" hat aber nicht stattgefunden und sie wird auch nicht stattfinden. Traurig stellt Lutz Goertz fest, dass das Fernsehen seine Position im „Interaktivitätsindex" nur durch die Berücksichtigung von Call-In-Sendungen verändert habe. Der Herausgeberin dieses Buches, die mit dieser (technisch anspruchslosen, dafür aber kundenorientierten Technik) einen großen Erfolg erzielt hat, wird das gefallen.

Woran aber lag's? Wie kam es, dass sich für ein paar Jahre alle möglichen „Medienwissenschaftler" in wilden Utopien ergingen, die sich so ziemlich allesamt vor dem realen Kommunikationsverhalten der Menschen blamierten? Es lag an einer „Medienwissenschaft", die nicht vom kommunizierenden Menschen, vom Homo colloquens ausging, sondern von dem Materialobjekt „Medien", im Kern also der Technik. Nichts ist dafür typischer als die Arbeitsweise des Medialab des MIT, das immer wieder durch gutes Marketing verstärkte Begeisterungsschreie über das, was technisch möglich sei, verbreiten ließ. Leider wurde nur allzu selten die Frage gestellt, warum der kommunizierende Mensch, der in der Sprache und in der Face-to-Face-Kommunikation über ein unglaublich wirksames Kommunikationsmittel verfügt, nach einem in der Regel schwierigen Arbeitstag noch alle möglichen technischen Operationen vollziehen sollte, um sich diese oder jene Information, diese oder jene Entspannung oder Unterhaltung, diese oder jene indirekte Beziehung zu verschaffen!

Zu müde für Interaktivität

Wer also auf den kommunizierenden Menschen schaute, konnte wissen, dass „Fernsehen" zuerst einmal eine gewaltige Erzählmaschine ist. Industrialisierung, Spezialisierung, Individualisierung haben dazu geführt, dass der Mensch nicht mehr „ganzheitlich" lebt. Er ist also ständig von der Langeweile, von der Angst, sein Leben zu verpassen, von der Neugierde auf anderes Leben getrieben. Deswegen hat er keine Lust, Regisseur zu spielen und sich einen von drei möglichen Schlüssen eines Kriminalfilms auszusuchen. Deswegen ist die Bereitschaft, sich Zusatzinformationen über die Ausbildung oder das Privatleben irgendeines Schauspielers zu besorgen, begrenzt. Deswegen ist die Mehrheit der Menschen durchaus damit zufrieden, dass die Kamerapositionen bei einem Formel-1-Rennen von irgendeinem Mischpult aus ausgewählt werden. Er will das Mischpult nicht selbst steuern. Umgekehrt kann es vielen (nicht allen) Menschen durchaus Spaß machen, sich an einem Spiel am Fernsehen zu beteiligen, wenn man dazu nichts anderes tun muss, als eine Telefonnummer zu wählen.

Dies heißt natürlich nicht, dass bestimmte Geschäftsmodelle des interaktiven Fernsehens nicht eine große Zukunft haben können. Die Beiträge von Hans Mahr sowie Lutz Hachmeister und Christian Zabel zeigen deutlich, wo die möglichen Zukünfte liegen – bei elektronischen Programmführern, Videospielen, Chat-Dating, natürlich beim Call-In/Voting und mittelfristig auch bei Video-on-demand. Bei der Ausrechnung dieser Zukünfte ist es nur immer wichtig zu bedenken, dass das Kommunikationsbudget der Zuschauer nicht unbegrenzt ist und dass deshalb die Akteure, die Unternehmen, nicht bereit sind und auch nicht bereit sein können, beliebige Investitionen zu tätigen, um dieses oder jenes mittelerfolgreiche Geschäftsmodell zu realisieren. Auf diesem Feld ist Deutschland in einer besonderen Situation. Die Angebotspalette von Free-TV für die Zuschauer ist groß, und man muss schon hoch attraktive Angebote machen, damit diese Zuschauer noch tiefer in die Tasche greifen. Nichts ist typischer als die Forderung des Verbands der privaten Fernsehveranstalter (VPRT), man müsse den öffentlich-rechtlichen Anstalten die Werbung wegnehmen, damit überhaupt genug finanzieller Spielraum bestünde, um die Digitalisierung auf Seiten der Privaten voranzutreiben. Solche Masterpläne dürften am Widerstand der unterschiedlichen Akteure (und an der deutschen Unfähigkeit, mit allen Beteiligten ein grand design zu Stande zu bringen) scheitern.

Werber erobern die Regiestühle

Noch einmal: Dies alles heißt nicht, dass alles so bliebe, wie es ist. Norbert Bolz weist auf eine noch viel zu wenig beachtete Entwicklung hin: „Mein neuer Fernseher ist längst auch ein Computer. Er speichert die Sendung auf einer Festplatte und eliminiert die Werbespots. Während die Sendung noch läuft, lässt sie mein neuer Fernseher neu beginnen – und ich genieße die Bundesliga unbelästigt von Telekom oder Krombacher." Diese flott aus der Sicht des Rezipienten formulierte Prognose impliziert natürlich, dass sich die Werbenden immer weniger auf klassische Werbung einlassen und die Regiestühle erobern werden. Schon kann man bei vielen kommerziellen Sendern ohne Schwierigkeiten Sendungen platzieren; man muss sie nur vorher selbst finanzieren. Was das für die journalistische Unabhängigkeit des Fernsehens bedeutet, kann man sich vorstellen. Brutaler gesagt: Was das für die Unabhängigkeit des Fernsehens bedeutet, hat man sich noch nicht plastisch genug vorgestellt.

Buntere Welt der Kommunikation

Die Menschheit hat sich eine wunderbare Vielfalt technikgestützter Medien zugelegt. Immer, wenn ein neues dazu kommt, lamentiert die Kulturkritik; zu Unrecht. Denn dem Menschen bleibt seine ursprüngliche direkte sprachliche Kommunikation. Die technischen Medien aber ermöglichen ihm auch noch Anonymität, Asynchronität, Teilnahme an fernen Entwicklungen („Tele"), bis zu einem gewissen Grade sogar die Überwindung des Todes. Wer sich einen Tonfilm über seine längst verstorbenen Großeltern ansehen kann, hat andere Möglichkeiten als die schriftstellernden Privatleute des 18. Jahrhunderts, die bestenfalls vergilbte Briefe ihrer Vorfahren zur Hand nehmen konnten. Übrigens: Diese können auch wir zur Hand nehmen. Die technische Entwicklung kann Kommunikation zwar verzerren und unwahr machen, sie tut es aber nicht automatisch. Insofern wird das digitale Fernsehen, sofern wir ihm eine ökonomische Basis verschaffen, neue Kommunikationsformen möglich machen, die das Leben der Menschen erweitern, vielfältiger machen, die die kommunikative Souveränität des Menschen erhöhen (können). Von „Revolution" sollte man in diesem Zusammenhang allerdings nicht sprechen.